薬学生のための基礎シリーズ
3
編集委員長　入村達郎

基礎物理学

本間　浩　編

和田義親・瀧澤　誠・中川弘一・長濱辰文・溝口則幸　共著

培風館

本書の無断複写は，著作権法上での例外を除き，禁じられています．
本書を複写される場合は，その都度当社の許諾を得てください．

「薬学生のための基礎シリーズ」に寄せて

　平成 18 年度から，全国の薬系大学・薬学部に 6 年制の新薬学教育課程が導入され，「薬学教育モデル・コアカリキュラム」に基づいた教育プログラムがスタートしました．新しい薬学教育プログラムを履修した卒業生や薬剤師は，論理的な思考力や幅広い視野に基づいた応用力，的確なプレゼンテーション能力などを習得し，多様化し高度化した医療の世界や関連する分野で，それらの能力を十二分に発揮することが期待されています．実際，長期実務実習のための共用試験や新薬剤師国家試験では，カリキュラム内容の十分な習得と柔軟な総合的応用力が試されるといわれています．

　一方で，高等学校の教育内容が，学習指導要領の改訂や大学入学試験の多様化などの影響を受けた結果，近年の大学新入生の学力が従前と比べて低下し，同時に大きな個人差が生まれたと指摘されています．実際，最近の薬系大学・薬学部でも授業内容を十分に習得できないまま行き詰まる例が少なくありません．さまざまな領域の学問では，1 つ 1 つ基礎からの理解を積み重ねていくことが何より大切であり，薬学も例外ではありません．

　本教科書シリーズは，薬系大学・薬学部の 1, 2 年生を対象として，高等学校の学習内容の復習・確認とともに，薬学基礎科目のしっかりとした習得と専門科目への準備・橋渡しを支援するために編集されたものです．記述は，できるだけ平易で理解しやすいものとし，理解を助けるために多くの図を用い，適宜に例題や演習問題が配置され，勉学意欲を高められるよう工夫されています．本シリーズが活用され，基礎学力をしっかりと身につけ，期待される能力を備えて社会で活躍する薬学卒業生や薬剤師が育っていくことを願ってやみません．

　最後に，シリーズ発刊にあたってたいへんお世話になった，培風館および関係者の方々に感謝いたします．

2010 年 10 月

編集委員会

まえがき

　薬剤師教育6年制移行に伴い，薬学教育モデル・コアカリキュラムが日本薬学会から平成14年8月に発表された．その冒頭には，これからの薬剤師や薬学研究者は，「現代の国際化，情報化社会に適応する能力を十分に備え，生涯にわたって自ら進んで研鑽し続ける」ことを社会ニーズとしてとらえる必要があるとされている．この社会ニーズに応えられる薬剤師，薬学研究者の育成を目指し，「従来の知識教育に偏ったカリキュラムに別れを告げ，知識教育に加えて新たに技能教育，態度教育を組み込んだ『統合的カリキュラム』」が，薬学教育モデル・コアカリキュラムである．このカリキュラムに基づく初年度教育では，自然科学的方法論に基づいた基礎科目を学び，自然現象を観察したり実験をしたりして新しい法則を導き，数式で表現する方法を身につけることが求められる．ここで身につけた基礎力は，高学年での学習や生涯にわたる自己研鑽においてなくてはならないものとなる．

　基礎科目の中でも物理学を体系的に学ぶことには，以下にあげる3つの大きな意味がある．第1に，薬学は，物質と生命に関する総合的学問であり，その基礎として物理学を学ぶ必要がある．第2に，17世紀はじめにガリレオ-ガリレイが確立したといわれる科学的方法とは，「自然現象を分析的に考察し，数式を使って理論を構築し，理論から予測される現象を実験で確かめて，自然の仕組みを理解する過程」であり，その最も基本的な題材が物理学には揃っている．自然現象を簡単な数式を使って表現することの美しさを味わってほしい．第3に，現代人類はさまざまな道具を使っているが，その原理や特性を把握することで，高度な道具を正しく，効率的にかつ安全に使いこなすことができ，次の技術進歩のきっかけとなる．物理学を学ぶことはその礎となる．

　本書では，以上の観点から，1章から5章で力学を取り上げ，物体の運動が簡単な運動方程式で表現でき，天体の運動まで説明できる素晴らしさを理解するとともに，エネルギーの基本的な概念を習得することを目指している．6章では，剛体，弾性体，流体を取り上げ，物質としての薬を科学的に理解するため，あるいは薬剤で取り上げられる物性的問題や製剤で遭遇する機械的問題を理解するための基礎的内容を習得する．7章の波動は，医療機器や分析機器などの仕組みを理解するには必須の概念である．8, 9章では，基本的な電磁気学について学ぶ．電気現象は古代から知られていたが，人類が利用し始めたのは

19世紀であり，電気と磁気の現象が完全に理解され制御できるようになって，現代社会では電気なしでは成り立たないほど身近な存在である．ここでは，電気と磁気の現象を数式の美しさにふれながら理解し，電気現象と電気機器を扱うのに必要な概念を習得する．10, 11章では，マクロな世界を説明する古典力学によってもうまく説明できないミクロな世界を，どんな過程を経て量子力学によって説明できるようになったかを解説する．原子の電子配置の考えや分子軌道の基本的概念は量子力学に基づいているので，基本となる水素原子の量子力学的理解は重要である．シュレーディンガー方程式の成り立ちから水素原子の波動関数が導かれる過程が解説されている．

　科学は"なぜ？　どうして？"という疑問や興味から始まったものなので，知りたいという意思がなければ難しく感じられてしまうだろう．薬学を学ぶ学生諸君には，自然現象への好奇心から出発し，自分がもっている概念に新しい概念を組み合わせながら，内容が理解できるまで疑問や興味をもち続けて学んでほしい．そして，"なるほど！"とわかった時の快感を多く経験してほしい．

　執筆者は，理論物理学，実験物理学，生物物理学，理論化学を専門とする者で構成されており，執筆にあたっては，多様な薬学生に受け入れられる教科書を目標に，物理的なセンスを失わないよう心がけた．1〜5章を瀧澤，6, 7章を和田，8, 9章を中川，10, 11章を溝口が担当し，長濱は先に示した目標の観点から全般にわたって多くの修正を加えた．それでも執筆者の個性は色濃く残っているが，物理教育の観点から表現方法の個性は大事な要素であるとして尊重した．読者には，著者ごとの多様な物理的センスにふれながら，科学的方法を身につけることを期待している．

　終わりに，本書の出版に尽力された培風館および関係者の方々に感謝の意を表する．

2011年10月

著者しるす

目　次

1. 準　備 — 1
- 1.1　国際単位系 …………………………………… 1
- 1.2　次　元 …………………………………………… 3
- 1.3　測定値と誤差 …………………………………… 3
- 1.4　有 効 数 字 ……………………………………… 4

2. 運動の法則 — 7
- 2.1　運動の表現 ……………………………………… 7
- 2.2　力 ………………………………………………… 11
- 2.3　運動の法則 ……………………………………… 12
- 2.4　万有引力の法則 ………………………………… 15
- 章末問題 2 …………………………………………… 17

3. さまざまな運動 — 19
- 3.1　運動方程式を解く手順 ………………………… 19
- 3.2　放 物 運 動 ……………………………………… 19
- 3.3　なめらかな斜面を滑り落ちる物体の運動 …… 23
- 3.4　等速円運動 ……………………………………… 24
- 3.5　抵抗力が作用する物体の運動 ………………… 25
- 3.6　単 振 動 ………………………………………… 29
- 3.7　減 衰 振 動 ……………………………………… 30
- 章末問題 3 …………………………………………… 33

4. 仕事とエネルギー — 35
- 4.1　仕　事 …………………………………………… 35
- 4.2　運動エネルギー ………………………………… 38
- 4.3　位置エネルギー ………………………………… 39
- 4.4　保存力とポテンシャル ………………………… 41
- 4.5　エネルギー保存則 ……………………………… 44

  4.6 散逸力 …………………………………………… 46
  章末問題 4 ………………………………………… 47

5. 多体系の運動   49

  5.1 運動量 …………………………………………… 49
  5.2 運動量保存則 …………………………………… 50
  5.3 衝突 ……………………………………………… 51
  5.4 重心と 2 体問題 ………………………………… 53
  5.5 角運動量 ………………………………………… 54
  5.6 角運動量保存則 ………………………………… 55
  5.7 惑星の運動 ……………………………………… 56
  章末問題 5 ………………………………………… 60

6. 剛体・弾性体・流体   61

  6.1 剛体 ……………………………………………… 62
  6.2 弾性体 …………………………………………… 67
  6.3 流体 ……………………………………………… 72
  章末問題 6 ………………………………………… 84

7. 波動   85

  7.1 波とは …………………………………………… 85
  7.2 弦を伝わる横波 ………………………………… 88
  7.3 棒を伝わる縦波 ………………………………… 90
  7.4 波の性質 ………………………………………… 92
  7.5 音波 ……………………………………………… 98
  7.6 光波 ……………………………………………… 104
  7.7 レーザー ………………………………………… 108
  章末問題 7 ………………………………………… 111

8. 電荷と電流   113

  8.1 電荷 ……………………………………………… 113
  8.2 静電気力 ………………………………………… 114
  8.3 電場 ……………………………………………… 117
  8.4 電位 ……………………………………………… 121
  8.5 物質の電気的性質 ……………………………… 123
  8.6 コンデンサー …………………………………… 126
  8.7 電流と電気抵抗 ………………………………… 130
  8.8 直流回路 ………………………………………… 135

章末問題 8 ················· 140

9. 電流と磁場 — 143

　9.1　磁石による磁場 ················· 143
　9.2　電流による磁場 ················· 146
　9.3　電流が磁場から受ける力 ················· 149
　9.4　磁場中の荷電粒子が受ける力とその運動 ········ 153
　9.5　磁性体と磁束 ················· 156
　9.6　電磁誘導 ················· 158
　9.7　電磁波 ················· 164
　　　章末問題 9 ················· 168

10. 前期量子論 — 171

　10.1　古典物理学の破綻 ················· 171
　10.2　原子模型とボーアの量子化説 ················· 176
　10.3　ド・ブロイの電子波動説 ················· 178
　10.4　不確定性原理 ················· 179
　　　章末問題 10 ················· 180

11. シュレーディンガー方程式 — 181

　11.1　量子力学の基本原理 ················· 181
　11.2　箱の中の粒子 ················· 187
　11.3　水素類似原子 ················· 192
　11.4　電子のスピン ················· 200
　11.5　多電子原子 ················· 201
　　　章末問題 11 ················· 203

付録 A　数学公式集 — 205

　A.1　ベクトル ················· 205
　A.2　微分積分 ················· 206
　A.3　極座標 ················· 209
　A.4　複素数 ················· 209

付録 B　ギリシア文字 — 210

付録 C　物理定数表 — 211

章末問題解答 — 213

索　引 — 231

1
準　　備

　自然科学は，世の中の現象を観察，観測し，対象物の定量的な変化などを調べて，そこから，物事の本質を見出す学問である．対象物のいろいろな性質を定量的に表すためには，国際的に決められた単位が必要である．本章では，物理量を表す単位と測定値の扱いについて学ぶ．

1.1　国際単位系

　基本的な物理量に対して，国際的に統一された単位系を用いることになっていて，その単位系を国際単位系 (SI 単位系) とよぶ．

　単位系の基準は，その時の技術で最も精度よく決まるように決定されていて，技術の進歩に伴って，単位系の基準は変わる．つまり，国際基準単位は，最先端技術を駆使して，最も精度よく決まるように定められている．量子力学や特殊相対性理論の結果を用いているものもあり，以下に単位の決め方を説明するが，現時点では，詳細は理解する必要はない．

　国際単位系では 7 つの基本単位を定めており，時間，長さ，質量，電流，熱力学温度，物質量，光度である．

　現在，最も精度よく決められている基本単位は時間である．時間の単位は秒で記号は [s] で表す．1 [s] は，セシウム 133 原子の基底状態の 2 つの超微細準位間の遷移に対応して放射される光の周期の 9,192,631,770 倍の継続時間で定義されている．定義から明らかなように，有効桁数が 10 桁となっており，非常に精度よく決まっていることがわかる．

　長さの単位はメートルで記号は [m] で表す．1 [m] は，1 [s] の 1/299,792,458 の時間に光が真空中を進む距離と定義されている．アインシュタインの特殊相対性理論より，真空中の光速はどの系から観測しても不変であると考えられていて，時間の測定精度が高いので，真空中の光速と時間を組み合わせて定義するのが，長さの定義としては，最も精度がよくなるのである．

> 国際単位系はフランスが中心となって決めたので，SI 単位系の SI は，フランス語で Le Système International d'Unités という．

質量の単位はキログラムで記号は [kg] で表す．1 [kg] は，量子力学で導入された自然界の不変な基本定数であるプランク定数 h が
$$6.62607015 \times 10^{-34} \ [\text{kg·m}^2\text{·s}^{-1}]$$
となるように定める．

電流の単位はアンペアで記号は [A] で表す．1 [A] は，素電荷 e の値が
$$1.602176634 \times 10^{-19} \ [\text{A·s}]$$
となるように定める．素電荷 e の値は電子 1 個がもっている電荷の絶対値と等しい．

熱力学温度の単位はケルビンで記号は [K] で表す．1 [K] は，熱エネルギーと熱力学温度との比例定数であるボルツマン定数 k が
$$1.380649 \times 10^{-23} \ [\text{kg·m}^2\text{·s}^{-2}\text{·K}^{-1}]$$
となるように定める．日常生活で使われているセルシウス温度 (摂氏) との関係は
$$\text{熱力学温度 [K]} = \text{セルシウス温度 [°C]} + 273.15 \tag{1.1}$$
で表される．

物質量の単位はモルで記号は [mol] で表す．1 [mol] の物質量は正確に $6.02214076 \times 10^{23}$ 個の基本構成要素を含む．ある物質の単位物質量中に含まれている構成要素の総数をアボガドロ定数といい N_A で表す．つまり
$$N_\text{A} = 6.02214076 \times 10^{23} \ [\text{mol}^{-1}]$$
である．

質量，電流，熱力学温度，物質量の SI 単位の定義は，2019 年 5 月 20 日に改訂された新しいものである．

[sr] はステラジアンを表す．立体角の単位で，全立体角は 4π [sr] である．

光度の単位はカンデラで記号は [cd] で表す．1 [cd] は，周波数 540×10^{12} [Hz] の単色放射を放出し，所定の方向におけるその放射強度が 1/683 [W/sr] (ワット毎ステラジアン) である光源の，その方向における光度と定義されている．光度は心理物理量であり，人が感じる明るさの指標を表す．人の目の感度は波長によって異なるので，他の波長の光の光度やいろいろな波長の混ざった光の光度は，この感度の補正をして求める必要がある．最大視感度に対する標準比視感度が定められており，その値に基づいて計算される．他の 6 つの基本単位と異なり，光度は純粋な物理量の単位ではない．工業的な応用としては，自動車のヘッドライトの明るさの規制など重要である．

その他の物理量は，基本単位の組み合わせで表すことができ，このような単位のことを組立単位または誘導単位という．

接頭辞を接頭語ともいう．英語で prefix という．

1.1.1 SI 接頭辞

SI 単位だけでは，大きな量や小さな量を扱うとき，不便なので，接頭辞をつけて，十進の倍量や分量単位を作成することにする．例えば，接頭辞「キロ」は 1000 倍を表すので，キロメートルは 1000 メートルを表す単位となる．

表 1.1 に接頭辞の一覧を示す．

表 1.1　SI 単位の接頭辞

10^n	接頭辞	記号	10^n	接頭辞	記号
10^1	デカ (deca)	da	10^{-1}	デシ (deci)	d
10^2	ヘクト (hecto)	h	10^{-2}	センチ (centi)	c
10^3	キロ (kilo)	k	10^{-3}	ミリ (milli)	m
10^6	メガ (mega)	M	10^{-6}	マイクロ (micro)	μ
10^9	ギガ (giga)	G	10^{-9}	ナノ (nano)	n
10^{12}	テラ (tera)	T	10^{-12}	ピコ (pico)	p
10^{15}	ペタ (peta)	P	10^{-15}	フェムト (femto)	f
10^{18}	エクサ (exa)	E	10^{-18}	アト (atto)	a
10^{21}	ゼタ (zetta)	Z	10^{-21}	ゼプト (zepto)	z
10^{24}	ヨタ (yotta)	Y	10^{-24}	ヨクト (yocto)	y

1.2　次　　元

空間の次元は，1 次元が線，2 次元が面，3 次元が空間を表す．物理量の次元は，考えている物理量がどのような基本単位の組み合わせでできているかのことである．長さの次元を [L]，質量の次元を [M]，時間の次元を [T] で表すと，例えば，速度，加速度の次元は

$$[\text{速度}] = \frac{[\text{長さ}]}{[\text{時間}]} = [\text{LT}^{-1}], \tag{1.2}$$

$$[\text{加速度}] = \frac{[\text{速度}]}{[\text{時間}]} = [\text{LT}^{-2}] \tag{1.3}$$

で表される．加法，減法は同じ次元どうししかできない．指数関数，対数関数，三角関数などは，テイラー展開をみればわかるように，引数の異なった冪が加減されているので引数は無次元でなければならない．例えば，振動現象が振幅 A と角振動数 ω と時刻 t を使って，$x = A\sin\omega t$ と表されているとき，正弦関数の引数 ωt は，ω の次元が $[\text{T}^{-1}]$，t の次元が $[\text{T}]$ であり，ωt の次元は $[\text{T}^{-1}][\text{T}] = [1]$ と確かに無次元になっている．

いろいろな物理量やその関係を考えるとき，次元を検討すると理解が深まる場合があり便利である．

テイラー展開については，微分積分の教科書を参照のこと．

引数は，関数の独立変数のこと．

1.3　測定値と誤差

ある物理量を測定することを考える．測定対象の測りたい物理量の本当の値を真の値 (true value) という．無限の精度をもった測定器は存在しないので，真の値を求めることはできない．また，量子力学系では，不確定性原理により原理的に測定精度に限界がある場合もある．その物理量を測定して得られた値のことを測定値 (measured value) という．

測定値から真の値を引いた値を誤差とよぶ．測定値の誤差は，系統誤差と偶然誤差の 2 種類に分けられる．系統誤差 (systematic error) は，同じ方法を用いて測定する限り，真の値に対して系統的にずれて測定されるような誤差が存在する場合，そのような誤差を系統誤差とよぶ．ある物理量を単純に測定すると大きな系統誤差が出る場合でも，標準対象物と目的物の両方を測定して，その差で，目的物の物理量を測定すると，2 つの測定の系統誤差が打ち消されて，測定値の系統誤差を小さくすることが可能な場合もある．系統誤差を小さくするためには，系統誤差が打ち消されて小さくなるような測定方法を工夫する必要がある．偶然誤差 (random error) は統計誤差 (statistical error) ともいい，ある物理量の測定を繰り返し行った場合，特定できない原因で測定値が真の値のまわりに散らばるとき，この誤差を偶然誤差とよぶ．測定環境をより一定に保つなどの工夫をすることにより，偶然誤差を小さくすることが可能である．また，多数の測定を繰り返すことにより，統計処理を行って，真の値の推定値の精度を上げることも可能である．

1.4 有効数字

物理量の測定値は数値と単位の積で表される．このとき，数値の桁数でその物理量の測定精度を表す場合，この数値を有効数字という．測定値の真の値の推定値に ± で誤差をつけて精度を表す記法の方が，より正確に誤差の大きさを示せる．

有効数字で表す場合，n 桁の有効数字は確かな数字□が $n-1$ 個と確からしいが，不確かな数字■ 1 個と位どりの 0 からなり，□.□■ とか 0.0□□■ のように表される．

例えば，10000 という数字では，有効数字が 1 桁なのか 5 桁なのか曖昧になるので，1.0×10^4 のように表して，有効桁数が明らかになるようにすべきである．この例では，有効桁数は 2 桁である．

有効数字どうしの乗除では

$$\square \times \square = \square, \quad \square \times \blacksquare = \blacksquare, \quad \blacksquare \times \blacksquare = \blacksquare$$

のルールに従って計算すると，積や商の有効数字は求まる．計算例を図 1.1 に

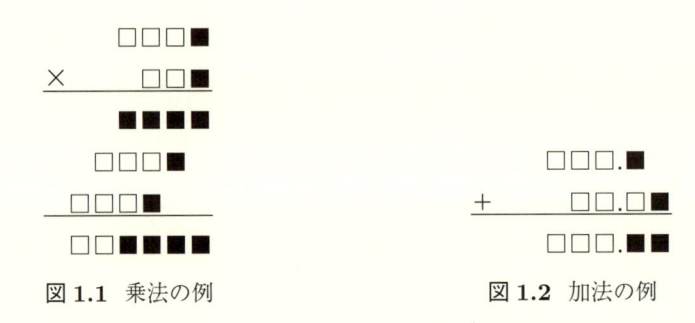

図 1.1 乗法の例　　　　図 1.2 加法の例

1.4 有効数字

示す.通常,有効桁数の1つ下の桁を四捨五入して有効数字とする.有効数字どうしの加減では,和や差の有効数字は,もとの数値の不確かな位のうち高い方の位までとる.非常に近い値の差をとると,有効桁数は大幅に小さくなる.計算例を図1.2に示す.

2

運動の法則

　2〜5章では，古典力学について学ぶ．古典力学では，私たちのまわりにある日常的に目にする物体の運動を扱う．物理学は自然界の現象を数学の言葉を用いて，厳密に記述する学問である．古典力学は人類がはじめて，自然現象を数学的に抽象化して表したものであり，偉大な知的財産である．この業績はニュートンによってなされ，1687年に刊行された「Philosophiae Naturalis Principia Mathematica (自然哲学の数学的諸原理)」にまとめられている．

　エネルギーをはじめとして，自然科学を理解するのに重要な概念が多く含まれていて，薬学を学ぶうえで，最も大切な基礎となるので，数学の言葉を用いて正しく理解することに努めてほしい．また，物理学で使われる数学については，その場その場で確実に理解してほしい．

　本章では，運動の基本法則について学ぶ．

Newton, Sir Isaac (1643–1727)
イングランドの科学者，数学者．自然哲学の数学的諸原理はラテン語で書かれている．古典力学の他，光学の研究を行った．また，微分積分法もライプニッツとは独立に導いた．

2.1 運動の表現

　ここでは，物体の運動の数学的な表現方法を学ぶ．

2.1.1 質　　点

　物理学では，自然現象の本質を理解するために，本質に直接かかわらない性質を単純化して扱い，本質をより明確に理解するという手法が多くの場合でとられている．

　物体の運動を考える場合，物体の本質的な性質は何であろうか．もちろん，物体の置かれている状況や，問題としている運動の種類によって，本質となる性質は変わってくる．

　物体の運動だけを考えるとき，まわりの環境などに影響されにくい状況はどんな状況であろうか．例えば，宇宙空間に浮かぶ，人工衛星の外壁に宇宙服を着て立っている人が，小石を投げることを考えてみよう．

　小石の運動を考えるうえで，小石の細かい形状は重要だろうか．また，小石

空気抵抗や地球からの重力が無視できる状況を考えてみる．宇宙空間では空気抵抗は無視でき，人工衛星の軌道上では地球からの重力は円心力とつり合い，無視できる．

を構成している物質の組成は重要だろうか．小石の温度はどうだろうか．宇宙空間では，空気抵抗が働かないので，小石の大きさや形状で小石全体の運動には影響を与えないことはすぐに想像できるだろう．同様に，小石の組成や温度で，小石全体の運動が影響されるとは思えない．小石の運動に一番影響を与えるのは，その小石の質量である．そこで，物体の大きさ，形，硬さ，色，温度といった物体固有の性質を無視し，物体の質量だけに注目する．

物体の質量だけに注目して，大きさや形のような質量以外の物体に固有の性質を無視した物体のことを質点とよぶ．まずは，質点の運動を考えることにする．

2.1.2 位置ベクトル

物体の運動を記述するのに便利なように適当に直交座標系を決める．決めた座標の原点 O から物体の存在する場所まで結んだベクトルを位置ベクトルという．位置ベクトルは通常 r で表す．

物体が運動している場合，物体の位置は時刻 t によって変わる．すなわち，位置ベクトルは時刻 t の関数となっている．時刻 t の関数であることを明らかにするときには，位置ベクトルを $r(t)$ と表す．基本ベクトル i, j, k を使って表すと

$$r(t) = x(t)i + y(t)j + z(t)k \tag{2.1}$$

と表される．これを位置ベクトルの基本ベクトル表示という．ここで，$x(t)$, $y(t)$, $z(t)$ は $r(t)$ の x, y, z 方向の各成分である (図 2.1)．ここでは，座標系は時刻とともに変化しない座標系を考えている．今後も，断りがないかぎり，座標系は時刻とともに変化しないものとする．

基本ベクトルについては付録参照．

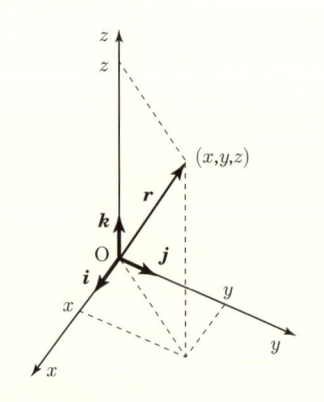

図 **2.1** 位置ベクトルと基本ベクトル

2.1.3 ベクトル量とスカラー量

今後，いろいろな物理量を扱うことになるが，それらを座標変換に対する性質で分類しておくと便利である．物理学においては，座標軸を回転させる変換，すなわち直交変換を行ったとき，不変な量をスカラー量とよび，位置ベクトルと同等な変換をするものをベクトル量とよぶ．ベクトル量の代表的なものとしては，速度，加速度，力などがあり，スカラー量として代表的なものは，質量，エネルギー，温度，電荷や，ベクトル量の内積である．ベクトルの内積のことをスカラー積というのは，2つのベクトルを内積したものはスカラー量になるからである．

> 直交軸の変換とベクトルとの関係については，ベクトル解析の教科書を参照のこと．
>
> 特殊相対性理論では物理量を4次元のミンコフスキー空間で取り扱う．このとき，エネルギーや電荷は4次元ベクトルの一成分となる．

2.1.4 軌　　跡

それぞれの時刻の物体の位置を結ぶと，物体の通過した道筋を表す空間上の曲線となる．この曲線を軌跡または軌道とよぶ．

［例題 2.1］軌跡を求める　2次元平面上を運動しているある質点の位置ベクトルが時刻 t の関数として

$$x(t) = 2t + 1, \quad y(t) = 4t^2 + 2t$$

で与えられている．この質点の軌跡の方程式を求めよ．

［解］ $x(t)$ の (t) は，質点の x 座標が時刻 t の関数であることを表しているだけなので，以後省略することにする．

$x = 2t + 1$ を t について解くと $t = x/2 - 1/2$ となる．これを $y = 4t^2 + 2t$ の t に代入して

$$\begin{aligned} y &= 4\left(\frac{x}{2} - \frac{1}{2}\right)^2 + 2\left(\frac{x}{2} - \frac{1}{2}\right) \\ &= (x^2 - 2x + 1) + (x - 1) \\ &= x^2 - x \end{aligned}$$

を得る．したがって，軌跡は xy 平面で，$(0, 0)$ と $(1, 0)$ を通る放物線である．　□

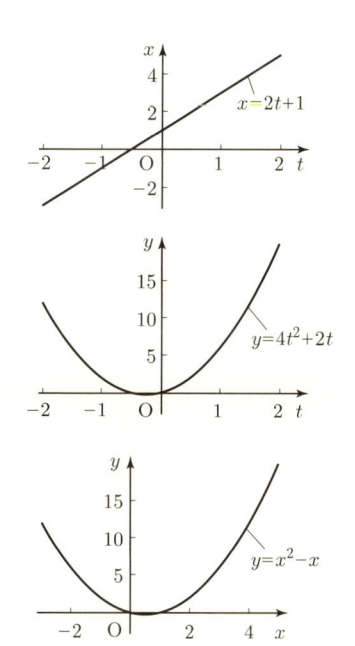

図 2.2　質点の軌跡

2.1.5 速度

物体の**速度** (velocity) は単位時間あたりの物体の位置の変化 (変位) で定義されるので，位置ベクトルの時刻での微分

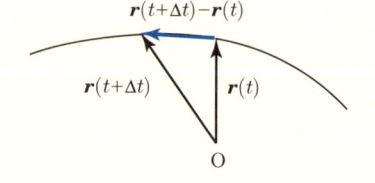

$$v(t) = \lim_{\Delta t \to 0} \frac{r(t + \Delta t) - r(t)}{\Delta t}$$
$$= \frac{dr(t)}{dt} \qquad (2.2)$$

図 2.3　位置ベクトルの時間的変化

で表される．ここで，ベクトル量である位置ベクトルを時刻 t で微分している．具体的な計算では，位置ベクトルの各成分を時刻 t で微分すればよい．各成分は単なる t の関数なので微分は行える．図 2.3 に示すように，速度ベクトルは軌跡の接線方向を向いている．

[例題 2.2]　速度を求める　2次元平面上を運動しているある質点の位置ベクトルが時刻 t の関数として

$$r(t) = (2t+1)i + (4t^2 + 2t)j$$

で与えられている．この質点の速度を求めよ．

[解]　$v_x = \dfrac{dx}{dt}, v_y = \dfrac{dy}{dt}$ なので，$x = 2t+1$ を t で微分すると 2，$y = 4t^2 + 2t$ を t で微分すると $8t + 2$ なので

$$v = 2i + (8t+2)j. \qquad \square$$

2.1.6 加速度

物体の**加速度** (acceleration) は単位時間あたりの物体の速度の変化であるので，速度ベクトルの時刻での微分

$$a(t) = \lim_{\Delta t \to 0} \frac{v(t + \Delta t) - v(t)}{\Delta t}$$
$$= \frac{dv(t)}{dt} = \frac{d^2 r(t)}{dt^2} \qquad (2.3)$$

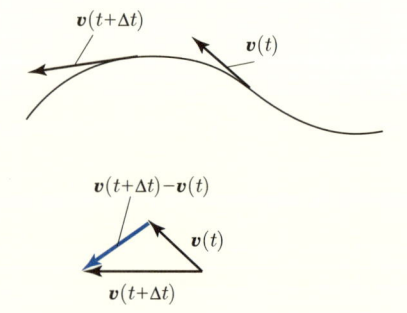

図 2.4　速度ベクトルの時間的変化

で表される．ここで $\dfrac{d^2 r(t)}{dt^2}$ は，位置ベクトル r を時刻 t で 2 回微分することを表している．

[例題 2.3]　加速度を求める　2次元平面上を運動しているある質点の位置ベクトルが時刻 t の関数として

$$r(t) = (2t+1)\boldsymbol{i} + (4t^2+2t)\boldsymbol{j}$$

で与えられている．この質点の加速度を求めよ．

[解] $a_x = \frac{d^2x}{dt^2}$, $a_y = \frac{d^2y}{dt^2}$ なので，$x = 2t+1$ を t で 2 回微分すると 0，$y = 4t^2+2t$ を t で 2 回微分すると 8 なので

$$\boldsymbol{a} = 8\boldsymbol{j}. \qquad \square$$

2.2 力

　静止している物体を押すと物体は動き出す．また，動いている物体を横から押すと，物体の運動の向きは変わる．この例のように，物体の運動状態を変化させる物体に働く作用を力という．力を加える強さを大きくすると物体の運動の変化は大きくなる．さらに，物体の運動の変化の仕方は，加える力の向きによって変わる (図 2.5)．このことからわかるように，力を表すには，大きさと向きが必要である．すなわち，力は大きさと向きをもったベクトル量である．

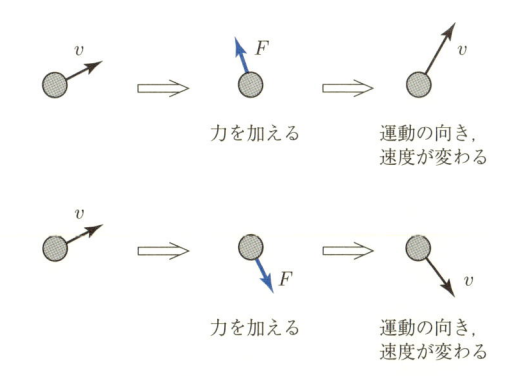

図 2.5 加える力の向きと大きさが異なると結果も異なる

　1 つの質点に 2 つの力が作用した場合はどうなるだろうか．2 つの力が作用した結果，質点の運動状態は変化するが，同等の変化をもたらす 1 つの力を考えることができる．すなわち，2 つ以上の力は合成して，1 つの力に置き換えることができる．このことを力の合成という．合成された力は，もとの力を平行四辺形の方法に従って，ベクトル的に足し合わせたものになることが知られている (図 2.6)．つまり

$$\boldsymbol{F} = \sum_i \boldsymbol{F}_i \qquad (2.4)$$

と表せる．また，この逆も可能である．力を 2 つ以上の力に分解して考えることもできる．例えば，斜面に置かれた物体にかかる重力は，鉛直下向きの力であるが，この力を斜面に平行な力と斜面に垂直な力に分解して考えると便利である (図 2.7)．

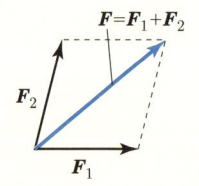

図 2.6 力のベクトル的な合成

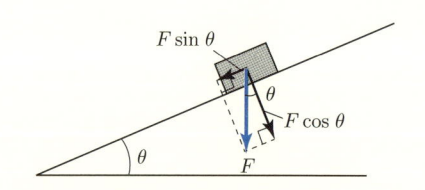

図 2.7 斜面に置かれた物体にかかる重力の分解

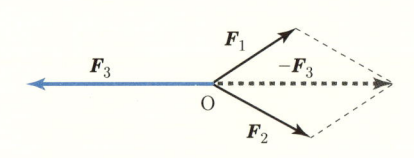

図 2.8 力のつり合い
$$F_1 + F_2 + F_3 = 0$$

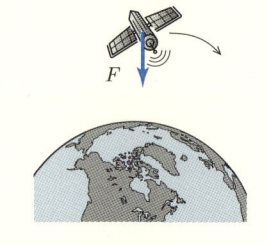

図 2.9 離れた物体間に働く力

質点に働く力の和 (合力) が 0 であるとき, 力がつり合っているという (図 2.8). 地球上の物体は, 地球から引力を受けている. この力は, 地表から離れた, 上空にある物体にも作用している. この例のように, 離れた物体間に働く力も存在する (図 2.9).

大きさをもった物体に 2 つ以上の力を作用させた場合, 物体に作用させる力の物体と接する場所が異なっていると, 合力が 0 でも, 物体が回転運動をする場合があるので注意が必要である (図 2.10). 5 章までは, 特に断りがないかぎり, 大きさをもった物体に関しては, 全体の運動のみを考え, 物体自身の向きの変化 (回転) は考えないこととする.

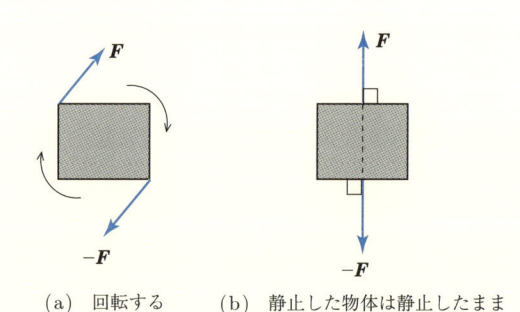

(a) 回転する　　(b) 静止した物体は静止したまま

図 2.10 大きさをもった物体に作用する力

2.3 運動の法則

ここでは, ニュートンが発見した物体の運動を支配する 3 つの法則について学ぶ.

2.3 運動の法則

2.3.1 運動の第1法則

運動の第1法則は慣性の法則ともいい，以下のように表される．

> **法則 2.1** 力を受けていない物体 (複数の力を受けていても，それらがつり合って，合力が **0** になっている物体) は等速直線運動 (静止も含む) をする．

力は運動の第2法則で定義するが，この第1法則は非常に深淵な意味をもつ．力を受けていない物体が多数あるとき，それらすべての物体が等速直線運動 (静止も含む) しているように見える座標系が，少なくとも1つは存在するということを主張しているのである (図 2.11)．そのような座標系を慣性系とよぶ．

実際に，どのような座標系が慣性系となるかは難しい問題であるが，地球上での物体の運動を論じるときは，近似的には地表に固定した座標系は慣性系として考えることができる．今後，特に断りがないかぎり，慣性系で考えることとする．

物理現象を記述するためには，座標を決める必要がある．座標の種類，原点，座標軸などの総称を座標系という．

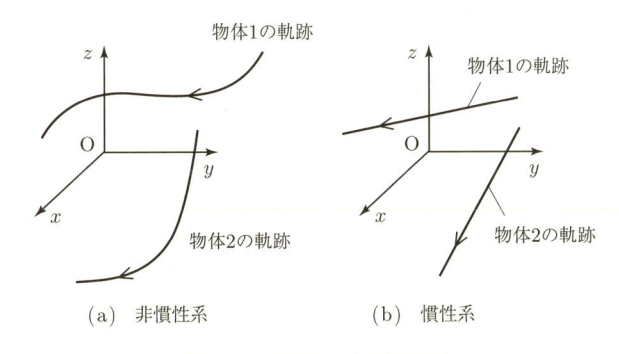

(a) 非慣性系　　(b) 慣性系

図 2.11 非慣性系と慣性系

2.3.2 運動の第2法則

運動の第2法則は物体の運動を記述する方程式で表される．この方程式のことをニュートンの運動方程式とよぶ．

> **法則 2.2** 質量 m の物体に力 $\boldsymbol{F}$ を作用させると，加速度 $\boldsymbol{a}$ が生じ，質量 m と力 $\boldsymbol{F}$ と加速度 $\boldsymbol{a}$ の間に方程式
> $$\boldsymbol{F} = m\boldsymbol{a} = m\frac{d\boldsymbol{v}}{dt} = m\frac{d^2\boldsymbol{r}}{dt^2} \tag{2.5}$$
> が成り立つ (ニュートンの運動方程式)．

ここで，力 $\boldsymbol{F}$，加速度 $\boldsymbol{a}$，速度 $\boldsymbol{v}$，位置ベクトル $\boldsymbol{r}$ はベクトル量であり，質量 m はスカラー量である．質量 m は物体に固有の性質であり，その決め方は後で述べる．力は物体に作用すると，その物体に加速度を生じさせるものであ

り，力の大きさと加速度の大きさは比例する．

慣性は，物体がもっている運動状態の変化を妨げようとする性質のことで，物体の質量が大きければ，その物体の慣性も大きい．

力の単位は SI 単位で [N] (ニュートン) である．1 [N] の力を質量 1 [kg] の物体に作用させると，その物体に 1 [m/s²] の加速度を生じさせる．すなわち

$$1\,[\mathrm{N}] = 1\,[\mathrm{kg\cdot m/s^2}]$$

である．

2.3.3 運動の第 3 法則

運動の第 3 法則は作用・反作用の法則ともいい，以下のように表される．

> **法則 2.3** 物体 B が物体 A に作用 (力)$\boldsymbol{F}_{\mathrm{BA}}$ を及ぼす場合，必ず反作用 $\boldsymbol{F}_{\mathrm{AB}}$ が存在し，物体 A は物体 B に反作用 $\boldsymbol{F}_{\mathrm{AB}}$ を及ぼす．このとき
>
> $$\boldsymbol{F}_{\mathrm{BA}} = -\boldsymbol{F}_{\mathrm{AB}} \tag{2.6}$$
>
> が成り立つ (図 2.12)．

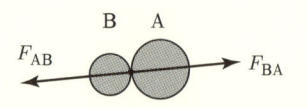

図 2.12 作用・反作用の法則

作用と反作用をまとめて，相互作用という．作用と反作用としては，離れた物体間に働く力，例えば万有引力やクーロン力でも成り立つ．

2.3.4 慣 性 質 量

質量の定義の話に戻る．物体 A と物体 B の間に相互作用が働いている場合を考える．物体 A と B の質量をそれぞれ $m_\mathrm{A}, m_\mathrm{B}$ とし，それぞれの物体に相互作用によって生じる加速度の大きさを $a_\mathrm{A}, a_\mathrm{B}$ とすると，運動の第 2 法則と第 3 法則により

$$m_\mathrm{A} a_\mathrm{A} = m_\mathrm{B} a_\mathrm{B} \tag{2.7}$$

となることがわかる．これより

$$\frac{m_\mathrm{B}}{m_\mathrm{A}} = \frac{a_\mathrm{A}}{a_\mathrm{B}} \tag{2.8}$$

を得る．物体 A と B に生じる加速度を測定することにより，物体 A と B の質量の比が求まる．1 つの物体の質量を基準にとれば，他の物体の質量は，加速度の大きさの比を測定することにより決めることができる．この方法で決めた質量を慣性質量とよぶ．

2.4 万有引力の法則

ここでは，ニュートンの偉大な発見の 1 つである万有引力について学ぶ．万有引力の法則は以下のように表される．

> **法則 2.4** すべての物体は引力を作用し合う．2 つの質点の質量をそれぞれ m, M とし，2 つの質点間の距離が r のとき，作用し合う引力の大きさは
> $$F = G_\mathrm{N} \frac{mM}{r^2} \tag{2.9}$$
> で表される．力の向きは互いに相手の質点へ向かう方向である (図 2.13)．

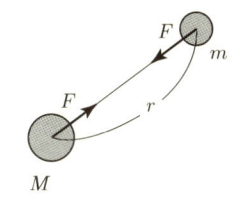

図 2.13 万有引力の法則

ここで，G_N はニュートンの重力定数とよばれるもので，最新の測定値は

$$G_\mathrm{N} = 6.67428(67) \times 10^{-11} \ [\mathrm{m^3/(kg \cdot s^2)}] \tag{2.10}$$

である．(67) は最後の 2 桁の誤差の大きさを表す．

球対称な質量分布がつくる万有引力は，すべての質量をその中心に集めた質点がつくる万有引力と同等である．これは，地球を無数の小さな質量の塊に分け，個々の質量の塊がつくる万有引力を，地球全体にわたってベクトル的に足し合わせることによって証明可能である．

地球上での重力加速度を考える．いま，地球は完全な球形であると近似し，質量分布も球対称であると近似する．そこで，地球表面上にある質量 m の質点を考える．地球の質量を M，地球の半径を R とすると，地球の全質量が地球の中心に集まったと考えてよいので，地球から地表の質点に作用する万有引力の大きさは

$$F = G_\mathrm{N} \frac{mM}{R^2} \tag{2.11}$$

となる．地表の質点が地球から受ける万有引力によって生じる加速度のことを重力加速度とよび，g で表す．地球の球対称近似のもとでは，ニュートンの運動方程式

$$F = ma \tag{2.12}$$

の F に式 (2.11) を代入して，このときの a が重力加速度 g なので

地表での重力加速度の大きさは，地球が完全な球でないこと，自転による遠心力が作用すること，月の重力の影響などから，場所や時間で異なる．一般的に，重力加速度は低緯度の方が小さくなる．

$$F = G_\mathrm{N} \frac{mM}{R^2} = mg \tag{2.13}$$

となる．m で割って g を求めると

$$g = G_\mathrm{N} \frac{M}{R^2} \tag{2.14}$$

を得る．

記号 ≒ は近似的に等しいことを表す．国際的には ≃ で表される．

例 2.1 地球の表面での重力加速度の大きさを求めてみよう．
$G_\mathrm{N} \simeq 6.7 \times 10^{-11}$ [m^3/(kg·s^2)]，地球の質量 $M \simeq 6.0 \times 10^{24}$ [kg]，地球の半径 $R \simeq 6.4 \times 10^6$ [m] を式 (2.14) に代入して，$g \simeq 9.8$ [m/s^2] を得る．

例 2.2 月の表面での重力加速度の大きさを求めてみよう．
$G_\mathrm{N} \simeq 6.7 \times 10^{-11}$ [m^3/(kg·s^2)]，月の質量 $M \simeq 7.3 \times 10^{22}$ [kg]，月の半径 $R \simeq 1.7 \times 10^6$ [m] を式 (2.14) に代入して，$g \simeq 1.7$ [m/s^2] を得る．すなわち，月面での重力は地球表面での重力の約 1/6 である．

万有引力が 2 つの物体の質量の積に比例することから，物体の質量を万有引力の法則を用いて決めることができる．この方法で決めた質量を重力質量とよぶ．

慣性質量と重力質量が同一であることは，高い精度で，実験的に確かめられている．慣性質量と重力質量が同一であることを (弱い) 等価原理という．

重力と一般相対性理論について

2 章で学んだように，すべての物質間には万有引力が働く．万有引力の大きさは 2 つの物体の質量の積に比例する．ここで，質問．光を粒子として扱うとき，光子とよぶが，光子の質量はゼロであることがわかっている．では，光子には万有引力は働くだろうか？ 万有引力の大きさが 2 つの物体の質量の積に比例するという法則が完全に正しければ，もちろん，光子に対して万有引力は働かないはずである．しかし，ブラックホールの近傍を通過する光は，ブラックホールの影響で軌道が曲がることが観測されている．このことは，ブラックホールなどの非常に大きな質量が狭い範囲に分布しているときには，2 章で示したニュートン力学と万有引力の法則は修正される必要があること示している．ニュートン力学を大きな質量がある場合に拡張したものが，アインシュタインの一般相対性理論である．また，一般化された万有引力を重力または重力相互作用とよぶ．

章末問題 2

2.1 点 A の座標が $(5, 3, -2)$ で与えられている．この点 A の位置を表す位置ベクトル r を基本ベクトル i, j, k を用いて表せ．

2.2 3 次元ベクトル $a = 6i - 2j + 3k$ の大きさ $|a|$ を求めよ．

2.3 ベクトル $a = (3, 2, -4)$, $b = (-4, 3, 2)$ の内積と外積を求めよ．

2.4 次の問いに答えよ．
   (1) 2 次関数 $y = 2x^2 + 3x + 1$ の x での微分 $\dfrac{dy}{dx}$ を求めよ．
   (2) 2 次関数 $x = 2t^2 + 3t + 1$ の t での微分 $\dfrac{dx}{dt}$ を求めよ．
   (3) 直線上を運動している質点の位置の座標を x [m] で表す．時刻 t [s] でのこの質点の位置が t の関数として $x = 2t^2 + 3t + 1$ と表せるとき，時刻 t でのこの質点の速度と加速度を求めよ．

2.5 2 次元平面上を運動している質点の位置ベクトル r が，時刻 t の関数として $r = 2ti + 3tj$ で表されている．この質点の軌跡の方程式を求めよ．また，この質点の速度ベクトルを求めよ．

2.6 1 次元上を運動している質量 2 [kg] の質点の，ある時刻から t [s] 後の位置が $x = 10t - 2t^2$ [m] で表されている．このとき，この質点の速度と加速度を求めよ．また，この質点に働く力の大きさを求めよ．

3
さまざまな運動

本章では，運動方程式の解き方を学ぶ．具体的な運動の例として放物運動，抵抗力を受けている物体の運動，単振動などを学ぶ．

3.1 運動方程式を解く手順

運動方程式を解くとは，物体に作用している力がわかっているとき，その物体の速度や位置を時刻 t の関数として求めることである．実際の物体の運動では，運動方程式を解いた結果，物体の位置が初等関数として求まる例は稀で，数値計算によることが多い．物体の運動が一意に決まるためには，力が与えられるだけでは条件が足りず，物体の初期の位置や速度が必要となる．そのような条件を初期条件という．

運動方程式の基本的な解き方は，以下の通りである．物体に作用している力 $\boldsymbol{F}$ がわかっているとき，その物体の加速度は運動方程式より

$$\boldsymbol{a} = \frac{1}{m}\boldsymbol{F} \tag{3.1}$$

で与えられる．物体の速度 $\boldsymbol{v}$ は，物体の加速度 $\boldsymbol{a}$ を時間で積分することで求まる．このとき，3次元の運動では，積分定数を決めるために3つの条件が必要である．また，物体の位置 $\boldsymbol{r}$ は，物体の速度 $\boldsymbol{v}$ を時間で積分することで求まる．このとき，積分定数を決めるために，さらに3つの条件が必要である．

3.2 放物運動

放物運動とは，物体を地表で投げたときの運動のことである．地球からの万有引力，すなわち重力は，厳密には高さに依存して変化するが，特に断りのない場合は，高さに依存しないことにする．また，ここでは，空気抵抗は考えないことにする．

運動を考えるとき，まずは座標を便利なように決める．ここでは，地面上のある1点を原点とし，xy 平面を地面上にとり，鉛直上向きに z 軸をとるこ

とにする．このとき，質量 m の質点の運動を考える．この質点に働く力としては，地球からの重力だけを考え，それ以外の外力は作用していない場合を考える．重力加速度を g とすると，この質点に働く力 $\boldsymbol{F}$ は

$$\boldsymbol{F} = -mg\boldsymbol{k} \tag{3.2}$$

$\boldsymbol{k}$ は z 軸方向の基本ベクトルである．

で表される (図 3.1)．運動方程式は

$$m\frac{d^2\boldsymbol{r}(t)}{dt^2} = m\frac{d\boldsymbol{v}(t)}{dt} = -mg\boldsymbol{k} \tag{3.3}$$

となる．

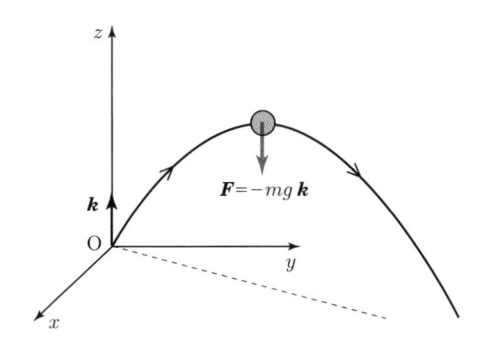

図 3.1 放物運動

ベクトル量に対する微分方程式をそのまま解くのは扱いにくいので，この方程式を x, y, z 成分に分けて考えることにする．位置ベクトルは

$$\boldsymbol{r}(t) = x(t)\boldsymbol{i} + y(t)\boldsymbol{j} + z(t)\boldsymbol{k} \tag{3.4}$$

速度ベクトルは

$$\boldsymbol{v}(t) = v_x(t)\boldsymbol{i} + v_y(t)\boldsymbol{j} + v_z(t)\boldsymbol{k} \tag{3.5}$$

と表せるので，これらを運動方程式に代入して，運動方程式の x 成分は

$$m\frac{d^2x(t)}{dt^2} = m\frac{dv_x(t)}{dt} = 0 \tag{3.6}$$

運動方程式の y 成分は

$$m\frac{d^2y(t)}{dt^2} = m\frac{dv_y(t)}{dt} = 0 \tag{3.7}$$

運動方程式の z 成分は

$$m\frac{d^2z(t)}{dt^2} = m\frac{dv_z(t)}{dt} = -mg \tag{3.8}$$

となる．

まず，運動方程式の x 成分を解いてみる．

3.2 放物運動

$$m\frac{dv_x(t)}{dt} = 0 \tag{3.9}$$

の両辺を m で割って

$$\frac{dv_x(t)}{dt} = 0 \tag{3.10}$$

を得る．この式の両辺を t で積分する．左辺の積分は，微分したものを積分しているので，もとの関数に戻り $v_x(t)$ となる．右辺の積分は 0 の積分なので，積分定数 C となる．左辺の関数にも積分定数はつくが，右辺と左辺のどちらか一方につけておけば十分なので，ここでは，右辺につけることにする．運動方程式の x 成分を t で積分した結果は

$$v_x(t) = C \tag{3.11}$$

となる．すなわち，速度の x 成分は時刻 t の関数ではなく，一定の値 C となっている．積分定数 C は運動方程式だけからでは決めることはできず，別に指定する必要がある．この場合，速度の x 成分は時刻によらないので，どの時刻をとってもよいのであるが，一般には，運動を考え始めた最初の時刻 $t = 0$ での速度の値を指定することが多い．物体が最初にもっていた速度を初速度といい，ここでは，その x 成分の値を V_x で表すことにする．

速度は位置の時間微分なので，初速度 V_x を代入して

$$v_x(t) = \frac{dx(t)}{dt} = V_x \tag{3.12}$$

を得る．この式を t で積分すると

$$\int \frac{dx(t)}{dt} dt = x(t) = \int V_x \, dt = V_x t + C \tag{3.13}$$

となる．ここで，C は積分定数である．この積分定数も運動方程式からは決めることができないので，別に指定する必要がある．この C は，$t = 0$ における位置の x 成分に対応するので，その値を X として指定することにする．

$$x(t) = V_x t + X \tag{3.14}$$

となり，位置の x 成分が時刻 t の関数として求められた．以上で，x 成分については，運動方程式が解けたことになる．

同様に，y 成分に関しても

$$v_y(t) = V_y, \tag{3.15}$$
$$y(t) = V_y t + Y \tag{3.16}$$

と求まる．ここで，$t = 0$ での速度と位置の y 成分を，それぞれ V_y, Y とする．

z 成分の運動方程式 (3.8) の両辺を m で割ると

$$\frac{dv_z(t)}{dt} = -g \tag{3.17}$$

> ニュートン力学では $m = 0$ は考えない．アインシュタインの特殊相対性理論によると，$m = 0$ の粒子は光速で運動することがわかっている．

となる．質点が地球から受ける重力の大きさは質点の質量 m に比例するので，運動方程式を m で割ると，運動方程式から m の依存性がなくなる．すなわち，放物運動は，質点の質量に依存しない．この式の両辺を t で積分すると

$$v_z(t) = -gt + C \tag{3.18}$$

となる．積分定数 C は $t = 0$ での速度の z 成分なので，$C = V_z$ とすると

$$v_z(t) = -gt + V_z \tag{3.19}$$

となる．重力が作用しているので，速度の z 成分は時刻 t とともに変化する．

位置の z 成分は，速度の z 成分を t で積分して

$$z(t) = -\frac{1}{2}gt^2 + V_z t + Z \tag{3.20}$$

となる．ここで，Z は積分定数で，$t = 0$ での位置の z 成分を表す．

以上で，放物運動の場合の運動方程式が解けた．ベクトルでまとめて表すと，速度ベクトルは

$$\boldsymbol{v}(t) = V_x \boldsymbol{i} + V_y \boldsymbol{j} + (-gt + V_z) \boldsymbol{k} \tag{3.21}$$

位置ベクトルは

$$\boldsymbol{r}(t) = (V_x t + X) \boldsymbol{i} + (V_y t + Y) \boldsymbol{j} + \left(-\frac{1}{2}gt^2 + V_z t + Z\right) \boldsymbol{k} \tag{3.22}$$

となる．

次に，人が小石を投げることを考えてみよう．人の筋肉の作用により，小石には力が加わり，加速度，速度をもつようになる．人が小石を投げて，小石が人の手から離れた瞬間が，この小石が放物運動を始めた瞬間である．この時刻を $t = 0$ とする．小石が手から離れた瞬間の小石の位置が初期位置 $\boldsymbol{r}(t = 0) = (X, Y, Z)$ であり，小石の速度は初速度 $\boldsymbol{v}(t = 0) = (V_x, V_y, V_z)$ である．人の手を離れた後の小石の運動は，式 (3.21) および式 (3.22) で記述される．

運動方程式を解いて，任意の時刻における質点の位置と速度がわかった．次に行うことは，その結果の分析である．例えば，投げた小石の最高到達点の高さはどのくらいだろうか．最高到達点では，上昇していた小石が下降に転じるときである．そのため，v_z は 0 となる．式 (3.21) より

$$-gt + V_z = 0 \tag{3.23}$$

を解いて

$$t = \frac{V_z}{g} \tag{3.24}$$

を得る．この結果を式 (3.22) に代入して，最高到達点の高さは

> 等価原理が成り立っているので，運動方程式から m の依存性がなくなるのである．

$$z = \frac{V_z^2}{2g} + Z \tag{3.25}$$

となる．地表から投げ上げた ($Z=0$) とすると，最高到達点の高さは V_z の 2 乗に比例することがわかる．その他，最高到達距離や，滞空時間なども求められるし，投げ上げる角度と到達距離の関係を求めることもできる．単に運動方程式を解くだけでなく，このような分析を通して，運動を総合的に理解することが大切である．

人が小石に加えた力に関する運動方程式は，いまは解かない．

3.3　なめらかな斜面を滑り落ちる物体の運動

なめらかな斜面を滑り落ちる物体の運動を考える．力学において「なめらか」という表現は，「摩擦を無視してよい」ことを表す．

水平面から見上げた角度が θ の平らで，なめらかな斜面を最大傾斜線に沿って (真下に向かって)，滑り落ちる質点の運動を考える (図 3.2)．

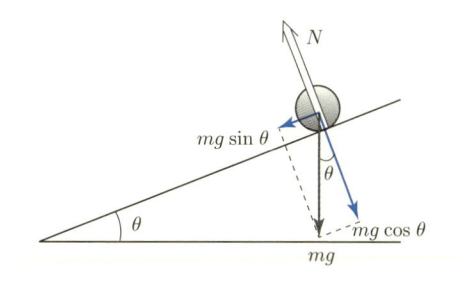

図 3.2 斜面上の物体の運動

この質点は，1 次元の運動をするので，x 座標だけを考える．原点は，この斜面上の質点の初期の場所とすると，記述が簡単になる．斜面の最大傾斜線に沿って，下向きを正とした座標を用いる．この質点に働く重力は，鉛直下向きに mg である．ここで，m は質点の質量，g は重力加速度である．この質点に働く重力を斜面に垂直な成分と斜面に平行な成分に分解する．斜面に垂直な成分の大きさは $mg\cos\theta$，斜面に平行な成分の大きさは $mg\sin\theta$ となる．重力の斜面に垂直な成分は，斜面が質点を押し返す力である垂直抗力 N とつり合い，質点に働く力の斜面に垂直な成分は，合力としては 0 となる．

この質点運動方程式は

$$m\frac{d^2x(t)}{dt^2} = m\frac{dv(t)}{dt} = mg\sin\theta \tag{3.26}$$

となる．斜面に沿って下向きを x 軸の正の方向にとったので，最後の項にマイナスの符号は必要ない．

初期条件を $t=0$ で $x=0, v=0$ とする．この運動方程式を解いて

$$v = gt\sin\theta, \qquad x = \frac{1}{2}gt^2\sin\theta \tag{3.27}$$

を得る．なめらかな斜面上の質点の運動は，重力加速度 g をその斜面に平行な成分に置き換えて，$g\sin\theta$ とすればよいことがわかる．

3.4 等速円運動

xy 平面上で，原点から距離 R の円周上を一定の速さ v で回っている質点の運動を考える．このような運動を等速円運動という (図 3.3)．

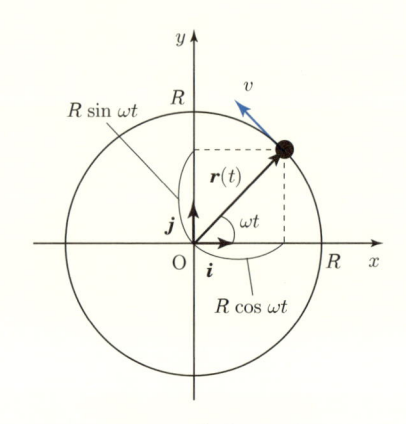

図 3.3 等速円運動

質点の位置ベクトルを $\boldsymbol{r}(t)$ とすると

$$\boldsymbol{r}(t) = R\cos(\omega t)\boldsymbol{i} + R\sin(\omega t)\boldsymbol{j} \tag{3.28}$$

と表すことができる．ここで，ω は角速度であり，単位時間あたりに進む角度を意味する．円周上の長さは $R\theta$ で表されるので，これを時刻 t で微分して，$v = R\omega$ を得る．この質点の速度は，上の式を時刻 t で微分して

$$\boldsymbol{v} = \frac{d\boldsymbol{r}}{dt} = -R\omega\sin(\omega t)\boldsymbol{i} + R\omega\cos(\omega t)\boldsymbol{j} \tag{3.29}$$

となる．$\boldsymbol{r}\cdot\boldsymbol{v}=0$ より，位置ベクトルと速度ベクトルは直交している．すなわち，速度ベクトルは円の接線方向を向いている．速度ベクトルをさらに時刻 t で微分することにより加速度ベクトルを求めると

$$\boldsymbol{a} = -R\omega^2\cos(\omega t)\boldsymbol{i} - R\omega^2\sin(\omega t)\boldsymbol{j} = -\omega^2\boldsymbol{r} \tag{3.30}$$

を得る．すなわち，加速度ベクトルは常に原点方向を向き，大きさは一定で，その値は $R\omega^2$ である．この質点に作用している力は，質点の質量を m とすると

$$\boldsymbol{F} = m\boldsymbol{a} = -m\omega^2\boldsymbol{r} \tag{3.31}$$

であることがわかる．この力は，常に中心を向いているので，向心力という．向心力の大きさは

円周上の長さを l とすると $l = R\theta$ であり，また $\theta = \omega t$ より

$$v = \frac{dl}{dt} = \frac{d(R\theta)}{dt}$$
$$= R\frac{d\theta}{dt} = R\omega$$

角度 θ の単位はラジアンなので，円の半径を R とすると角度 θ に対応する円周上の長さ l は $l = R\theta$ で表される．

$$mR\omega^2 = \frac{mv^2}{R} \tag{3.32}$$

である.

地球は太陽のまわりを近似的には等速円運動しているが，このときの向心力は，地球と太陽の間の万有引力である．

例 3.1 質量 1 [kg] の質点が，半径 1 [m] の円周上を毎秒 1 回転している．このときの向心力の大きさを求めてみよう．

角速度は $\omega = 2\pi$ [rad/s] だから，$F = mR\omega^2 = 4\pi^2$ [N] $\simeq 39.4$ [N] である.

3.5 抵抗力が作用する物体の運動

3.5.1 摩擦力

物体の運動を妨げる力のことを一般に抵抗力という．抵抗力の例としては，地面の上を運動している物体が地面から受ける摩擦力や，空気中 (水中) を運動している物体が空気 (水) から受ける抵抗力などがあげられる．

摩擦力について考えてみよう．ある面の上を物体が運動することを考える．物体の運動方向と逆向きに面から力を物体は受ける．この力のことを摩擦力という．

摩擦力の大きさは，一般に物体が面に押しつけられる力，または面が物体を押し返す力 (垂直抗力) に比例し，その比例定数を摩擦係数という．この関係は経験則であり，厳密に成り立つわけではないが，特に断りがないかぎり，この経験則は成り立っているものとして扱う．

摩擦力の大きさは物体が静止しているときと運動しているときで異なっており，静止しているときの摩擦係数を静止摩擦係数，運動しているときの摩擦係数を動摩擦係数という．一般に，静止摩擦係数の方が動摩擦係数より大きい．

> 物体が静止している場合，その物体を動かそうとして加えた力に対する反作用が静止摩擦力である．加えた力によって物体が動き出す直前の力の反作用を最大静止摩擦力という．静止摩擦係数は最大静止摩擦力に対する係数である．

例 3.2 水平な面上にある質量 m の物体の運動を考えよう (図 3.4).

この物体の面上における動摩擦係数を μ とする．この物体に力 F を水平に加えて，動かすことを考える．この物体が面に押しつけられる力は重力なので mg である．摩擦力は加えられた力と逆向きに μmg となる．よって，この物体に加えられた力の合力は $F - \mu mg$ となり，生じる加速度はこれを質量 m で割って $F/m - \mu g$ となる．

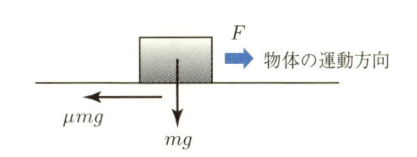

図 3.4 動摩擦係数が作用する物体の運動

3.5.2 流体と粘性

> 流体と粘性については 6.3 節参照.

抵抗力が作用する物体の運動を考えたいが，その準備として，流体と粘性について考えてみよう．粘性をもった流体中で運動する物体には抵抗力が働くからである．

> 一様な物質でできた，密度，速度，圧力といった巨視的な量が空間的，時間的に連続な構造をもつ物質を一般に連続体という．

粘性について考える．粘性は流体の性質の 1 つで，流体のねばりけのことである．粘性をもつ流体のことを粘性流体という．

粘性流体中を物体が運動するとき，物体の大きさが比較的小さく，ゆっくりと運動するとき，物体には物体の速度に比例する抵抗力が働く．この速度に比例する抵抗を粘性抵抗という．

> 連続体の中で，気体と液体に固有の変形に対して，抵抗が働かないという性質をもつものを流体という．

大きさが小さい，半径 r の球形の物体が粘性率 η の粘性流体中を遅い速度 v で運動するとき，粘性抵抗は

$$F = 6\pi r \eta v \tag{3.33}$$

> Stokes, George Gabriel (1819–1903) アイルランドの物理学者, 数学者

で与えられる．これをストークスの法則という．

一方，粘性流体中を物体が運動するとき，物体の大きさが比較的大きく，速く運動するとき，物体には物体の速度の 2 乗に比例する抵抗力が働く．この速度の 2 乗に比例する抵抗を慣性抵抗という．速度の 2 乗に比例する抵抗力が働くことをニュートンの抵抗法則という．

3.5.3 粘性抵抗力を受ける物体の運動

流体中を運動する物体の速度が $\boldsymbol{v}$ の場合，その物体に働く粘性抵抗力 $\boldsymbol{F}$ は

$$\boldsymbol{F} = -k\boldsymbol{v} \quad (k > 0) \tag{3.34}$$

図 3.5 粘性抵抗力を受ける物体の運動

と表される（図 3.5）．ストークスの法則が成り立つとき，$k = 6\pi r \eta$ である．粘性抵抗力だけを受ける質量 m の物体の運動を考える．運動方程式は

$$m\frac{d^2\boldsymbol{r}}{dt^2} = m\frac{d\boldsymbol{v}}{dt} = -k\boldsymbol{v} \tag{3.35}$$

と表される．力は常に運動方向を向いているので，この物体の運動は直線上に限定される．運動方向を x 軸とすると，運動方程式は

$$m\frac{dv}{dt} = -kv \tag{3.36}$$

となる．ここで，$v \neq 0$ の場合を考える．両辺を mv で割ると

$$\frac{1}{v}\frac{dv}{dt} = -\frac{k}{m} \tag{3.37}$$

を得る．この式は，変数分離形の常微分方程式とよばれる微分方程式になっている．式 (3.37) の両辺を時刻 t で不定積分する．左辺は

3.5 抵抗力が作用する物体の運動

$$\int \frac{1}{v}\frac{dv}{dt}dt = \int \frac{1}{v}dv \tag{3.38}$$

となり

$$\int \frac{1}{v}dv = \int -\frac{k}{m}dt \tag{3.39}$$

を得る．両辺それぞれの不定積分を実行する．このとき，積分定数が両辺に出てくるが，どちらか1つにつけておけばよいので，右辺につけることにすると

$$\ln v = -\frac{k}{m}t + C \tag{3.40}$$

を得る．ここで，C は積分定数である．両辺を e の肩に乗せると

$$e^{\ln v} = v = e^{-\frac{k}{m}t + C} = e^{-\frac{k}{m}t}e^C = Ae^{-\frac{k}{m}t} \tag{3.41}$$

を得る．ここで，$e^{\ln v} = v$ と $e^{a+b} = e^a e^b$ を使った．また，積分定数は $A = e^C$ である．初期条件として，$t = 0$ で $v = v_0$ とすると

$$v = v_0 e^{-\frac{k}{m}t} \tag{3.42}$$

$e^0 = 1$ より
$v\,(t=0) = Ae^0$
$\qquad\qquad = A = v_0$

となる (図 3.6)．物体の速度は初速度から，時間とともに指数関数的に急激に減少する．

式 (3.36) のような微分方程式は，自然科学において最も重要な微分方程式の1つである．この微分方程式は，ある時刻における，ある量の減少率が，その時刻のその量に比例するという現象を表している．このような微分方程式で表せる現象の例は，放射性同位元素の放射性崩壊，化学反応における1次反応，薬物の代謝など，物理学だけでなく，化学や薬学の分野においてもみられる．

次に，物体の位置 x を求める．速度 v を時刻 t で積分して

$$x = \int v\,dt = \int v_0 e^{-\frac{k}{m}t}\,dt = -\frac{mv_0}{k}e^{-\frac{k}{m}t} + C \tag{3.43}$$

$\int e^{ax}dx$
$= \dfrac{1}{a}e^{ax} + C$

を得る．初期条件として，$t = 0$ で $x = 0$ とすると，$C = \dfrac{mv_0}{k}$ となるので

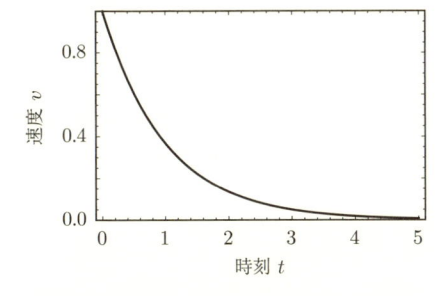

図 3.6 粘性抵抗力を受ける物体の速度の時間変化 ($v_0 = 1$, $k/m = 1$)

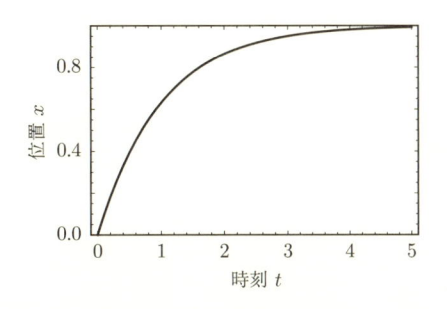

図 3.7 粘性抵抗力を受ける物体の位置の時間変化 ($v_0 = 1$, $k/m = 1$)

$$x = \frac{mv_0}{k}\left(1 - e^{-\frac{k}{m}t}\right) \tag{3.44}$$

$e^{-x} = \dfrac{1}{e^x}$ より

$e^{-\infty} = \dfrac{1}{e^\infty} = \dfrac{1}{\infty} = 0$

となる (図 3.7). $t = \infty$ では $e^{-\frac{k}{m}t} = 0$ となるので, 初速度 v_0 の物体は, 粘性抵抗力だけを受けている場合, 進める距離は有限で, その最大値は $\dfrac{mv_0}{k}$ であることがわかる.

3.5.4 粘性抵抗力を受ける物体の自由落下

粘性抵抗を受けながら自由落下する質量 m の物体の運動を考える. 運動は 1 次元なので, 座標軸の向きは鉛直下向きを正にとる. 運動方程式は

$$m\frac{dv}{dt} = mg - kv \tag{3.45}$$

となる (ここでは, 浮力は無視している). この式を解きやすいように

$$\frac{1}{\left(v - \frac{mg}{k}\right)} \frac{dv}{dt} = -\frac{k}{m} \tag{3.46}$$

とする. 上式の両辺を t で積分すると, 左辺は

$$\int \frac{1}{\left(v - \frac{mg}{k}\right)} \frac{dv}{dt} dt = \int \frac{1}{\left(v - \frac{mg}{k}\right)} dv = \ln\left|v - \frac{mg}{k}\right| + C \tag{3.47}$$

となり, 右辺は

$$\int -\frac{k}{m} dt = -\frac{k}{m}t + C \tag{3.48}$$

よって

$$\ln\left|v - \frac{mg}{k}\right| = -\frac{k}{m}t + C \qquad (C\text{ は積分定数}) \tag{3.49}$$

を得る. 前述と同様に, 両辺を e の肩に乗せて

$$\left|v - \frac{mg}{k}\right| = Ae^{-\frac{k}{m}t} \tag{3.50}$$

を得る. $v < mg/k$ の場合を考えることにすると, 絶対値を外すことができて, 整理すると

$$v = \frac{mg}{k} - Ae^{-\frac{k}{m}t} \tag{3.51}$$

を得る. 初期条件として, 最初に静止していたとすると, $t = 0$ で $v = 0$ なので

$$v = \frac{mg}{k}\left(1 - e^{-\frac{k}{m}t}\right) \tag{3.52}$$

となる. 速度は次第に増加し, $v = mg/k$ に近づいていく. この速度では, 重力と粘性抵抗力がつり合っている. この速度を終端速度といい, この後, 物体は等速直線運動をする.

例 3.3 半径 0.1 [mm]，質量 3 [μg] の球が空気中を自由落下している (雨粒のようなものを考えている．実際の雨粒の大きさはいろいろなものがあるし，形も球形ではない)．この物体の終端速度を求めてみよう．

ストークスの法則が成り立ち，空気の粘性率は $\eta = 1.8 \times 10^{-5}$ [Pa·s] とすると

$$v = \frac{mg}{k} = \frac{mg}{6\pi r \eta} \tag{3.53}$$

である．したがって，値を入れて計算すると，約 0.86 [m/s] となる．

3.6 単振動

図 3.8 のように，ばねに取り付けた質量 m の物体の往復運動を考える．物体がばねから受ける力はフックの法則より，ばねのつり合いの位置からの伸び x に比例するとする．

Hooke, Robert
(1635–1703)
イギリスの科学者

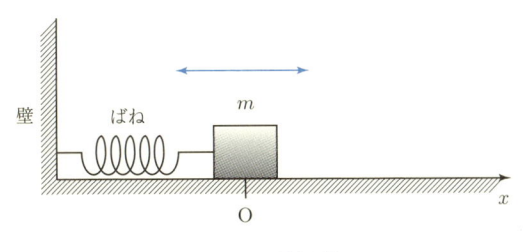

図 3.8 単振動

力の向きは伸びと逆向きである．床と物体との摩擦は無視する．また，空気抵抗も無視する．この物体の運動方程式は

$$m\frac{d^2x}{dt^2} = -kx \quad (k > 0) \tag{3.54}$$

となる．一般に，この形の運動方程式で記述される運動のことを単振動という．また，この運動方程式で記述される系のことを調和振動子という．式 (3.54) を以下のように書き換えると

$$\frac{d^2x}{dt^2} + \omega^2 x = 0 \quad \left(\omega = \sqrt{\frac{k}{m}}\right) \tag{3.55}$$

となる．上式は，定数係数 2 階常微分方程式になっていることがわかる．この解法は微分方程式の教科書に譲って，ここでは，解の性質の議論を行うことにする．

三角関数の性質

$$\frac{d}{dx}\sin ax = a\cos ax, \qquad \frac{d^2}{dx^2}\sin ax = a\frac{d}{dx}\cos ax = -a^2\sin ax, \tag{3.56}$$

$$\frac{d}{dx}\cos ax = -a\sin ax, \qquad \frac{d^2}{dx^2}\cos ax = -a\frac{d}{dx}\sin ax = -a^2\cos ax \tag{3.57}$$

より，$x = \sin\omega t$ と $x = \cos\omega t$ は，式 (3.55) の解になっていることがわかる．線形 2 階微分方程式では，2 つの独立な解があれば，その 1 次結合もまた，解となるので，式 (3.55) の一般解は

$$x = C_1 \sin\omega t + C_2 \cos\omega t \tag{3.58}$$

である．ここで，C_1, C_2 は積分定数で，初期条件より求める必要がある．三角関数の加法定理を用いて，式 (3.58) は

$$x = A\sin(\omega t + \alpha) \tag{3.59}$$

と書き換えることができる．ただし，$A > 0$ とする．このとき

$$A^2 = C_1^2 + C_2^2, \qquad \tan\alpha = \frac{C_2}{C_1} \tag{3.60}$$

である．A を振幅，α を初期位相，ω を角振動数という．物体が 1 往復するのにかかる時間のことを基本周期といい

$$T = \frac{2\pi}{\omega} = 2\pi\sqrt{\frac{m}{k}} \tag{3.61}$$

である．物体が 1 [s] 間に往復する回数のことを，振動数といい

$$f = \frac{1}{T} = \frac{\omega}{2\pi} = \frac{1}{2\pi}\sqrt{\frac{k}{m}} \tag{3.62}$$

である．振動数の SI 単位系での単位は [s^{-1}] であるが，特別に [s^{-1}] = [Hz] (ヘルツ) を用いる．物体の速度は式 (3.59) を時刻 t で微分して

$$v = \omega A \cos(\omega t + \alpha) \tag{3.63}$$

となる．

3.7 減衰振動

速度に比例した抵抗力が働く振動運動を考える．運動方程式は

$$m\frac{d^2x}{dt^2} = -kx - c\frac{dx}{dt} \qquad (k > 0,\ c > 0) \tag{3.64}$$

となる．ここで

$$\omega = \sqrt{\frac{k}{m}}, \quad \gamma = \frac{c}{2m} \tag{3.65}$$

とすると，式 (3.64) は

$$\frac{d^2x}{dt^2} + 2\gamma\frac{dx}{dt} + \omega^2 x = 0 \tag{3.66}$$

3.7 減衰振動

と書き換えられる．上式も定数係数 2 階常微分方程式である．ここでも，解の性質だけを議論する．

この方程式の解の形は，γ と ω の大小関係で 3 種類に分類される．

(1) $\gamma < \omega$ のとき

$$x = e^{-\gamma t}\left\{C_1 \sin\left(\sqrt{\omega^2 - \gamma^2}\,t\right) + C_2 \cos\left(\sqrt{\omega^2 - \gamma^2}\,t\right)\right\} \tag{3.67}$$

となる．この解を<u>減衰振動解</u>という．振幅が指数関数的に減少していくことがわかる (図 3.9)．また，角振動数が単振動の場合より小さくなっている．

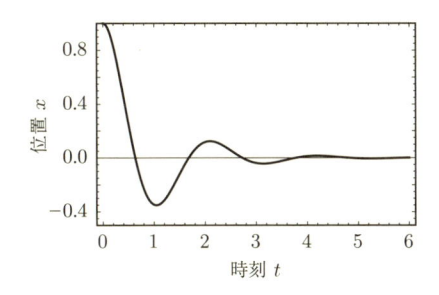

図 3.9 減衰振動 ($t = 0$ のとき，$x = 1, v = 0$)
$\gamma = 1, C_1 = 1, C_2 = 3, \sqrt{\omega^2 - \gamma^2} = 3$ の場合

(2) $\gamma = \omega$ のとき

$$x = (C_1 t + C_2)\,e^{-\gamma t} \tag{3.68}$$

となる．この場合を<u>臨界減衰</u>という．このときは，振動しないで，停止する (図 3.10)．

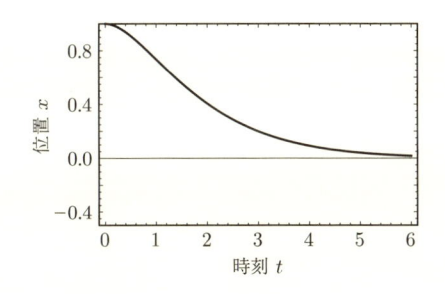

図 3.10 臨界減衰 ($t = 0$ のとき，$x = 1, v = 0$)
$\gamma = 1, C_1 = 1, C_2 = 1$ の場合

(3) $\gamma > \omega$ のとき

$$x = e^{-\gamma t}\left\{C_1 e^{-\sqrt{\gamma^2 - \omega^2}\,t} + C_2 e^{\sqrt{\gamma^2 - \omega^2}\,t}\right\} \tag{3.69}$$

となる．この場合を<u>過減衰</u>という．このときは，振動しないで，ゆっくり停止する (図 3.11)．

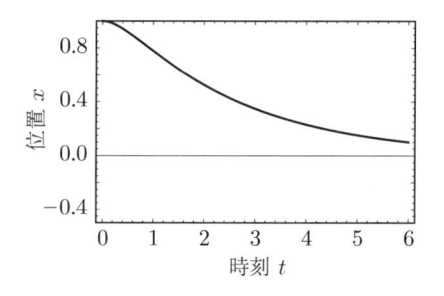

図 3.11 過減衰 ($t=0$ のとき, $x=1, v=0$)
$\gamma = \sqrt{2}$, $C_1 = (1-\sqrt{2})/2$, $C_2 = (1+\sqrt{2})/2$,
$\sqrt{\gamma^2 - \omega^2} = 1$ の場合

自然界に存在する相互作用について

　自然界にはどのような力が存在するのだろうか．すぐに思いつくのは，2 章で学んだ万有引力，より一般的にいうと重力相互作用と 7, 8 章で学ぶ電気と磁気の力である電磁相互作用の 2 つである．他には何かあるだろうか？　原子の中心に存在する原子核は，プラスの電荷をもった陽子と全体としては電荷をもたない中性子からできている．プラスの電荷をもった陽子は電磁相互作用により互いに反発する力を受ける．それにもかかわらず，どうして，陽子と中性子は強く結合しているのだろうか．それは，陽子と中性子の間には電磁相互作用よりも強い引力が働いているからである．この電磁相互作用よりも強い力のことを「強い相互作用」とよぶ．また，強い相互作用をする粒子のことをハドロンとよぶ．

　他にもまだ自然界には相互作用が存在するだろうか？　1987 年に大マゼラン星雲で超新星爆発が起こった．この超新星爆発によって放出されたニュートリノという粒子が日本の神岡鉱山の地下に設置され，陽子の寿命の測定を行っていたカミオカンデという装置で観測された．これがニュートリノ天文学の幕開けであった．このニュートリノは電荷をもたず，他の物質とはほとんど相互作用しないので，遠い大マゼラン星雲から神岡鉱山の地下深くまで到達できたのである．このニュートリノに作用する非常に弱い力のことを「弱い相互作用」とよぶ．中性子は単体では平均寿命約 885.7 秒で，陽子と電子と反電子ニュートリノに β 崩壊するが，この崩壊をもたらす相互作用も弱い相互作用ある．

　現在までに知られている自然界に存在する相互作用は，重力相互作用，電磁相互作用，強い相互作用，弱い相互作用の 4 つである．重力を除く 3 つの相互作用を記述する理論は，量子力学を特殊相対性理論と矛盾しないように拡張したうえで，粒子と反粒子の対生成や対消滅など，粒子数が変化して，系の自由度が変化する場合に対応できるように，無限自由度系を記述するようにさらに拡張した相対論的場の量子論である．個々の相互作用はゲージ原理を導入して，ゲージ対称性が成り立つようにすることで導く．この理論を標準理論または標準模型とよぶ．現在までのところ，どのような高エネルギーの加速器実験でも，この標準理論と矛盾する結果は得られていない．重力を含めたすべての相互作用を統一的に扱う理論は今のところ確立されていない．

章末問題 3

3.1 次の問いに答えよ．
(1) $y = 2x + 3$ のとき，この関数が満たす 1 階微分方程式を書け．
(2) 微分方程式 $\dfrac{dy}{dx} = 2$ を解け (y を x の関数として表す．積分定数を C とする)．
(3) (2) の微分方程式の解が (1) となるためには，$x = 0$ のときの y の値を求めよ．また，$x = 1$ のときの y の値を求めよ．

3.2 地表から鉛直上向きを x 軸の正の方向にとり，地表で $x = 0$ とする．時刻 $t = 0$ [s] のとき，地上 h [m] の地点に静止している質量 m [kg] の質点が，時刻 $t = 0$ [s] から自由落下を始めた (空気抵抗は無視する)．
(1) この質点に働く重力の大きさを求めよ．ただし，重力加速度の大きさは g [m/s^2] とする．
(2) この質点の運動方程式を書け．
(3) この質点の初期条件を述べよ．
(4) この質点の運動方程式を解いて，この質点の位置 x を時刻 t の関数として求めよ．

3.3 質点を鉛直上向きに初速度 V [m/s] で，時刻 $t = 0$ [s] に地表 ($x = 0$) より投げ上げる．t [s] 後の高さ x は $x = -\dfrac{1}{2}gt^2 + Vt$ [m] で表される (g [m/s^2] は重力加速度の大きさ)．
(1) 投げ上げてから質点が再び地表に戻ってくるのにかかる時間を求めよ．
(2) 質点の速度が 0 になる時刻を求めよ．
(3) 最高到達点の高さを求めよ．

3.4 質量 2 [kg] の質点の 1 次元運動を考える．この質点には x 軸の正の向きに 4 [N] の力が働き続けていて，他には何の力も働いていない．
(1) この質点の運動方程式を書け．
(2) この質点は，時刻 $t = 0$ [s] のとき $x = 0$ [m] で静止していた．(1) で求めた運動方程式を解いて，この質点の位置 x を時刻 t の関数として求めよ．

3.5 次の問いに答えよ．
(1) $\log_{10} 100$ を求めよ．
(2) $10^{\log_{10} 100}$ を求めよ．
(3) $10^{\log_{10} x}$ を求めよ．
(4) 合成関数の微分の公式より $\dfrac{d}{dx} e^{-ax} = -a e^{-ax}$ である．これを用いて，$\displaystyle\int e^{-ax}\, dx$ を求めよ．
(5) $e^{\log_e x} = x$ である．両辺を x について微分することにより $\dfrac{d}{dx} \log_e x$ を求めよ．

3.6 粘性抵抗力を受けている物体の運動を表す運動方程式 $m\dfrac{dv}{dt} = -kv$ の一般解は，$v = Ce^{-\frac{k}{m}t}$ で表される．ただし，C は積分定数とする．
(1) 一般解において，$t = 0$ のときの v の値を求めよ．
(2) 初期条件 $t = 0$ のとき $v = v_0$ より，積分定数 C を求めよ．
(3) (2) の初期条件を満たすとき，$v = \dfrac{1}{2}v_0$ となる時刻 $t_{1/2}$ を求めよ．
(4) $t = 2t_{1/2}$ のときの v の値と，$t = 3t_{1/2}$ のときの v の値を求めよ．

3.7 粘性抵抗力 $F = -kv$ だけを受けて運動している物体の速度は,初速度を v_0 とすると, $v = v_0 e^{-\frac{k}{m}t}$ で表される.ただし,k は粘性抵抗力と速度との比例定数とする.
(1) この物体の位置 x を時刻 t の関数として求めよ.ただし,積分定数は C とする.
(2) 初期条件 $t = 0$ で $x = 0$ より,(1) の積分定数 C を求めよ.
(3) この物体が静止するまでに必要な移動距離を求めよ.

3.8 粘性抵抗力 $\boldsymbol{F}$ は,物体の速度を $\boldsymbol{v}$ とすると,$\boldsymbol{F} = -k\boldsymbol{v}$ で表される.このとき,比例定数 k の次元を求めよ ([M], [L], [T] を用いて表す).

3.9 薬物の血中濃度を C で表すとする.血中の薬物濃度は肝臓で代謝されたり,腎臓より尿中へ排泄されたりして,時間とともに減少していく.多くの薬物の血中濃度の減少は,$\dfrac{dC}{dt} = -kC$ という微分方程式で近似的に記述されることが知られている.この微分方程式に従う薬物を $t = 0$ で静脈注射した.薬物は速やかに循環血中に行き渡り,初期の薬物血中濃度は C_0 となった.この後,この薬物の血中濃度の時間変化を求めよ.

3.10 単振動の解が $x = 0.4 \sin 50\pi t$ で与えられている.ただし,単位は SI 単位とする.
(1) 振幅を求めよ.
(2) 初期位相を求めよ.
(3) 周期を求めよ.
(4) 振動数を求めよ.
(5) $t = 0$ のときの速さを求めよ.

3.11 単振動の一般解が $x = A\sin(\omega t + \alpha)$ で与えられている.次の (1), (2) の初期条件を課したとき,それぞれの単振動の振幅 A と初期位相 α を求めよ (ω は ω のまま使用する).
(1) 時刻 $t = 0$ のとき,速度 v_0 ($v_0 > 0$),位置 0
(2) 時刻 $t = 0$ のとき,速度 0,位置 a ($a > 0$)

3.12 質量 0.2 [kg] の質点の単振動を考える.ばね定数は 20 [kg/s^2] である.
(1) 振動数を求めよ.
(2) 質点の座標を $x = 0.03 \sin \omega t + 0.04 \cos \omega t$ [m] で表すとき,この単振動の振幅を求めよ.
(3) (2) の振動の速さの最大値を求めよ.

4 仕事とエネルギー

　エネルギーは自然科学において最も重要な概念の1つであり，正しく理解することで，自然科学の多くの現象の理解が深まる．本章では，エネルギーについて学ぶ．

4.1 仕　　事

　「仕事」という言葉は，日常生活でもよく使う普通の言葉であるが，物理学においては，以下に述べるように，厳密に定義されている．

　図 4.1 に示すように，物体に力 F が作用して，力の方向に距離 s だけ動くとき，力 F が物体にする仕事 W は力と移動距離の積で定義する．すなわち

$$W = Fs \tag{4.1}$$

で仕事 W を定義する．

> 定義する記号は，本書では=を使用することにする．国際的には:=を使用することが多い． ≡ を使用することもある．

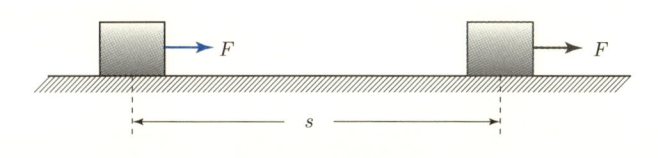

図 4.1 仕事の定義

　仕事の単位は SI 単位で [J] (ジュール) である．1 [J] は，物体を 1 [N] の力で 1 [m] 動かすときの仕事量である．すなわち

$$1 \text{ [J]} = 1 \text{ [N·m]} \tag{4.2}$$

である．

> [J] は，化学で学ぶ熱量の単位と同じもの．

　力の方向と移動の方向が異なるときの仕事は，物体が動いた方向の力の成分を移動距離に掛けたもの

$$W = Fs\cos\theta \tag{4.3}$$

で表す (図 4.2)．

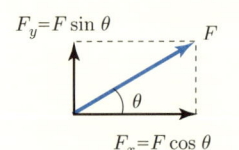

力 F を水平方向と垂直方向に分解して考える.

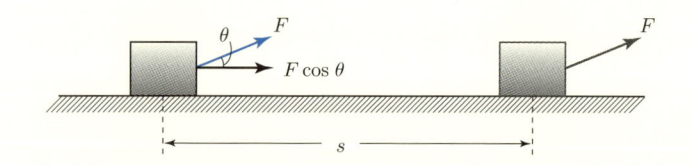

図 4.2 力の向きと運動方向が異なるときの仕事

移動方向と力の向きを含めてベクトルで表した場合，仕事は内積で

$$W = \boldsymbol{F} \cdot \boldsymbol{s} \tag{4.4}$$

と表される．

力の大きさ・方向と力が作用する物体の動く方向が変化するときの仕事は，微小区間に分割して考える．図 4.3 のように，物体の軌跡に沿って物体の移動を微小区間に区切る．各微小区間での物体の変位を $\Delta \boldsymbol{r}_i$ で表し，その区間内で，物体に働く力は，その区間内を物体が移動する間は，一定の力 $\boldsymbol{F}_i$ が作用しているとして近似する．このとき，この物体に作用する仕事の合計は

$$W = \sum_i \boldsymbol{F}_i \cdot \Delta \boldsymbol{r}_i \tag{4.5}$$

で表される．

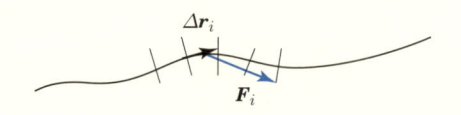

図 4.3 力の大きさ・方向と力が作用する物体の動く方向が変化するときの仕事

微小区間を無限小にした極限では，和は積分になり，式 (4.5) は

$$W = \int_{A(L)}^{B} \boldsymbol{F} \cdot d\boldsymbol{r} \tag{4.6}$$

と積分で表される．つまり，経路 L に沿って点 A から点 B まで積分することを表している．このような曲線に沿っての積分を<u>線積分</u>とよぶ．

式 (4.6) のように，被積分関数 ($\boldsymbol{F}$) がベクトル量であり，積分変数 ($\boldsymbol{r}$) もベクトル量で，それらを内積した形で積分するということは，高校までの数学では習っていないが，その意味は式 (4.5) において，微小区間を無限小にした極限として考えればよい．

線積分の計算方法を以下に示す．点 A から点 B までの曲線を媒介変数 t ($a \leq t \leq b$) を使って

$$\boldsymbol{r} = x(t)\boldsymbol{i} + y(t)\boldsymbol{j} + z(t)\boldsymbol{k} \tag{4.7}$$

と表す．また，力 F は x, y, z の関数であるが，媒介変数 t で

4.1 仕事

$$\boldsymbol{F} = F_x(t)\boldsymbol{i} + F_y(t)\boldsymbol{j} + F_z(t)\boldsymbol{k} \tag{4.8}$$

と表すこともできる．式 (4.7), (4.8) を式 (4.6) に代入して

$$\begin{aligned}
W &= \int_{A(L)}^{B} \boldsymbol{F} \cdot d\boldsymbol{r} \\
&= \int_{A(L)}^{B} (F_x\boldsymbol{i} + F_y\boldsymbol{j} + F_z\boldsymbol{k}) \cdot (dx\boldsymbol{i} + dy\boldsymbol{j} + dz\boldsymbol{k}) \\
&= \int_{A(L)}^{B} (F_x\,dx + F_y\,dy + F_z\,dz) \\
&= \int_a^b \left(F_x(t)\frac{dx}{dt}dt + F_y(t)\frac{dy}{dt}dt + F_z(t)\frac{dz}{dt}dt \right) \\
&= \int_a^b \left(F_x(t)\frac{dx}{dt} + F_y(t)\frac{dy}{dt} + F_z(t)\frac{dz}{dt} \right) dt \tag{4.9}
\end{aligned}$$

を得る．最後の式で括弧内は媒介変数 t の単なるスカラー関数となっていて，それを t で積分するという，通常の積分になっている．

例 4.1 ばねをゆっくり引き伸ばすときの仕事を計算してみよう．

ばねを平衡の位置から a だけ伸ばすとき，力 F は，ばねの復元力 $-kx$ とつり合う力 $F = kx$ である．このとき，仕事は

$$W = \int_0^a F\,dx = \int_0^a kx\,dx = \frac{1}{2}ka^2 \tag{4.10}$$

となる．

別の例をみてみよう．万有引力やクーロン力は力の大きさが物体間の距離の 2 乗に反比例する．そのような力の場合の仕事を計算してみる．

例 4.2 距離の 2 乗に反比例する引力を受ける物体を，ゆっくり引き離すときの仕事を計算してみよう．

距離の 2 乗に反比例する引力を受ける物体を引き離すのに必要な力 F は

$$F = \frac{k}{r^2} \tag{4.11}$$

である．ここで，k は比例定数である．原点では，力が発散してしまうので，原点を考えることはできない．そこで，$r = a$ から無限遠まで引き離すときの仕事を考えると

$$W = \int_a^\infty \frac{k}{r^2}\,dr = \frac{k}{a} \tag{4.12}$$

となる．

本当につり合う力では，動かないのであるが，それより少しでも力が強ければ，ゆっくりではあるが，ばねを引き伸ばすことができる．力学において「ゆっくり」という場合は，ある力とつり合う力で動かすことを意味する．

例 4.3 質点が $\boldsymbol{F} = 4y\boldsymbol{i} - 5z\boldsymbol{j} + 2x\boldsymbol{k}$ という力を受けながら，曲線 $x = t+1$, $y = t^2$, $z = t-1$ に沿って，$t=0$ から $t=1$ まで運動する間に，力 $\boldsymbol{F}$ がする仕事を求めてみよう．

$$\begin{aligned} W &= \int_C \boldsymbol{F} \cdot d\boldsymbol{r} \\ &= \int_0^1 \{4t^2\boldsymbol{i} - 5(t-1)\boldsymbol{j} + 2(t+1)\boldsymbol{k}\} \cdot \{\boldsymbol{i} + 2t\boldsymbol{j} + \boldsymbol{k}\}\,dt \\ &= \int_0^1 (4t^2 - 10t^2 + 10t + 2t + 2)\,dt = \int_0^1 (-6t^2 + 12t + 2)\,dt \\ &= \left[-2t^3 + 6t^2 + 2t\right]_0^1 = 6 \end{aligned}$$

> 仕事を W で表すのは，その英語である work による．仕事率の単位 [W] は，Watt, James (1736–1819) による．混同しないように．

単位時間あたりどれだけの仕事 W を行ったかを仕事率という．仕事率を P で表すと

$$P = \frac{dW}{dt} \tag{4.13}$$

である．力が時刻によらず一定の場合

$$P = \frac{dW}{dt} = \frac{d\boldsymbol{F} \cdot \boldsymbol{r}}{dt} = \boldsymbol{F} \cdot \frac{d\boldsymbol{r}}{dt} = \boldsymbol{F} \cdot \boldsymbol{v} \tag{4.14}$$

を得る．

> 仕事率の単位 [W] は，電気製品の [W] と同じものである．詳しくは 8 章参照．

仕事率の単位は SI 単位で [W]（ワット）である．1 [W] は，1 [s] 間に 1 [J] の仕事をする仕事率である．すなわち

$$1\,[\text{W}] = 1\,[\text{J/s}] \tag{4.15}$$

である．

4.2 運動エネルギー

質量 m の質点の 1 次元の直線運動を考える．運動方程式は

$$m\frac{dv}{dt} = F \tag{4.16}$$

と表せる．両辺に v を掛けると

$$mv\frac{dv}{dt} = Fv \tag{4.17}$$

となる．合成関数の微分の公式より

$$\frac{d}{dt}\left(\frac{mv^2}{2}\right) = \frac{m}{2}\frac{dv^2}{dt} = \frac{m}{2}\frac{dv^2}{dv}\frac{dv}{dt} = \frac{m}{2}2v\frac{dv}{dt} = mv\frac{dv}{dt} \tag{4.18}$$

となるので

$$\frac{d}{dt}\left(\frac{mv^2}{2}\right) = Fv \tag{4.19}$$

を得る．この両辺を時刻 t_1 から t_2 まで定積分すると，左辺は，微分したものの積分なので

$$\int_{t_1}^{t_2} \frac{d}{dt}\left(\frac{mv^2}{2}\right) dt = \frac{mv^2}{2}\bigg|_{t_1}^{t_2} = \frac{mv_2^2}{2} - \frac{mv_1^2}{2} \qquad (4.20)$$

と表せる．一方，右辺は

$$\int_{t_1}^{t_2} Fv\, dt = \int_{t_1}^{t_2} F\frac{dx}{dt}\, dt = \int_{x_1}^{x_2} F\, dx \qquad (4.21)$$

と表せる．ここで，v_1, v_2, x_1, x_2 は，時刻 t_1, t_2 での速度と位置の値である．まとめると

$$\frac{mv_2^2}{2} - \frac{mv_1^2}{2} = \int_{x_1}^{x_2} F\, dx \qquad (4.22)$$

となるが，右辺は力 F のする仕事を表している．一方，左辺は運動エネルギーとよばれる量

$$\frac{1}{2}mv^2 \qquad (4.23)$$

の差を表している．

力 F のする仕事は運動エネルギーの増加量に等しい．力 F のする仕事が運動エネルギーとして，物体に蓄えられている．物体が保持している，他に対して仕事をすることができる能力をエネルギーとよぶ．これがエネルギーの一般的な定義である．

4.3 位置エネルギー

物体の位置を変えることによって生じる物体の仕事をする能力 (エネルギー) を位置エネルギー (ポテンシャルエネルギー) という．

ここでは，重力による位置エネルギーを考える．重力 mg の作用の下にある質量 m の物体に重力とつり合う外力 F を加えて，ゆっくりと地表から高さ h に動かすとする (図 4.4)．このとき，外力 F のする仕事は mgh である．この物体に加えられた仕事は，位置エネルギーとして物体に保存され，逆に，物体は落下することによって，この位置エネルギーを外界への仕事に変えることができる．すなわち，重力による位置エネルギーは mgh である．

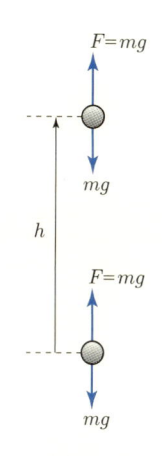

図 4.4 重力による位置エネルギー

例 4.4 時速 100 [km/h] で走行する自動車の運動エネルギーと等しい，重力による位置エネルギーの高さを求めてみよう．

$$mgh = \frac{1}{2}mv^2 \qquad (4.24)$$

より
$$h = \frac{v^2}{2g} \tag{4.25}$$

となる．ここで，100 [km/h] は約 27.8 [m/s] だから，$h \fallingdotseq (27.8)^2/(2 \times 9.8) \fallingdotseq 39.4$ [m] となる．

　次に，ばねの位置エネルギーについて考えてみよう．平衡状態にあるばねに外力を加えてゆっくり引き伸ばすことを考える．ばねが平衡状態から引き伸ばされた長さを位置とする．ばねを引き伸ばすとき外力がする仕事は，引き伸ばされたばねにエネルギーとして蓄えられる．このエネルギーをばねの位置エネルギーという．ばねについている物体を引き伸ばす場合，この物体の位置エネルギーとして，この物体にエネルギーが蓄えられると考えることもできる．このときは，物体を中心にして考え，ばねは物体の置かれている状況の一部であると考える．このときの位置エネルギーは，式 (4.10) で計算したように

$$W = \int_0^x F\,dx = \int_0^x kx\,dx = \frac{1}{2}kx^2 \tag{4.26}$$

となる．
　距離の 2 乗に反比例する力による位置エネルギーを考えよう．万有引力やクーロン力は，大きさが距離の 2 乗に反比例する力である．すなわち

$$F = -\frac{k}{r^2} \tag{4.27}$$

の引力を考える．ここで，$k(>0)$ は比例定数である．ある点 (力の中心) から距離の 2 乗に反比例する引力が物体に作用しているとする．この物体に引力とつり合う外力を加えて，点 A (r_a) から点 B (r_b) に，ゆっくり移動させる．外力のする仕事が点 A と点 B の位置エネルギーの差である．外力のする仕事は

$$W = \int_{r_a}^{r_b} \frac{k}{r^2}\,dr = -\frac{k}{r_b} + \frac{k}{r_a} \tag{4.28}$$

だから，点 A と点 B の位置エネルギーを，それぞれ $\phi(r_a)$, $\phi(r_b)$ とすると

$$\phi(r_b) - \phi(r_a) = W = -\frac{k}{r_b} + \frac{k}{r_a} \tag{4.29}$$

となる．位置エネルギーを定義するためには，基準点 (その点での値が 0) が必要である．通常は原点を基準点とする．しかし，距離の 2 乗に反比例する力の場合，原点では，力が発散するので都合が悪い．そこで，無限遠を基準点とする．力の中心から距離 r での位置エネルギーは

$$\phi(r) = -\frac{k}{r} \tag{4.30}$$

となる．物体が力の中心から遠ざかるためには，引力に逆らって移動しなければならないので，物体に対して仕事をする必要がある．ここで，無限遠での位

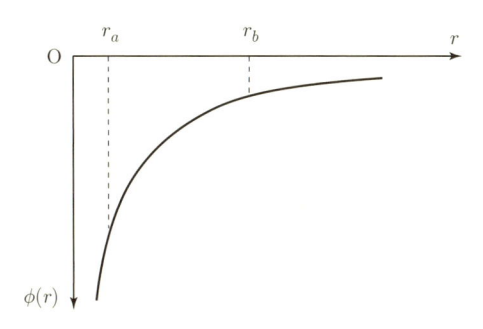

図 4.5 距離の 2 乗に反比例する力による位置エネルギー

置エネルギーを 0 と定義したので，それより内側の位置エネルギーは負の値になる (図 4.5).

例 4.5 質量 $m = 100$ [kg] の物体が地表にあるとき，この物体の万有引力による位置エネルギーを計算してみよう．

重力定数 $G_{\rm N} \fallingdotseq 6.7 \times 10^{-11}$[m^3/(kg·s^2)]，地球の質量 $M \fallingdotseq 6.0 \times 10^{24}$ [kg]，地球の半径 $R \fallingdotseq 6.4 \times 10^6$ [m] を使って，位置エネルギー ϕ は

$$\phi = -G_{\rm N}\frac{Mm}{R} \fallingdotseq -6.3 \times 10^9 \text{ [J]}. \tag{4.31}$$

もう 1 つ例題を考えてみよう．

例 4.6 地表に置かれた物体が，地球の重力圏から脱出するのに必要な速度を求めてみよう．ただし，例 4.5 と同じ条件とし，空気抵抗，地球の自転などは無視することにする．

地表での位置エネルギーをちょうど打ち消す運動エネルギーとなる速度が，求める速度である．

$$G_{\rm N}\frac{Mm}{R} = \frac{1}{2}mv^2 \tag{4.32}$$

より

$$v = \sqrt{\frac{2G_{\rm N}M}{R}} \tag{4.33}$$

となる．この結果から明らかなように，物体の質量 m にはよらないことがわかる．具体的な値を代入すると，$v \fallingdotseq 1.1 \times 10^4$ [m/s] を得る．この速度のことを第 2 宇宙速度という．

4.4 保存力とポテンシャル

位置エネルギーが一義的に決まるためには，物体が 2 点間を動いたときの仕事量が一義的に決まらなければならない．どのような経路を通って 2 点間を動いても，仕事量が同じでなければならない．この条件を満たす力を保存力とい

う．すなわち，力が保存力のとき，位置エネルギーが定義できる．位置エネルギーのことを**ポテンシャル**(**ポテンシャルエネルギー**)ともいう．重力，弾性力(変位に比例している力)，万有引力，クーロン力は保存力である．

図4.6のように，2点をA, Bとし，点A, Bを結ぶ2つの移動経路を α, β，物体に作用する力を $\boldsymbol{F}$ とすると，$\boldsymbol{F}$ が保存力である条件は

$$\int_{A(\alpha)}^{B} \boldsymbol{F} \cdot d\boldsymbol{r} = \int_{A(\beta)}^{B} \boldsymbol{F} \cdot d\boldsymbol{r} \qquad (4.34)$$

が，任意の α, β について成り立つことである．ここで

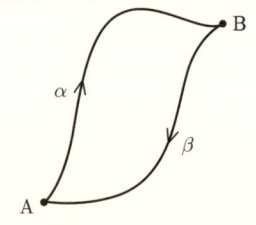

図 **4.6** 閉じた経路

$$\int_{A(\beta)}^{B} \boldsymbol{F} \cdot d\boldsymbol{r} = -\int_{B(\beta)}^{A} \boldsymbol{F} \cdot d\boldsymbol{r} \qquad (4.35)$$

が，数学的に成り立つので

$$\int_{A(\alpha)}^{B} \boldsymbol{F} \cdot d\boldsymbol{r} + \int_{B(\beta)}^{A} \boldsymbol{F} \cdot d\boldsymbol{r} = 0 \qquad (4.36)$$

を得る．この式は，経路 α 上を点 A から点 B まで移動し，それから経路 β 上を点 B から点 A まで移動するとき，力 $\boldsymbol{F}$ のする仕事が 0 に等しいことを示している．閉じた経路を一周する線積分を

$$\oint \boldsymbol{F} \cdot d\boldsymbol{r} \qquad (4.37)$$

で表すことにすると，力 $\boldsymbol{F}$ が保存力であることの条件は

$$\oint \boldsymbol{F} \cdot d\boldsymbol{r} = 0 \qquad (4.38)$$

である．

ここで，少し数学的な準備を行う．ベクトル場

$$\boldsymbol{A} = A_x \boldsymbol{i} + A_y \boldsymbol{j} + A_z \boldsymbol{k} \qquad (4.39)$$

に対して

$$\operatorname{rot} \boldsymbol{A} = \left(\frac{\partial A_z}{\partial y} - \frac{\partial A_y}{\partial z}\right) \boldsymbol{i} + \left(\frac{\partial A_x}{\partial z} - \frac{\partial A_z}{\partial x}\right) \boldsymbol{j} + \left(\frac{\partial A_y}{\partial x} - \frac{\partial A_x}{\partial y}\right) \boldsymbol{k} \quad (4.40)$$

を，その**回転**または **rotation** という．

ナブラとよばれるベクトル微分演算子を

$$\nabla = \boldsymbol{i} \frac{\partial}{\partial x} + \boldsymbol{j} \frac{\partial}{\partial y} + \boldsymbol{k} \frac{\partial}{\partial z} \qquad (4.41)$$

と定義する．上式を用いると回転は

$$\operatorname{rot} \boldsymbol{A} = \nabla \times \boldsymbol{A} \qquad (4.42)$$

> ベクトル場とは，それぞれの場所ごとにベクトル量が定義されているとき，場所の関数となっているそのベクトル量をベクトル場という．また，ベクトル量が存在している空間のことをベクトル場とよぶこともある．

4.4 保存力とポテンシャル

と外積を使って表せる．また，curl $\bm{A}$ と表すこともある．

図 4.7 のように，ベクトル場 $\bm{A}$ 内に曲面 S をとり，その境界線を C とすれば，C は閉曲線である．曲面 S の単位法線ベクトルを $\bm{n}$ とすると

$$\int_S (\nabla \times \bm{A}) \cdot \bm{n}\, dS = \oint_C \bm{A} \cdot d\bm{r} \tag{4.43}$$

が成り立つ．これを<u>ストークスの定理</u>という．

> ストークスの定理については，ベクトル解析の教科書を参照のこと．

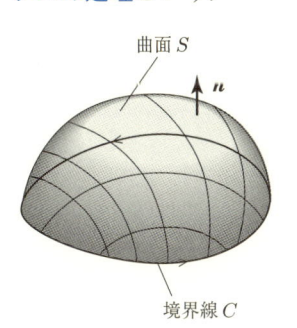

図 4.7 閉曲線 C を境界線とする曲面 S

保存力の条件の式にストークスの定理を適用すると

$$\oint_C \bm{F} \cdot d\bm{r} = 0 = \int_S (\nabla \times \bm{F}) \cdot \bm{n}\, dS \tag{4.44}$$

を得る．この結果が任意の面積分に対して成り立つためには，被積分関数が常に 0 でなければならない．すなわち，保存力の条件は

$$\nabla \times \bm{F} = \bm{0} \tag{4.45}$$

である．

保存力 $\bm{F}$ とつり合う力 $\bm{F}' = -\bm{F}$ で，物体を $\Delta \bm{r}$ だけ微小に動かす場合を考える．保存力とつり合う力 $\bm{F}'$ のする仕事は，ポテンシャル (位置エネルギー) U の微小変化 ΔU に等しい．保存力とつり合う力のする微小な仕事は

$$\Delta W = -\bm{F} \cdot \Delta \bm{r} = -F_x \Delta x - F_y \Delta y - F_z \Delta z \tag{4.46}$$

である．ポテンシャル U の微小変化は

$$\Delta U = \frac{\partial U}{\partial x}\Delta x + \frac{\partial U}{\partial y}\Delta y + \frac{\partial U}{\partial z}\Delta z \tag{4.47}$$

である．この 2 つが等しいので

$$F_x = -\frac{\partial U}{\partial x}, \quad F_y = -\frac{\partial U}{\partial y}, \quad F_z = -\frac{\partial U}{\partial z} \tag{4.48}$$

を得る．

スカラー場 ϕ に対して

$$\nabla \phi = \boldsymbol{i}\frac{\partial \phi}{\partial x} + \boldsymbol{j}\frac{\partial \phi}{\partial y} + \boldsymbol{k}\frac{\partial \phi}{\partial z} \tag{4.49}$$

を考えれば，ベクトル場が得られる．このベクトル場をスカラー場 ϕ の勾配または gradient といい

$$\nabla \phi = \operatorname{grad} \phi \tag{4.50}$$

と表す．勾配を使うと，ポテンシャルと保存力の関係は

$$\boldsymbol{F} = -\nabla U = -\operatorname{grad} U \tag{4.51}$$

で表される．

例 4.7 原点からの距離を r とするとき，r の勾配を求めてみよう．

$$r = \left(x^2 + y^2 + z^2\right)^{1/2} \tag{4.52}$$

より

$$\frac{\partial r}{\partial x} = \frac{1}{2}\left(x^2 + y^2 + z^2\right)^{-1/2} 2x = \frac{x}{r} \tag{4.53}$$

だから，$\dfrac{\partial r}{\partial y}$, $\dfrac{\partial r}{\partial z}$ も同様に求めて

$$\operatorname{grad} r = \frac{1}{r}(x\boldsymbol{i} + y\boldsymbol{j} + z\boldsymbol{k}) = \frac{\boldsymbol{r}}{r}. \tag{4.54}$$

4.5 エネルギー保存則

　物体の運動エネルギーと位置エネルギーの和が保存されることを，力学的エネルギー保存則という．空気抵抗や摩擦力が働いて，運動することにより，外界へ熱エネルギーとしてエネルギーが出て行ってしまう場合は，運動エネルギーと位置エネルギーの和は保存されない．

　熱エネルギーも含めて考えると，エネルギー保存則はより一般的に成り立つ．熱エネルギーも含めたエネルギー保存則を熱力学第 1 法則という．アインシュタインの特殊相対性理論によると，質量もエネルギーと等価であることがわかっている．有名な $E = mc^2$ の関係である．質量エネルギーまで含めたエネルギーの保存則は，常に成り立つと考えられている．

　重力 mg の作用の下にある質量 m の物体の運動を考えてみよう．座標軸として，垂直上方を正とする．また，空気抵抗は無視する．運動方程式は

$$m\frac{dv}{dt} = -mg \tag{4.55}$$

となる．両辺に v を掛けると

$$m\frac{dv}{dt}v = -mgv \tag{4.56}$$

4.5 エネルギー保存則

この式を整理すると

$$\frac{d}{dt}\left(\frac{mv^2}{2}\right) = -\frac{d}{dt}(mgx) \tag{4.57}$$

となる．右辺を左辺に移項すると

$$\frac{d}{dt}\left(\frac{mv^2}{2} + mgx\right) = 0 \tag{4.58}$$

を得る．この式は運動エネルギー $mv^2/2$ と位置エネルギー mgx の和が，時間的に変化しないこと，すなわち，エネルギーが保存されることを示している．

エネルギー保存則を使用すると，運動方程式を解かなくてもある程度のことがわかる．

例 4.8 初速度 v_0 で真上に投げ上げたときの最高到達点の高さ h を求めてみよう．

最初，位置エネルギー 0，運動エネルギー $mv_0^2/2$ であるが，最高到達点では，運動エネルギー 0，位置エネルギー mgh である．よって，エネルギー保存則より，最初の運動エネルギーがすべて位置エネルギーになるので，$mv_0^2/2 = mgh$ となる．これを解いて

$$h = \frac{v_0^2}{2g}. \tag{4.59}$$

次に，質量 m の物体がばね定数 k のばねに結び付けられて運動している場合を考えてみよう．運動方程式は

$$m\frac{dv}{dt} = -kx \tag{4.60}$$

で表される．両辺に v を掛けると

$$m\frac{dv}{dt}v = -kxv = -kx\frac{dx}{dt} \tag{4.61}$$

となるので，これを整理すると

$$\frac{d}{dt}\left(\frac{mv^2}{2}\right) = -\frac{d}{dt}\left(\frac{kx^2}{2}\right) \tag{4.62}$$

を得る．ここで，右辺を左辺へ移項すると

$$\frac{d}{dt}\left(\frac{mv^2}{2} + \frac{kx^2}{2}\right) = 0 \tag{4.63}$$

を得る．この式はこの物体の運動エネルギーと位置エネルギーの和が保存されることを示している．

ばねの振動では，運動エネルギーと位置エネルギーの交換が，周期的に行われている．

例 4.9 ばねの最大振幅が d のとき，原点を通過するときの速さを求めてみよう．

最大振幅時は，位置エネルギー $\frac{1}{2}kd^2$，運動エネルギー 0 である．一方，原点では，位置エネルギー 0，運動エネルギー $\frac{1}{2}mv^2$ である．したがって，$\frac{1}{2}mv^2 = \frac{1}{2}kd^2$ を解いて

$$v = \sqrt{\frac{k}{m}}d = \omega d \qquad (\omega \text{ は角振動数}). \tag{4.64}$$

4.6 散逸力

力学的エネルギーを減少させる力のことを<u>散逸力</u>という．散逸力の例としては摩擦力や空気抵抗などがあげられる．

摩擦力は運動方向の逆向きに作用するので，摩擦力がする仕事は常に負である．そのため，力学的エネルギーは減少する．摩擦力のする仕事は移動する距離が長ければ増加するので，仕事は位置だけでは決まらず，すなわち，摩擦力は保存力ではない．

散逸力が働くときは，次の関係式

$$W = (K - K_0) + (V - V_0) + Q \tag{4.65}$$

が成り立つ．ここで，W は外力が物体にする仕事，Q は散逸力により散逸されるエネルギー，K_0, K は物体の始状態と終状態の運動エネルギー，V_0, V は物体の始状態と終状態の位置エネルギーである．

通常の系では，運動には散逸力が加わるので，力学的エネルギー保存則が成り立つのは，散逸力が小さくて無視できるときである．

散逸されるエネルギーを 2 つの例について計算してみよう．

例 4.10 水平な面上に質量 m [kg] の物体がある．このとき，動摩擦係数を μ とし，この物体を x [m] 移動するとき，散逸されるエネルギーを求めてみよう．

摩擦力は $mg\mu$ だから，力 × 距離を計算して，散逸されるエネルギーは $mg\mu x$ [J] となる．

例 4.11 粘性抵抗力を受けて終端速度に達している質量 m [kg] の物体が h [m] 落下したとき，散逸されるエネルギーを求めてみよう．

終端速度では，粘性抵抗力と重力がつり合っているので，粘性抵抗力の大きさは重力と等しい．よって，散逸されるエネルギーは mgh [J] となる．

運動エネルギーは速度一定で変化しないので，位置エネルギーの減少分が散逸されるエネルギーとなる．

章末問題 4

4.1 水平な床の上にある質量 5 [kg] の物体を水平に 10 [N] の力で押し続けて，20 [m] 移動させる．このとき，物体にする仕事を求めよ．

4.2 傾斜が 30°のなめらかな平らな斜面を，最大傾斜線に沿って，ゆっくりとまっすぐに，質量 m [kg] の物体を x [m] 引き上げる．このとき，この物体にする仕事を求めよ．ただし，重力加速度は g [m/s^2] とする．

4.3 復元力が $F(x) = -kx$ (ばね定数 k，伸び x) で与えられるばねがある．復元力とつり合う外力を加えて $x = a$ から $x = b$ まで，このばねをゆっくり引き伸ばすとき，外力のする仕事を求めよ (単位は考えなくてよい)．

4.4 なめらかで水平な床の上に静止している質量 5 [kg] の物体がある．この物体に水平に 10 [N] の一定の向きの力を，時刻 $t = 0$ から 10 [s] 間加え続けるとする．
(1) $t = 0$ [s] のとき，この物体は $x = 0$ にあるとする．この物体の運動方向を x 軸の正の方向にとる．時刻 t $(0 \leq t \leq 10)$ のときの，この物体の位置と速さを求めよ．
(2) この間，物体にする仕事を求めよ．
(3) $t = 10$ [s] のとき，この物体の運動エネルギーを求めよ．
(4) $t = 5$ [s] と $t = 10$ [s] のとき，この物体に対する仕事率を求めよ．

4.5 質量 m [kg] の質点が高さ h [m] の地点から，静かに自由落下を始めたとする．このとき，空気抵抗は無視し，重力加速度は g [m/s^2] とする．
(1) 地面に到着するまでに，重力がこの質点にする仕事を求めよ．
(2) 地面に到着する直前の，重力のこの質点に対する仕事率を求めよ．

4.6 原点からの距離を r とし，原点に対する点の位置ベクトルを $\boldsymbol{r}$ とする．
(1) r を x, y, z を使って表せ．
(2) $\dfrac{\partial}{\partial x}\left(\dfrac{-1}{r}\right)$ を計算せよ．
(3) $\nabla\left(\dfrac{-1}{r}\right)$ を計算せよ．
(4) $\nabla \times \boldsymbol{r}$ を計算せよ．

4.7 質量 m [kg] の質点が高さ h [m] の地点から，静かに自由落下を始めたとする．このとき，空気抵抗は無視し，重力加速度は g [m/s^2] とする．
(1) 落下を始めてから t [s] 後の，この質点の位置エネルギーを求めよ．
(2) 落下を始めてから t [s] 後の，この質点の運動エネルギーを求めよ．
(3) 落下を始めてから t [s] 後の，この質点の位置エネルギーと運動エネルギーの和を求めよ．

4.8 ばね定数 k [N/m] のばねに接続された質量 m [kg] の質点が単振動している．時刻 $t = 0$ [s] のとき，つり合いの位置から d [m] の地点にあり，そのときの速さは 0 [m/s] であるとする．
(1) 時刻 t [s] のとき，この質点のポテンシャルエネルギーを求めよ．
(2) 時刻 t [s] のとき，この質点の運動エネルギーを求めよ．
(3) 時刻 t [s] のとき，この質点のポテンシャルエネルギーと運動エネルギーの和を求めよ．

4.9 $\boldsymbol{F} = -k\boldsymbol{r}$ という力を受けて運動している質点がある．この力は保存力か調べよ．

4.10 ある質点のポテンシャル U が $U = k(x^2 + y^2 + z^2)$ で与えられている．この質点に働いている力 $\boldsymbol{F}$ を求めよ (単位は考えなくてよい)．

5

多体系の運動

本章では，考えている物体の数が2個以上の場合の扱いを学ぶ．物理現象の法則を議論する対象全体を系といい，物体が複数ある系を多体系という．物体どうしの散乱や衝突現象を考えるうえで重要な性質は運動量の保存則である．また，惑星の運動などを考える場合は角運動量の保存則が重要である．

5.1 運動量

質量 m [kg] の物体が速度 $\boldsymbol{v}$ [m/s] で運動している場合，その物体の運動量 $\boldsymbol{p}$ [kg·m/s] は

$$\boldsymbol{p} = m\boldsymbol{v} \tag{5.1}$$

で定義される．物体の質量が変化しない場合，運動方程式は運動量を用いると

$$\boldsymbol{F} = m\frac{d\boldsymbol{v}}{dt} = \frac{d(m\boldsymbol{v})}{dt} = \frac{d\boldsymbol{p}}{dt} \tag{5.2}$$

と書き換えられる．すなわち，運動量の時間微分が力となる．運動量の方が，より基本的な量なので，こちらの形の運動方程式の方がより基本的である．物体の質量が時間の経過に伴って変化する場合，運動方程式として正しいのは

$$\frac{d\boldsymbol{p}}{dt} = \boldsymbol{F} \tag{5.3}$$

である．すなわち，運動方程式は

$$\frac{d\boldsymbol{p}}{dt} = \frac{d(m\boldsymbol{v})}{dt} = \frac{dm}{dt}\boldsymbol{v} + m\frac{d\boldsymbol{v}}{dt} = \boldsymbol{F} \tag{5.4}$$

となる．質量が時間とともに変化する例は，ロケットの運動がある．ロケットは燃料を後方に高速で噴射する反動で推進する．燃料を消費することにより，ロケットの質量は時間とともに減少する (今後も，特に断りがないかぎり，物体の質量は定数として扱う)．

次に，運動量の差を考えてみよう．時刻 t_1 の運動量を $\boldsymbol{p}_1$，時刻 t_2 の運動量を $\boldsymbol{p}_2$ としたとき，この差 $\boldsymbol{p}_2 - \boldsymbol{p}_1$ は，運動方程式 (5.3) を時刻 t_1 から時刻 t_2 まで定積分することによって得られる．すなわち

物理学では，速度よりも運動量の方が，より基本的な量である．特殊相対論では，エネルギーと運動量で4次元ベクトルとなるし，量子力学では，座標表示では，運動量が微分演算子で表される．

$$\int_{t_1}^{t_2} \frac{d\boldsymbol{p}}{dt} dt = \boldsymbol{p}_2 - \boldsymbol{p}_1 = \int_{t_1}^{t_2} \boldsymbol{F}\, dt \tag{5.5}$$

である．上式の右辺は，物体が時刻 t_1 から時刻 t_2 までに受ける力積とよばれる量である．

5.2 運動量保存則

物体に力が作用していないとき，運動方程式より

$$\frac{d\boldsymbol{p}}{dt} = \boldsymbol{0} \tag{5.6}$$

が成り立つ．すなわち，運動量は変化せず保存される．

2つの物体から成り立つ系を考える．このとき，この系に働いている力には，物体間に働く内力 $\boldsymbol{F}^{\mathrm{int}}$ と系の外から働く外力 $\boldsymbol{F}^{\mathrm{ext}}$ がある．2つの物体に対する運動方程式は

添字 int は internal の略で「内部の」という意味であり，添字 ext は external の略で「外部の」という意味である．

$$\frac{d\boldsymbol{p}_1}{dt} = \boldsymbol{F}_1^{\mathrm{int}} + \boldsymbol{F}_1^{\mathrm{ext}}, \tag{5.7}$$

$$\frac{d\boldsymbol{p}_2}{dt} = \boldsymbol{F}_2^{\mathrm{int}} + \boldsymbol{F}_2^{\mathrm{ext}} \tag{5.8}$$

となる．この系の全運動量

$$\boldsymbol{P} = \boldsymbol{p}_1 + \boldsymbol{p}_2 \tag{5.9}$$

を考える．全運動量に対する運動方程式は，個々の運動量に対する運動方程式を足し合わせて

$$\frac{d\boldsymbol{P}}{dt} = \left(\boldsymbol{F}_1^{\mathrm{int}} + \boldsymbol{F}_2^{\mathrm{int}}\right) + \left(\boldsymbol{F}_1^{\mathrm{ext}} + \boldsymbol{F}_2^{\mathrm{ext}}\right) \tag{5.10}$$

となる．この系に働いている外力の総和が $\boldsymbol{0}$ の場合を考える．

$$\boldsymbol{F}^{\mathrm{ext}} = \boldsymbol{F}_1^{\mathrm{ext}} + \boldsymbol{F}_2^{\mathrm{ext}} = \boldsymbol{0} \tag{5.11}$$

内力は運動の第3法則 (作用・反作用の法則) に従うので

$$\boldsymbol{F}_1^{\mathrm{int}} = -\boldsymbol{F}_2^{\mathrm{int}} \tag{5.12}$$

と打ち消し合う．よって，全運動量に対する運動方程式は

$$\frac{d\boldsymbol{P}}{dt} = \boldsymbol{0} \tag{5.13}$$

となる．すなわち，外力の総和が $\boldsymbol{0}$ の場合，全運動量は保存される．物体の数が3個以上の系でも，同様に，外力の総和が $\boldsymbol{0}$ のとき，系の全運動量は保存される．物体間にどのような複雑な力が作用していても，作用・反作用の法則は成り立つので，外力の総和が $\boldsymbol{0}$ のとき，常に全運動量は保存される．

5.3 衝　　突

2つの物体が衝突することを考えてみよう．ただし，ここでは外力が働いていない場合を考えることにする．2つの物体が衝突した瞬間，非常に大きな力が物体間に働く．このような瞬間的に大きな力のことを撃力という．衝突では，2つの物体間に撃力が働くが，作用・反作用の法則が成り立つので，衝突の前後で全運動量は保存されている．

衝突の前後でエネルギーが保存されるものを弾性衝突，保存されないものを非弾性衝突という．古典力学では，物体が変形したり，衝突の過程で熱が発生したりして，近似的にしか，エネルギー保存則は成り立たない．量子力学では，エネルギー準位が量子化されるので，完全な弾性衝突も起こる．

エネルギー準位の量子化は，11章参照．

質量 m の物体が直線上を，速度 v で等速度運動してきて，壁と正面衝突する場合を考えてみよう (図 5.1)．衝突後の物体の速度を V とし，壁から物体が受ける力を $-F(t)$ とする．

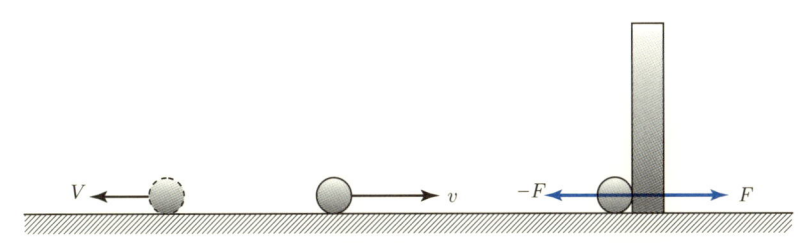

図 5.1 物体と壁との正面衝突

衝突前後での，運動量の変化は

$$mV - mv = -\int_{t_1}^{t_2} F(t)\, dt \tag{5.14}$$

と書ける．弾性衝突の場合，衝突後の速度は $\frac{1}{2}mV^2 = \frac{1}{2}mv^2$ より，衝突していない $V = v$ の場合を除くと

$$V = -v \tag{5.15}$$

となる．非弾性衝突の場合，衝突後の速度はどうなるかわからない．つまり，衝突の過程で多くのエネルギーを失うと，衝突後の速度の大きさは小さくなる．そこで，衝突後の速度を表すために，反発係数 e という無次元量

$$e = \frac{|V|}{|v|} \quad (0 \leq e \leq 1) \tag{5.16}$$

を導入する．$e = 1$ のときが弾性衝突である．$0 \leq e < 1$ のときが非弾性衝突で，特に，$e = 0$ のときを完全非弾性衝突という．

次に，2つの物体の直線上での衝突を考えてみよう (図 5.2)．質量 m_1, m_2 の物体が同一直線上を，それぞれ速度 v_1, v_2 で等速度運動してきて，直線上のある点で正面衝突する．衝突後のそれぞれの速度を V_1, V_2 とする．

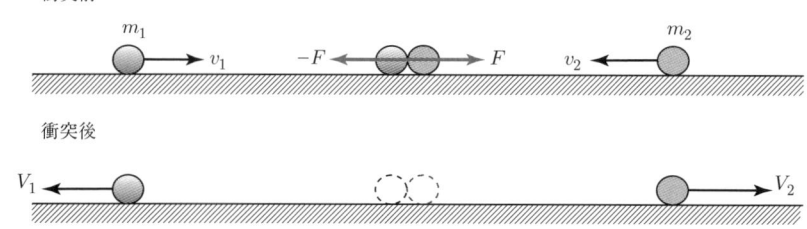

図 5.2 2つの物体の直線上での衝突

質量 m_1, m_2 の物体の衝突前後での運動量の変化は，それぞれ

$$m_1 V_1 - m_1 v_1 = -\int_{t_1}^{t_2} F(t)\, dt, \tag{5.17}$$

$$m_2 V_2 - m_2 v_2 = \int_{t_1}^{t_2} F(t)\, dt \tag{5.18}$$

となる．2式を足し合わせて整理すると

$$m_1 v_1 + m_2 v_2 = m_1 V_1 + m_2 V_2 \tag{5.19}$$

となる運動量保存の式を得る．弾性衝突の場合，衝突後のそれぞれの物体の速度は，運動量保存の式とエネルギー保存の式を連立させて解くことにより

$$V_1 = \frac{(m_1 - m_2)v_1 + 2m_2 v_2}{m_1 + m_2}, \tag{5.20}$$

$$V_2 = \frac{2m_1 v_1 - (m_1 - m_2)v_2}{m_1 + m_2} \tag{5.21}$$

と求まる．

2つの物体の質量が等しく，最初に一方が静止していた場合，衝突後は衝突してきた物体が静止して，静止していた物体が，衝突してきた物体と同じ速度になる．非弾性衝突の場合，反発係数 e は，衝突前と後の2つの物体の相対速度の大きさの比で定義する．すなわち

$$e = \frac{|V_2 - V_1|}{|v_2 - v_1|} \tag{5.22}$$

とする．

今度は，平面上における2つの物体の衝突を考えてみよう．ビリヤードの玉の衝突のような場合である．平面上での運動なので，速度は2次元ベクトルとなっている．運動量保存則は

$$m_1 \boldsymbol{v}_1 + m_2 \boldsymbol{v}_2 = m_1 \boldsymbol{V}_1 + m_2 \boldsymbol{V}_2 \tag{5.23}$$

で表される．弾性衝突の場合を考える．衝突前の2つの物体の運動量がわかっているとき，衝突後の運動量は決まるであろうか．決めなければならない運動

量の成分は，それぞれの物体に対して x 成分と y 成分があるので合計 4 つある．運動量保存の式はベクトルの x 成分と y 成分に分けると 2 つの方程式であり，エネルギー保存の式がもう 1 つの独立な方程式である．決めなければならない成分 4 つに対して独立な方程式は 3 つなので，すべてを決めることはできない．すべてを決めるためには，衝突後の状態に対して，もう 1 つ何か情報が必要となる．非弾性衝突の場合は，さらに 1 つ情報が必要となる．

5.4 重心と 2 体問題

質量が m_1, m_2 で位置 $\boldsymbol{r}_1$, $\boldsymbol{r}_2$ にある 2 つの質点からなる系を考えてみよう．2 つの質点の運動方程式は

$$m_1 \frac{d^2 \boldsymbol{r}_1}{dt^2} = \boldsymbol{F}_1^{\mathrm{int}} + \boldsymbol{F}_1^{\mathrm{ext}}, \tag{5.24}$$

$$m_2 \frac{d^2 \boldsymbol{r}_2}{dt^2} = \boldsymbol{F}_2^{\mathrm{int}} + \boldsymbol{F}_2^{\mathrm{ext}} \tag{5.25}$$

である．内力の間に運動の第 3 法則 (作用・反作用の法則)

$$\boldsymbol{F}_1^{\mathrm{int}} = -\boldsymbol{F}_2^{\mathrm{int}} \tag{5.26}$$

が成り立つので，上の 2 つの式を足し合わせて

$$m_1 \frac{d^2 \boldsymbol{r}_1}{dt^2} + m_2 \frac{d^2 \boldsymbol{r}_2}{dt^2} = \boldsymbol{F}_1^{\mathrm{ext}} + \boldsymbol{F}_2^{\mathrm{ext}} = \boldsymbol{F}^{\mathrm{ext}} \tag{5.27}$$

を得る．ここで，重心ベクトル

$$\boldsymbol{R} = \frac{m_1 \boldsymbol{r}_1 + m_2 \boldsymbol{r}_2}{m_1 + m_2} \tag{5.28}$$

を導入すれば，上の運動方程式は

$$M \frac{d^2 \boldsymbol{R}}{dt^2} = \boldsymbol{F}^{\mathrm{ext}} \tag{5.29}$$

の形に書くことができる．ここで，$M = m_1 + m_2$ は全質量である．この式は，外力 $\boldsymbol{F}^{\mathrm{ext}}$ を受けて運動する質量 M，位置 $\boldsymbol{R}$ の 1 つの質点に対する運動方程式と全く同じ形をしているが，これは 2 体系の重心の運動方程式である．もし外力の総和が $\boldsymbol{0}$ であれば，重心は等速度運動を行う．

2 つの質点の相対位置座標

$$\boldsymbol{r} = \boldsymbol{r}_1 - \boldsymbol{r}_2 \tag{5.30}$$

について考える．式 (5.24)〜(5.26) と式 (5.30) より

$$\frac{d^2 \boldsymbol{r}}{dt^2} = \left(\frac{1}{m_1} + \frac{1}{m_2}\right) \boldsymbol{F}_1^{\mathrm{int}} + \left(\frac{\boldsymbol{F}_1^{\mathrm{ext}}}{m_1} - \frac{\boldsymbol{F}_2^{\mathrm{ext}}}{m_2}\right) \tag{5.31}$$

重心あるいは質量中心という．一様でない重力の場合を考慮して区別して使用することがある．

を得る．**換算質量** μ を

$$\frac{1}{\mu} = \frac{1}{m_1} + \frac{1}{m_2} \tag{5.32}$$

と定義する．換算質量を使って，相対座標に対する運動方程式を整理すると

$$\mu \frac{d^2 \bm{r}}{dt^2} = \bm{F}_1^{\text{int}} + \mu \left(\frac{\bm{F}_1^{\text{ext}}}{m_1} - \frac{\bm{F}_2^{\text{ext}}}{m_2} \right) \tag{5.33}$$

を得る．外力が働いておらず，内力が相対座標だけに依存する場合，重心の運動と相対運動は完全に分離でき，相対運動が満たす運動方程式は

$$\mu \frac{d^2 \bm{r}}{dt^2} = \bm{F}_1^{\text{int}} \tag{5.34}$$

となる．

5.5 角運動量

> ベクトルの外積については，ベクトル解析の教科書を参照のこと．

物体の**角運動量** $\bm{L}$ は，その物体の位置ベクトル $\bm{r}$ と運動量 $\bm{p}$ の外積として

$$\bm{L} = \bm{r} \times \bm{p} \tag{5.35}$$

> ベクトルの外積の定義は付録 A を参照．

で定義される．この物体の質量を m，速度を $\bm{v}$ とすると，角運動量は

$$\bm{L} = m(\bm{r} \times \bm{v}) \tag{5.36}$$

と表すこともできる．角運動量の単位は $[\text{kg} \cdot \text{m}^2/\text{s}] = [\text{J} \cdot \text{s}]$ である．角運動量 $\bm{L}$ はその物体の位置ベクトル $\bm{r}$，速度ベクトル $\bm{v}$，運動量ベクトル $\bm{p}$ のそれぞれと必ず直交する．したがって

$$\bm{r} \cdot \bm{L} = \bm{v} \cdot \bm{L} = \bm{p} \cdot \bm{L} = 0 \tag{5.37}$$

が成り立つ．よって，物体の角運動量 $\bm{L}$ は，その位置ベクトル $\bm{r}$ と速度ベクトル $\bm{v}$ または運動量ベクトル $\bm{p}$ が張る平面に必ず垂直になっている．

例 5.1 図 5.3 のように，等速度運動している物体の角運動量を求めてみよう．

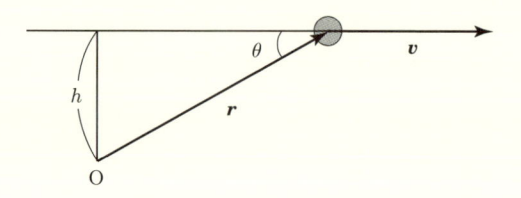

図 5.3 等速度運動している物体の角運動量

原点 O からの距離 h の直線上を，速度 v で等速度運動する質量 m の物体を考える．この物体の位置ベクトルを r とする．等速度運動なので，$|v|=v$ は一定．また，$|r|=h/\sin\theta$ である．角運動量ベクトルの向きは，外積の定義より紙面の表から裏に向かう向きとなっている．この物体の角運動量の大きさは

$$|\boldsymbol{L}| = m|\boldsymbol{r}||\boldsymbol{v}|\sin\theta = mhv \tag{5.38}$$

となる．h と v はともに一定なので，$|\boldsymbol{L}|$ は一定である．向きも変わらないので，等速度運動している物体の角運動量は常に一定になっている．

例 5.2 等速円運動している物体の角運動量を求めてみよう．

xy 座標の原点を中心とする，半径 r の円の周上を角速度 ω で等速円運動している質量 m の物体の角運動量を考える．この物体の時刻 t における位置ベクトル

$$\boldsymbol{r} = x\boldsymbol{i} + y\boldsymbol{j} \tag{5.39}$$

の各成分は

$$x = r\cos\omega t, \qquad y = r\sin\omega t \tag{5.40}$$

であり，また，速度ベクトル

$$\boldsymbol{v} = v_x\boldsymbol{i} + v_y\boldsymbol{j} \tag{5.41}$$

の各成分は

$$v_x = -r\omega\sin\omega t, \qquad v_y = r\omega\cos\omega t \tag{5.42}$$

である．これらを使って，外積の定義に従って計算すると，角運動量は

$$\boldsymbol{L} = m(\boldsymbol{r}\times\boldsymbol{v}) = mr^2\omega\boldsymbol{k} \tag{5.43}$$

となる．ここで，$\boldsymbol{k}$ は z 軸方向の基本ベクトルである．等速円運動する物体の角運動量は，時刻 t によらず一定になっている．角運動量ベクトルの向きは，運動平面に垂直である．

5.6 角運動量保存則

物体の運動方程式を角運動量を用いて書き換えてみよう．運動方程式の両辺に物体の位置ベクトル r を左から外積すると

$$\boldsymbol{r}\times\frac{d\boldsymbol{p}}{dt} = \boldsymbol{r}\times\boldsymbol{F} \tag{5.44}$$

となる．積の微分の公式より

$$\frac{d(\boldsymbol{r}\times\boldsymbol{p})}{dt} = \frac{d\boldsymbol{r}}{dt}\times\boldsymbol{p} + \boldsymbol{r}\times\frac{d\boldsymbol{p}}{dt} \tag{5.45}$$

が成り立つ．ここで，右辺第1項は

$$\frac{d\bm{r}}{dt} \times \bm{p} = \bm{v} \times \bm{p} = m(\bm{v} \times \bm{v}) = \bm{0} \tag{5.46}$$

より

$$\frac{d(\bm{r} \times \bm{p})}{dt} = \bm{r} \times \frac{d\bm{p}}{dt} = \bm{r} \times \bm{F} \tag{5.47}$$

が成り立つ．角運動量 $\bm{L}$ の定義 $\bm{L} = \bm{r} \times \bm{p}$ と，力のモーメント $\bm{N}$ の定義 $\bm{N} = \bm{r} \times \bm{F}$ を代入すると，運動方程式は

$$\frac{d\bm{L}}{dt} = \bm{N} \tag{5.48}$$

と表せる．すなわち，角運動量の単位時間あたりの変化は，その物体に作用する力のモーメントに等しい．物体に作用する力のモーメントがゼロベクトルのとき，その物体の角運動量は保存する．力のモーメントがゼロとなる場合としては，(1) 力がゼロ，(2) 力が中心力のときなどが考えられる．中心力は，力の向きが位置ベクトルと平行で，力の大きさが位置ベクトルの大きさの関数となっているもの．すなわち

$$\bm{f} = f(r)\bm{r} \tag{5.49}$$

という形で表せるものである．また，中心力は保存力である．中心力の例としては，(1) 直線上を運動している物体にかかっている力．原点を直線上にとれば力と位置ベクトルは平行である，(2) 等速円運動している物体にかかる向心力，(3) 万有引力，(4) クーロン力などがあげられる．

> 力のモーメントを工学分野では，トルクとよぶことが多い．

5.7 惑星の運動

ここでは，惑星の運動について学ぶ．惑星の運動は，ニュートン力学の大きな成功例であり，数学的な手法を用いて自然現象を正確に記述していこうとする現代の自然科学の礎となったものである．多少，数学的な記述が煩雑となるが，その成果を確かめてほしい．

距離の2乗に反比例する力を受けている換算質量 μ の物体の運動方程式は，力の比例定数を α とすると

$$\frac{d\bm{p}}{dt} = -\alpha \frac{\bm{r}}{r^3} \tag{5.50}$$

と表される．万有引力の場合 $\alpha = G_{\mathrm{N}} mM$ である．この式の両辺と $\bm{L}$ との外積をつくれば

$$\bm{L} \times \frac{d\bm{p}}{dt} = -\alpha \frac{1}{r^3} \bm{L} \times \bm{r} \tag{5.51}$$

となる．いま，力は中心力なので角運動量は保存され，$\bm{L}$ は時間によらない定数である．したがって，$\bm{L}$ は定数なので時間微分の中に入れると，左辺は

5.7 惑星の運動

$$L \times \frac{dp}{dt} = \frac{d}{dt}(L \times p) \tag{5.52}$$

となる．一方，右辺は角運動量の定義とベクトル 3 重積の公式

$$(a \times b) \times c = b(a \cdot c) - a(b \cdot c) \tag{5.53}$$

より

$$-\alpha \frac{1}{r^3} L \times r = -\frac{\mu\alpha}{r^3} \left(r \times \frac{dr}{dt} \right) \times r$$

$$= \frac{\mu\alpha}{r^3} \left[r \left(\frac{dr}{dt} \cdot r \right) - \left(\frac{dr}{dt} \right) r^2 \right] \tag{5.54}$$

となる．右辺はさらに合成関数の微分公式

$$\frac{d}{dt}\left(\frac{1}{r}\right) = \frac{-1}{r^3}\left(\frac{dr}{dt} \cdot r\right) \tag{5.55}$$

を用いると，1 つの時間微分にまとめることができ

$$-\alpha \frac{1}{r^3} L \times r = -\mu\alpha \frac{d}{dt}\left(\frac{r}{r}\right) \tag{5.56}$$

を得る．これらの結果を用いると，運動方程式は

$$\frac{d}{dt}\left(-L \times p - \mu\alpha \frac{r}{r}\right) = 0 \tag{5.57}$$

と表される．したがって，ベクトル量

$$\varepsilon = -\frac{L \times p}{\mu\alpha} - \frac{r}{r} \tag{5.58}$$

は運動の定数になっている．ここで，ε を離心率ベクトルという．離心率ベクトル ε の大きさは，以下のベクトルの内積，外積の公式

$$(a \times b) \cdot (a \times b) = a^2 b^2 - (a \cdot b)^2, \tag{5.59}$$

$$(a \times b) \cdot c = a \cdot (b \times c) \tag{5.60}$$

を用いると

$$\varepsilon^2 = \varepsilon \cdot \varepsilon = \frac{2L^2}{\mu\alpha^2}\left(\frac{p^2}{2\mu} - \frac{\alpha}{r}\right) + 1 \tag{5.61}$$

を得る．この式で括弧の中の量はちょうど物体の力学的エネルギー E

$$E = \frac{p^2}{2\mu} - \frac{\alpha}{r} \tag{5.62}$$

になっている．したがって，ε は

$$\varepsilon = \sqrt{1 + \frac{2EL^2}{\mu\alpha^2}} \tag{5.63}$$

換算質量 μ の物体の運動を考えているので
$$L = r \times p$$
$$= r \times \mu v$$
$$= \mu r \times \frac{dr}{dt}$$

と表せる．後で示すが，ε は軌道の離心率である．離心率ベクトルと位置ベクトルの内積を求めると

$$\boldsymbol{\varepsilon} \cdot \boldsymbol{r} = \frac{-(\boldsymbol{L} \times \boldsymbol{p}) \cdot \boldsymbol{r}}{\mu \alpha} - r = \frac{L^2}{\mu \alpha} - r \tag{5.64}$$

となる．また，離心率ベクトルと位置ベクトルとのなす角を θ とすると，内積の定義より

$$\boldsymbol{\varepsilon} \cdot \boldsymbol{r} = \varepsilon r \cos \theta \tag{5.65}$$

である．物体の軌道方程式は，この2式より

$$r(\theta) = \frac{L^2}{\mu \alpha (1 + \varepsilon \cos \theta)} \tag{5.66}$$

となる．これは $r=0$ を焦点とする円錐曲線を表す．いま

$$\lambda = \frac{L^2}{\mu \alpha (1 + \varepsilon)} \tag{5.67}$$

と定義する．極座標表示の軌道方程式を直角座標になおすと以下のようになる．

楕円 ($\varepsilon = 0$ のときは円)

$$\frac{\left(x + \frac{\varepsilon}{1-\varepsilon}\lambda\right)^2}{\left(\frac{\lambda}{1-\varepsilon}\right)^2} + \frac{y^2}{\left(\lambda\sqrt{\frac{1+\varepsilon}{1-\varepsilon}}\right)^2} = 1 \quad (0 \le \varepsilon < 1). \tag{5.68}$$

双曲線

$$\frac{\left(x - \frac{\varepsilon}{\varepsilon-1}\lambda\right)^2}{\left(\frac{\lambda}{\varepsilon-1}\right)^2} - \frac{y^2}{\left(\lambda\sqrt{\frac{\varepsilon+1}{\varepsilon-1}}\right)^2} = 1 \quad (\varepsilon > 1). \tag{5.69}$$

放物線

$$y^2 + 4\lambda x = 4\lambda^2 \quad (\varepsilon = 1). \tag{5.70}$$

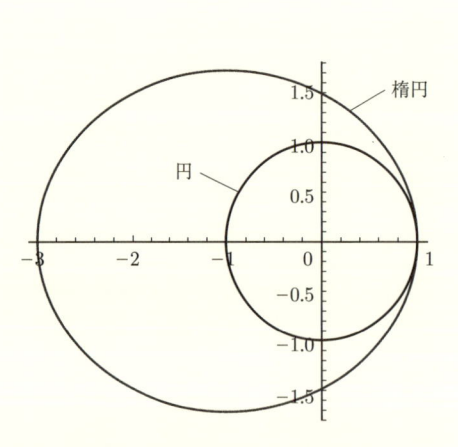

図 5.4 離心率 1/2 の楕円と円 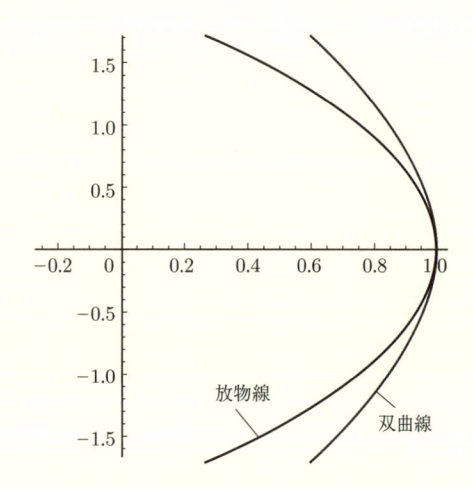 　　　　　図 5.5 離心率 2 の双曲線と放物線

5.7 惑星の運動

どのような場合にどの軌道になるか整理してみよう．楕円になるのは，相互作用が引力で $E < 0$ のとき，放物線になるのは，相互作用が引力で $E = 0$ のとき，双曲線になるのは，相互作用は引力の場合と斥力の場合のどちらの場合もあり，$E > 0$ のときである．

楕円軌道の場合をもう少し詳しくみてみよう．楕円の長半径を a，短半径を b とすると

$$a = \frac{\lambda}{1-\varepsilon}, \quad b = \lambda\sqrt{\frac{1+\varepsilon}{1-\varepsilon}}, \quad \frac{b}{a} = \sqrt{1-\varepsilon^2} \tag{5.71}$$

となる．エネルギーと角運動量の大きさを用いると

$$a = -\frac{\alpha}{2E}, \quad b = \frac{L}{\sqrt{-2\mu E}} \tag{5.72}$$

となる ($E < 0$ である)．軌道のエネルギーは，角運動量の大きさとは無関係に長半径の大きさで

$$E = -\frac{\alpha}{2a} \tag{5.73}$$

となることがわかる．

ケプラーは 17 世紀のはじめに，惑星の運行に関する観測結果から<u>ケプラーの法則</u>といわれる次の 3 つの法則を見出した．

> **第 1 法則**：惑星の軌道は太陽を一方の焦点とする楕円軌道である．
> **第 2 法則**：太陽と惑星を結ぶ直線が単位時間に掃過する面積は一定である．
> **第 3 法則**：惑星の公転周期の 2 乗は楕円軌道の長半径の 3 乗に比例する．

次に，ニュートンの運動方程式を解いた結果が，ケプラーの法則を満たしているかを確認しよう．第 1 法則を満たしていることはすでにみた．第 2 法則は，実は，角運動量保存則を表しており，中心力である万有引力による運動なので，角運動量は保存されている．微小な時間 dt に掃過する面積 dA は

$$dA = \frac{1}{2}r^2 d\theta = \frac{1}{2}r^2 \frac{d\theta}{dt}dt \tag{5.74}$$

と表される．一方，角運動量の大きさ L は

$$L = |\boldsymbol{r} \times \mu\boldsymbol{v}| = r\mu r\frac{d\theta}{dt} = \mu r^2 \frac{d\theta}{dt} \tag{5.75}$$

と表せるので，単位時間に掃過する面積 dA/dt は

$$\frac{dA}{dt} = \frac{1}{2}r^2\frac{d\theta}{dt} = \frac{L}{2\mu} \tag{5.76}$$

と角運動量の大きさに比例するので一定である．第 3 法則は，上式を 1 周期 τ にわたって時間で積分すると

$$\int_\tau \frac{L}{2\mu} dt = \frac{L}{2\mu}\tau = \int dA = A = \pi ab \tag{5.77}$$

となる．ただし，右辺の最後の等号は楕円の面積が πab であることを用いた．よって

$$\tau = \frac{2\mu\pi ab}{L} \tag{5.78}$$

となるので，2乗して

$$\tau^2 = \frac{4\pi^2\mu^2 a^2 b^2}{L^2} = \frac{4\pi^2\mu^2}{L^2} a^2 \frac{L^2}{-2\mu E} = \left(\frac{4\pi^2\mu}{\alpha}\right)a^3 \tag{5.79}$$

となる．したがって，公転周期 τ の2乗は楕円軌道の長半径 a の3乗に比例している．

章末問題 5

5.1 床から h [m] の高さの水平でなめらかな台の端に，質量 m [kg] の小球Aを置き，質量 M [kg] の小球Bを滑らせてAに衝突させたところ，Bはその場で停止し，Aは台から速さ v [m/s] で飛び出して水平距離で x [m] 離れた床に落ちた．ただし，重力加速度の大きさは g [m/s^2] とする．
 (1) v [m/s] を求めよ．
 (2) Bの初速度 v_0 [m/s] を求めよ．
 (3) AとBの間の反発係数 e を求めよ．

5.2 天井に固定した軽い糸に質量 m [kg] の小球Aをつけ，糸がたるまないように最下点から h [m] の高さまで持ち上げて静かに離す．小球は最下点で質量 M [kg] の物体Bと衝突し，衝突後一体となった．衝突する直前のAの速さを v [m/s]，衝突直後の一体となったAとBの速さを V [m/s] とする．また，一体となったAとBが最下点から上がった最高点の高さ H [m] とする．ただし，重力加速度の大きさは g [m/s^2] とする．
 (1) V を H と g を用いて表せ．
 (2) v を m, M, H, g を用いて表せ．
 (3) h を求めよ．

5.3 水平な面上で，質量 $m = 2$ [kg] の台車Aに初速度 $v_0 = 3$ [m/s] を与えて，質量 $M = 3$ [kg] の静止している台車Bに衝突させる．Bには，ばね定数 $k = 30$ [N/m] の軽いばねが水平に，台車Aとぶつかるところに取り付けてある．ただし，衝突のときに力学的エネルギーが保存されることとし，台車Aの初速度の向きを正とする．
 (1) ばねが台車Aに接触した後，両台車の速度が等しくなるとき，その速度 V [m/s] を求めよ．
 (2) ばねが台車Aに接触した後，ばねの縮む最大値 s [m] を求めよ．

5.4 質量 m の物体が，$\boldsymbol{F}_1 = f(r)\boldsymbol{r}$, $\boldsymbol{F}_2 = -c\boldsymbol{v}$ ($c > 0$) で表される中心力 $\boldsymbol{F}_1$ と粘性抵抗力 $\boldsymbol{F}_2$ の2つの力の作用を受けている (単位は考えなくてよい)．
 (1) この物体に働く力のモーメントを角運動量を使って表せ．
 (2) 時刻 $t = 0$ のとき，この物体の角運動量が $\boldsymbol{L} = \boldsymbol{L}_0$ であった．以後の任意の時刻における角運動量を求めよ．

6
剛体・弾性体・流体

　2章では，力学を表現するのに都合のよいように質点という理想的な物を扱ってきたが，身のまわりにある物は広がりがあって形をなすのが普通である．バットのように両端の太さが違う棒を振り回すとき，グリップを持って振り回すよりトップの方を持って振り回す方が軽いとか，同じ直径でも自転車の車輪より自動車のように太いタイヤは転がしにくいなどのような違いを経験する．また，コマが回って静止しているように見えるとき，重心に置かれた質点は静止しているので運動エネルギーは0であるが，重心のまわりの点は運動しており，運動エネルギーは0ではない．

　また，柔らかくて力を加えると変形したり伸び縮みする物体があり，物の伸び縮みは日常生活に欠かせない現象である．最近では，高層ビルでも柔構造にして地震に強くするとか，ベッドのクッションを気にして硬くするとか，物の伸び縮みに絡む話題はあちこちにある．ゴムのような物は伸び縮みがよくわかるが鋼鉄など変化しないように見える物もある．踏切で間近に見ることのできる鋼鉄製のレールは，人が踏んだだけでは全く変形しないように見えるが，電気機関車が通過するときはかなりしなっていることがわかる．このように，物の伸び縮みは，人が道具を作ったり利用するためには把握しなければならない重要な性質である．

　水のように形は定まらず，入れ物に応じて自由に形が変わり，管の中を流れたり，高い斜面に置くと低い方へ流れるようなものを流体という．流体も運動すれば運動エネルギーをもつし，高い所にあれば位置エネルギーをもつので水力発電などに利用されている．

　本章では，物体が変形しない場合，物体が静止した状態で力が加わって変形する場合，形を保つことができない物体の場合の力学について学ぶ．

6.1 剛　　体

物質は原子でできていて，硬いものは原子間の距離が変化しない物質である．次節で扱うようにどんな硬い物質でも力を加えると変形するが，変形を無視できる物体を剛体という．2章では，形のある物体の運動でも質点の運動として軌跡やエネルギーを議論してきたが，ここでは剛体が回転するときの運動について考える．

6.1.1 慣性モーメント

図 6.1 のように，質量 m の質点が半径 r の円周上を速さ v で回転しているとき，1 周する時間 T は $T = 2\pi r/v$ であり，これを周期という．また，1 秒間に回転する角度，すなわち，角速度 ω は $\omega = 2\pi/T = v/r$ である．このときの運動エネルギー E_k は

$$E_k = \frac{1}{2}mv^2 = \frac{1}{2}mr^2\omega^2 \tag{6.1}$$

となる．ここで，mr^2 をひとまとめにして慣性モーメントとよび，記号 I を用いて

$$I = mr^2 \tag{6.2}$$

とする．

式 (6.1) の運動エネルギーは

$$E_k = \frac{1}{2}I\omega^2 \tag{6.3}$$

と書けるので，回転の運動エネルギーを記述する場合，慣性モーメント I は並進運動の質量に対応し，角速度 ω が速度に対応していることに注意しよう．すなわち，慣性モーメントは回転のしにくさであり，角速度は回転の速さである．

酸素分子 O_2 や窒素分子 N_2，あるいは塩化水素 HCl のような 2 原子分子は，2 つの原子核の重心を回転の中心にして回転している (図 6.2)．電子の質量は無視して，原子核の質量 m_1, m_2，核間の距離 a とし，5.4 節を用いる

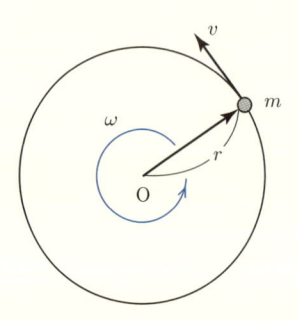

図 6.1 原点 O を中心とした半径 r の円周上を速さ v で運動する質点

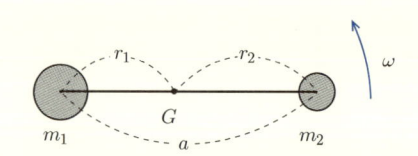

図 6.2 2 つの質点の回転

6.1 剛体

と，質量 m_1 は重心から $r_1 = \dfrac{m_2}{m_1+m_2}a$ の距離にあり，質量 m_2 は重心から $r_2 = \dfrac{m_1}{m_1+m_2}a$ の距離にあるので，慣性モーメント I は

$$I = r_1^2 m_1 + r_2^2 m_2$$
$$= \left(\frac{m_2}{m_1+m_2}a\right)^2 m_1 + \left(\frac{m_1}{m_1+m_2}a\right)^2 m_2 = \frac{m_1 m_2}{m_1+m_2}a^2 \quad (6.4)$$

となる．ここで，$\dfrac{m_1 m_2}{m_1+m_2} = \mu$ とおけば，慣性モーメント $I = \mu a^2$ であり，質量 μ の質点が半径 a の円周上を運動しているように見ることができる．このときの質量 μ を換算質量という．

図 6.3 のように，剛体を質点の集まりとみた場合，1 つの回転軸のまわりの回転はどの点も角速度 ω の円運動である．1 つの質点 i の運動エネルギー E_i は

$$E_i = \frac{1}{2} m_i r_i^2 \omega^2 \quad (6.5)$$

であり，この剛体全体が回転している運動エネルギー E_R は，すべての質点の運動エネルギーについて足し合わせることによって得られ

$$E_\mathrm{R} = \frac{1}{2} \sum_i m_i r_i^2 \omega^2 \quad (6.6)$$

である．$\sum m_i r_i^2$ は，物体の形状や密度と回転軸によって決まる量であり，剛体の慣性モーメント I という．すなわち

$$I = \sum_i m_i r_i^2 \quad (6.7)$$

であるから，式 (6.6) は $E_\mathrm{R} = \dfrac{1}{2} I \omega^2$ と表され，質点が回転するときの運動エネルギーの式 (6.3) と区別しないで扱う．

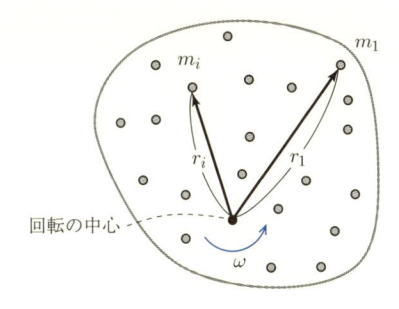

図 6.3 剛体が質点の集まりとした場合の回転

通常の剛体は図 6.4 (a) のように連続であり，回転軸からの距離 r の点における微小な体積 $d\tau$ の質量を dm とすれば，その点の慣性モーメント dI は $dI = r^2 dm$ である．微小な体積 $d\tau$ の密度が距離 r の点で $\rho(r)$ であれば，

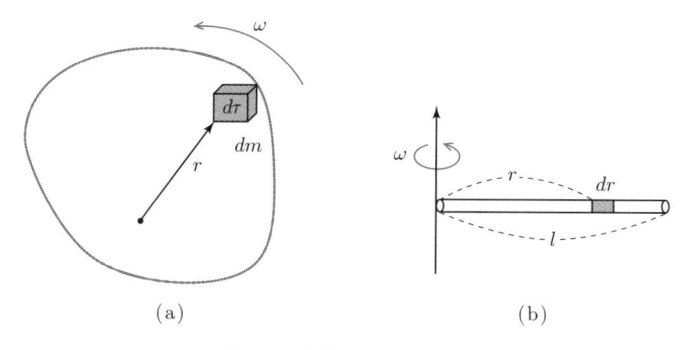

図 **6.4** 連続な物体の回転

$dm = \rho(r)\,d\tau$ であるから，連続な剛体全体の慣性モーメント I は積分によって求められ，$I = \int dI$ である．すなわち

$$I = \int dI = \int r^2 \, dm = \int r^2 \rho(\boldsymbol{r})\,d\tau \tag{6.8}$$

として計算される．

図 6.4 (b) のように，太さを無視できるが単位長さあたりの質量 η [kg/m] が均一で長さ l [m] の棒があり，一方の端で棒に垂直な方向を回転軸にして回転する場合，回転軸から r 離れた部分の dr の範囲の質点がもつ慣性モーメント dI は質量 $dm = \eta\,dr$ であるから，$dI = \eta r^2\,dr$ である．したがって，棒の片方の端を軸にして回転する場合の慣性モーメントは棒に沿って積分すればよい．よって

$$I = \int_0^l \eta r^2\,dr = \frac{1}{3}\eta l^3 \tag{6.9}$$

となり，この棒全体の質量 $m = \eta l$ であることを考慮すると式 (6.9) の慣性モーメント I は

$$I = \frac{1}{3}ml^2 \tag{6.10}$$

である．また，この棒の真ん中で，棒に垂直な回転軸にすると，式 (6.9) の積分は

$$I = \int_{-l/2}^{l/2} \eta r^2\,dr = \frac{1}{3}\eta \times \left[r^3\right]_{-l/2}^{l/2} = \frac{1}{12}\eta l^3 \tag{6.11}$$

となり，$\eta l = m$ を代入すると，慣性モーメント I は

$$I = \frac{1}{12}ml^2 \tag{6.12}$$

を得る．式 (6.10) と式 (6.12) を比較すると，同じ棒でも回転軸が変わることで慣性モーメントは大きく違うことがわかる．すなわち，棒の端を持って回転させるより，真ん中を持った方が回転しやすいことを意味している．また，式

6.1 剛　体

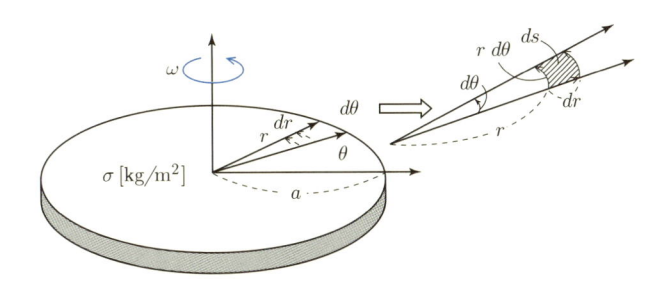

図 6.5 半径 a の円盤が中心で回転する場合

(6.6) から $E_\mathrm{R} = \frac{1}{2}I\omega^2$ より, 角速度が同じでも慣性モーメント I によって, 回転の運動エネルギーは大きく異なることがわかる.

図 6.5 のように, 単位面積あたりの質量が $\sigma\,[\mathrm{kg/m^2}]$, 半径 a の円盤が, 円盤に垂直で中心を通る線を回転軸にする場合の慣性モーメントを求めてみよう. 動径 r から dr の辺と弧 $r\,d\theta$ で囲まれた四角い部分 $ds = r\,d\theta dr$ の慣性モーメント dI は, 質量 $dm = \sigma\,ds$ であり, $dI = \sigma r^3\,dr d\theta$ となるから, 円盤全体の慣性モーメント I は, 動径 r を 0 から a まで, 角 θ を 0 から 2π まで積分して得られる. 円盤が平らで一定なので

$$\begin{aligned}
I &= \int r^2\,dm = \int r^2 \sigma\,ds = \int r^2 \sigma r\,d\theta dr \\
&= \sigma \int_0^{2\pi} d\theta \int_0^a r^3\,dr = 2\pi\sigma \int_0^a r^3\,dr \\
&= \frac{1}{2}\sigma\pi a^4
\end{aligned} \tag{6.13}$$

になる. ここで, 全体の質量 m は $m = \sigma\pi a^2$ であることに注意すれば

$$I = \frac{1}{2}ma^2 \tag{6.14}$$

となる.

[例題 6.1] ビデオデッキやパソコンで使用する DVD (ディスク) は, 質量 17.0 [g], 外径 12.0 [cm], 内径 1.50 [cm] である. このディスクが中心で回転するときの慣性モーメントを求めよ. また, このディスクが 1200 [rpm] (毎分の回転数) のときの回転の運動エネルギーを求めよ.

[解] ドーナツ型の円盤なので, 式 (6.13) の積分範囲を内径の半径 b から外径の半径 a までとしなければならない. また, 単位面積あたりの質量は一定値 σ であるとして積分すると

$$I = \sigma \int_0^{2\pi} d\theta \int_b^a r^3\,dr = \frac{1}{2}\sigma\pi\left(a^4 - b^4\right) = \frac{1}{2}\sigma\pi\left(a^2 - b^2\right)\left(a^2 + b^2\right)$$

を得る. 円盤の質量 m は $m = \sigma\pi\left(a^2 - b^2\right)$ であるから, この円盤の慣性モーメントは

$$I = \frac{1}{2}m\left(a^2 + b^2\right)$$

となる．題意より，$a = 6.0$ [cm] $= 6.0 \times 10^{-2}$ [m]，$b = 0.75$ [cm] $= 0.75 \times 10^{-2}$ [m]，$m = 17.0$ [g] $= 17.0 \times 10^{-3}$ [kg] を代入すると

$$I = \frac{1}{2} \times 17.0 \times 10^{-3} \text{ [kg]} \times \left\{ \left(6.0 \times 10^{-2} \text{ [m]}\right)^2 + \left(0.75 \times 10^{-2} \text{ [m]}\right)^2 \right\}$$
$$= 310.78 \times 10^{-7} \text{ [kg·m}^2\text{]} = 3.11 \times 10^{-5} \text{ [kg·m}^2\text{]}.$$

1200 [rpm] は毎秒になおすと $1200/60 = 20$ [s^{-1}] である．したがって，角速度 ω は

$$\omega = 2\pi \times 20 \text{ [s}^{-1}\text{]} = 125.66 \text{ [rad/s]}$$

回転の運動エネルギー E_R は

$$E_\text{R} = \frac{1}{2} I \omega^2 = \frac{1}{2} \times 3.11 \times 10^{-5} \text{ [kg·m}^2\text{]} \times (125.66 \text{ [rad/s]})^2$$
$$= 24554.1 \times 10^{-5} \text{ [J]} = 0.246 \text{ [J]}. \qquad \square$$

[**例題 6.2**] 図 6.6 のように，遠心分離機に使用する容器は密度が 7.00 [g/cm^3] の金属でできていて，外径 20.0 [mm]，内径 18.0 [mm]，底部の厚さ 2.00 [mm] で，全体の長さが 100 [mm] の円筒状である．口の部分が回転の中心から 100 [mm] になるように軽い丈夫な合成繊維で接続している．回転する場合の慣性モーメントを求めよ．また，12000 [rpm] で回転しているときの運動エネルギーを求めよ．ただし，動径の垂直方向の太さを無視する．

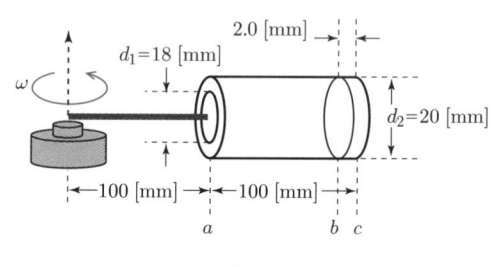

図 6.6

[**解**] 容器の太さを無視して，式 (6.9) の積分を用いるが，積分範囲を回転軸から容器の口 (a) まで，内底 (b) まで，外底 (c) までの 3 領域に分ける．したがって

$$I = \int_0^l \eta r^2 \, dr = \int_0^a \eta r^2 \, dr + \int_a^b \eta r^2 \, dr + \int_b^c \eta r^2 \, dr$$
$$= \frac{1}{3} \left\{ \eta_1 \left[r^3\right]_0^a + \eta_2 \left[r^3\right]_a^b + \eta_3 \left[r^3\right]_b^c \right\}$$
$$= \frac{1}{3} \left\{ \eta_1 a^3 + \eta_2 (b^3 - a^3) + \eta_3 (c^3 - b^3) \right\}$$

となる．a までの領域は線密度 η_1 は $\eta_1 = 0$，a から b までの線密度 η_2 は断面がドーナツ型で面積 S_2 は

$$S_2 = \pi \left\{ \left(\frac{d_2}{2}\right)^2 - \left(\frac{d_1}{2}\right)^2 \right\}$$
$$= 3.14159 \times \left\{ \left(\frac{20.0 \times 10^{-3} \text{ [m]}}{2}\right)^2 - \left(\frac{18.0 \times 10^{-3} \text{ [m]}}{2}\right)^2 \right\}$$

6.2 弾性体

$$= 59.7 \times 10^{-6} \ [\mathrm{m}^2]$$

これに密度 $7.00 \times 10^3 \ [\mathrm{kg/m^3}]$ を掛けて，η_2 は

$$\eta_2 = 59.7 \times 10^{-6} \ [\mathrm{m}^2] \times 7.00 \times 10^3 \ [\mathrm{kg/m^3}] = 0.418 \ [\mathrm{kg/m}]$$

底部の面積 S_3 は

$$S_3 = \pi \left(\frac{d_2}{2}\right)^2 = 3.14159 \times \left(\frac{20.0 \times 10^{-3} \ [\mathrm{m}]}{2}\right)^2 = 3.14 \times 10^{-4} \ [\mathrm{m}^2]$$

これに密度 $7.00 \times 10^3 \ [\mathrm{kg/m^3}]$ を掛けて，η_3 は

$$\eta_3 = 3.14 \times 10^{-4} \ [\mathrm{m}^2] \times 7.00 \times 10^3 \ [\mathrm{kg/m^3}] = 2.20 \ [\mathrm{kg/m}]$$

となるので，$a = 10.0 \times 10^{-2} \ [\mathrm{m}]$, $b = 19.8 \times 10^{-2} \ [\mathrm{m}]$, $c = 20.0 \times 10^{-2} \ [\mathrm{m}]$ を代入して

$$\begin{aligned}
I &= \frac{1}{3} \left\{ \eta_1 a^3 + \eta_2 (b^3 - a^3) + \eta_3 (c^3 - b^3) \right\} \\
&= \frac{1}{3} \left\{ 0.418 \ [\mathrm{kg/m}] \times (19.8^3 - 10.0^3) \times 10^{-6} \ [\mathrm{m}^3] \right. \\
&\quad \left. + 2.20 \ [\mathrm{kg/m}] \times (20.0^3 - 19.8^3) \times 10^{-6} \ [\mathrm{m}^3] \right\} \\
&= \frac{1}{3} \times (2826.7 + 522.7) \times 10^{-6} \ [\mathrm{kg \cdot m^2}] = 1116.5 \times 10^{-6} \ [\mathrm{kg \cdot m^2}] \\
&= 1.12 \times 10^{-3} \ [\mathrm{kg \cdot m^2}].
\end{aligned}$$

回転数 12000 [rpm] は $12000/60 = 200 \ [\mathrm{s}^{-1}]$ であるから，角速度 ω は $\omega = 2\pi \times 200$ [rad/s] なので，回転の運動エネルギー E_R は

$$\begin{aligned}
E_\mathrm{R} &= \frac{1}{2} I \omega^2 = \frac{1}{2} \times 1.12 \times 10^{-3} \ [\mathrm{kg \cdot m^2}] \times (1256.6 \ [\mathrm{s}^{-1}])^2 \\
&= 884.26 \ [\mathrm{kg \cdot m^2 \cdot s^{-2}}] = 884 \ [\mathrm{J}]. \qquad \square
\end{aligned}$$

6.2 弾 性 体

　形を成しているすべての物体は外から力が加わると多かれ少なかれ変形するが，力を除くともとの状態に戻る．このような現象を議論の対象とする物体を弾性体という．例えば，窓ガラスは硬いが中程を指でちょっと押しても映っている景色が歪んで見える．これはガラスが変形している証拠である．また，東京スカイツリーの設計にあたり，土台に近い鉄骨には大きな荷重がかかるはずだから，高さごとの変形を考慮して，太さがどれだけの鉄骨を何本用意しなければならないかなどを考えている．ここでは，ガラスや鉄などの材料に力を加えたときに変形する現象について考え，材料の力学的特徴を示す物理量について学ぶ．

6.2.1 ひずみと応力

　物体に力を加えてもとの形が変わることをひずみという．物体の内部での変形の仕方は力の加わり方によって伸びる部分や縮む部分ができるが，物体の内

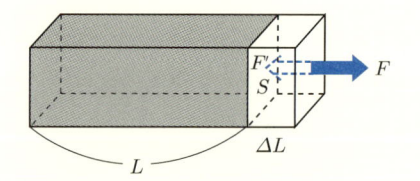

図 **6.7** 弾性体の伸びと応力

部で及ぼし合う力を応力とよぶ．図 6.7 のように，長さ L，断面積 S の弾性体の両端に，長さの方向に力 F を加えたところ ΔL だけ伸びてつり合っている場合，外から加えた力 F に対してもとに戻ろうとする力 F' が働き，$F' = -F$ である．伸び ΔL は物体の断面積 S が大きいほど伸びにくく，長さ L が長いほど伸びが目立つことは容易に想像できるであろう．この現象をまとめると，以下のようになる．

> **法則 6.1** 伸びがあまり大きくなければ，単位面積あたりの応力 F/S は単位長さあたりの伸び $\Delta L/L$ に比例する．
> $$\frac{F}{S} = E \frac{\Delta L}{L} \tag{6.15}$$

式 (6.15) をフックの法則という．その比例定数 E をヤング率といい，物の太さや長さによらず，材料としての物質固有の定数であり，単位は SI 単位系では $[\mathrm{N/m^2}]$ である．

6.2.2 体 積 変 化

通常の物体は大気圧を受けてつり合った状態になっている．いま，体積 V の物体に圧力変化 Δp があり，体積が ΔV 変化したならば，応力としての圧力変化 Δp は単位体積あたりの体積変化 $\Delta V/V$ に比例することが知られている．すなわち

$$\Delta p = -k \frac{\Delta V}{V} \tag{6.16}$$

であり，その比例定数 k を体積弾性率という．ここで，$k > 0$ であり，右辺のマイナスは体積が増加することによって圧力は減少することを意味している．

図 6.8 のように，1 辺が l の立方体があり，上下方向に圧力が Δp 増すと，上下方向の辺の長さが Δl だけ減少するが，それと直角方向に $\Delta l'$ だけ増加する．このとき，圧力が加わった方向の伸びの割合 ($\Delta l/l$) とその直角方向の伸びの割合 ($\Delta l'/l$) の比は，物質によって一定であることが知られている．Δl が正のとき $\Delta l'$ は負であることを考慮して

$$-\frac{\Delta l'/l}{\Delta l/l} = \sigma \tag{6.17}$$

6.2 弾性体

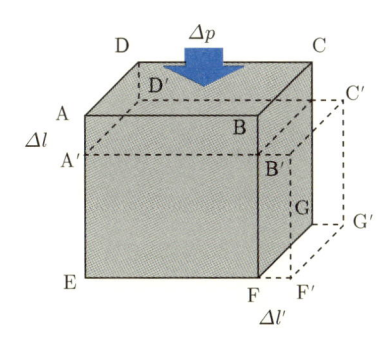

図 6.8 上下方向の圧力変化に伴う左右方向の伸び

と書き，σ を**ポアソン比**とよぶ．

図 6.8 で，左右方向に Δp の圧力が加わったとき，単位面積あたりの応力 F/S が外圧 Δp によって生じるから，左右方向の伸び $\Delta l'$ は，式 (6.15) より $F/S = -\Delta p$ とおいて，$\Delta l' = -\Delta p \dfrac{l}{E}$ である．さらに，上下方向に圧力 Δp が加わるとポアソン比に従って左右方向の伸び $\Delta l''$ は，$\Delta l'' = \sigma \Delta p \dfrac{l}{E}$ である．同様に，前後にも圧力 Δp が加わると左右方向にも伸び，$\Delta l''$ はポアソン比に従って $\Delta l'' = \sigma \Delta p \dfrac{l}{E}$ を生じる．したがって，すべての面に Δp の圧力が加わったとき，一方向の長さの変化 Δl は

$$\Delta l = \Delta l' + 2\Delta l'' = -\frac{\Delta p \cdot l}{E} + 2\sigma \frac{\Delta p \cdot l}{E} = -(1-2\sigma)\frac{l}{E}\Delta p \tag{6.18}$$

であり，体積 l^3 の物体全体に圧力 Δp が加わることによって，体積が $(l+\Delta l)^3$ に変化したことになるから

$$\begin{aligned}\frac{\Delta V}{V} &= \frac{(l+\Delta l)^3 - l^3}{l^3} = \frac{3l^2\Delta l + 3l(\Delta l)^2 + (\Delta l)^3}{l^3} \\ &= \left(3 + 3\cdot\frac{\Delta l}{l} + \left(\frac{\Delta l}{l}\right)^2\right)\frac{\Delta l}{l}\end{aligned} \tag{6.19}$$

となるが，l に比べて Δl は小さいとして上式の右辺第 2 項以下を無視して，式 (6.18) を用いれば

$$\frac{\Delta V}{V} = 3\cdot\frac{\Delta l}{l} = -\frac{3(1-2\sigma)}{E}\Delta p \tag{6.20}$$

となる．これを式 (6.16) と比較すれば

$$k = \frac{E}{3(1-2\sigma)} \tag{6.21}$$

となり，弾性体の特徴を表す定数，ヤング率，ポアソン比，体積弾性率の関係がわかる．実際に使われている定数の例を表 6.1 に示す．

表 6.1 物質の弾性定数

物質	ヤング率 E ($\times 10^{10}$ [N/m^2])	ポアソン比 σ	体積弾性率 k ($\times 10^{10}$ [N/m^2])
鋼鉄	$20.1 \sim 21.6$	$0.28 \sim 0.30$	$16.5 \sim 17.0$
アルミニウム	7.03	0.345	7.55
金	7.8	0.44	21.7
銀	8.27	0.367	10.36
銅	12.98	0.343	13.78
鉛	1.61	0.44	4.58
ガラス (フリント)	8.01	0.27	5.76

[国立天文台編「理科年表」(丸善) から引用]

6.2.3 弾性体のエネルギー

断面積 S, 長さ l, ヤング率 E の弾性体の片方を固定して, もう一方を引っ張って長さ x 伸びているとする. このときの力 $F(x)$ は

$$F(x) = \frac{ES}{l} x \tag{6.22}$$

である. さらに, dx 伸ばすのに必要な仕事は $F(x)\,dx$ である. 伸びを 0 から Δl まで伸ばすのに必要な仕事 W は

$$\begin{aligned} W &= \int_0^{\Delta l} F(x)\,dx = \frac{ES}{l} \int_0^{\Delta l} x\,dx \\ &= \frac{ES}{l} \left[\frac{1}{2} x^2 \right]_0^{\Delta l} = \frac{ES (\Delta l)^2}{2l} \end{aligned} \tag{6.23}$$

である. これは体積 $V = Sl$ 内に蓄えられている弾性エネルギーであり, 単位体積あたりの弾性エネルギー e は

$$e = \frac{W}{Sl} = \frac{1}{2} E \left(\frac{\Delta l}{l} \right)^2 \tag{6.24}$$

となる.

図 6.9 のように, ある形をした物体に圧力 p が加わって体積 V_0 でつり合っている. さらに, 圧力が dp 加わって全体の厚みが一様に $d\xi$ 変化したとする. この物体の表面積が S ならば, 表面全体に加わった力 F は $F = pS$ であり, 厚みを $d\xi$ だけ変化するのになされた仕事 dW は $dW = pS\,d\xi$ である. 一方, 圧力 $p = 0$ のときの体積が V_0 であった物体に, 圧力 p が Δp になることによって体積が V になった場合は, 式 (6.16) によって

$$\Delta p = -k \frac{V - V_0}{V_0} \tag{6.25}$$

で, $S\,d\xi = dV$ であるから

6.2 弾性体

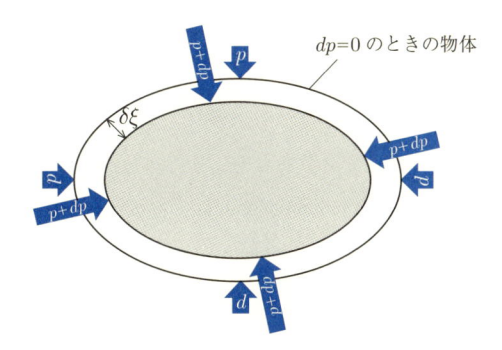

図 6.9 立体的な物質に加わる均一な圧力

$$dW = k\frac{V - V_0}{V_0} dV \tag{6.26}$$

となる．体積が V_0 から $V_0 + \Delta V$ になるまでの仕事 W は

$$W = \int_{V_0}^{V_0+\Delta V} k\frac{V - V_0}{V_0} dV = \frac{k}{V_0} \int_{V_0}^{V_0+\Delta V} (V - V_0) dV$$
$$= \frac{k}{V_0} \frac{(\Delta V)^2}{2} \tag{6.27}$$

したがって，単位体積あたりの弾性エネルギー e は

$$e = \frac{W}{V_0} = \frac{1}{2}k\left(\frac{\Delta V}{V_0}\right)^2 \tag{6.28}$$

となる．

[例題 6.3] ヤング率 21.0×10^{10} [Pa]，直径 2.00 [mm] のピアノ線 10.0 [m] で，50.0 [kg] の人を吊り上げようとすると，ピアノ線はどれだけ伸びるか求めよ．また，人が浮き上がるまでにピアノ線に蓄えられる弾性エネルギーを求めよ．

[解] フックの法則より，ピアノ線の伸び ΔL は $\Delta L = \dfrac{FL}{SE}$ から求められる．力 F は 50.0 [kg] の人が受ける重力であり，$F = 50.0$ [kg] $\times 9.80$ [m/s^2] $= 490$ [N]，長さ $L = 10.0$ [m]，断面積 $S = 3.14 \times (1.0 \times 10^{-3}$ [m]$)^2$，ヤング率 $E = 21.0 \times 10^{10}$ [N/m^2] を代入して

$$\Delta L = \frac{FL}{SE} = \frac{490 \text{ [N]} \times 10.0 \text{ [m]}}{3.14 \times 10^{-6} \text{ [m}^2\text{]} \times 21.0 \times 10^{10} \text{ [N/m}^2\text{]}} = 7.43 \times 10^{-3} \text{ [m]}.$$

伸びの弾性エネルギーは $W = \dfrac{ES(\Delta L)^2}{2L} = \dfrac{ES\Delta L}{2} \times \dfrac{F}{SE} = \dfrac{\Delta L \times F}{2}$ より

$$W = \frac{\Delta L \times F}{2} = \frac{7.43 \times 10^{-3} \text{ [m]} \times 490 \text{ [N]}}{2} = 1.82 \text{ [J]}. \qquad \square$$

[例題 6.4] ヤング率 7.60×10^8 [Pa]，ポアソン比 0.460 の物質でできた，1 辺が 1.00 [m] の立方体を 10000 [m] の海底に落としたとき，体積はどれだけ

小さくなるか求めよ．また，そのときの弾性エネルギーを求めよ．ただし，海水の比重は 1.20 とする．

[解] 体積弾性率が k ならば，体積が V である物体が圧力変化 Δp によって起こる体積変化 ΔV は $\Delta V = -\dfrac{V}{k}\Delta p$ で計算される．また，体積弾性率 k はヤング率 E とポアソン比 σ によって，$k = \dfrac{E}{3(1-2\sigma)}$ で計算されるから

$$k = \frac{7.60 \times 10^8 \ [\text{N/m}^2]}{3 \times (1 - 2 \times 0.460)} = 3.17 \times 10^9 \ [\text{N/m}^2]$$

また，10000 [m] の海底に沈んだときの圧力変化 Δp は $\Delta p = \rho g h$ であるから

$$\Delta p = 1.20 \ [\text{g/cm}^3] \times \frac{10^{-3} \ [\text{kg/g}]}{10^{-6} \ [\text{m}^3/\text{cm}^3]} \times 9.80 \ [\text{m/s}^2] \times 10000 \ [\text{m}]$$
$$= 11.8 \times 10^7 \ [\text{N/m}^2]$$

したがって

$$\Delta V = \frac{1.00 \ [\text{m}^3] \times 11.8 \times 10^7 \ [\text{N/m}^2]}{3.17 \times 10^9 \ [\text{N/m}^2]} = 3.71 \times 10^{-2} \ [\text{m}^3]$$

だけ小さくなる．

体積変化による弾性エネルギーは

$$W = \frac{k}{V_0}\frac{(\Delta V)^2}{2} = -\frac{k}{2}\frac{\Delta p}{k}\Delta V = -\frac{1}{2}\Delta p \Delta V$$

で計算されるから

$$W = -0.5 \times 11.76 \times 10^7 \ [\text{N/m}^2] \times (-3.71 \times 10^{-2} \ [\text{m}^3])$$
$$= 2.18 \times 10^6 \ [\text{J}]$$

となり，2.18×10^6 [J] のエネルギーを蓄えている． □

6.3 流　　体

　水や空気のようにどんな形の入れ物にも収まってしまうような物体を流体という．私たちは水と空気なしでは生きていけない．そして，川の流れや風になびく煙突の煙など流体にかかわる自然現象を目にしている．また，水上を走る船，上空を飛ぶ飛行機など，流体なしにはあり得ない乗り物を利用している．人は水を飲み，空気を吸ったり吐いたりし，生体には血液が流れている．流体には，グリセリンのように粘っこいもの，アルコールのようにさらさらしたものなどさまざまである．また，水のように形は自由に変わるが圧力を加えても密度がほとんど変化しないもの，空気のように形も変わるが圧力を加えるとそれに反比例して体積も変化するものがある．前者を非圧縮性流体といい，通常の液体はそれにあたる．後者を圧縮性流体といい，気体にあたる．自然現象で見る流体の運動は複雑であるが，ここでは流体を理解するために，理想的な液体と気体を想定して基本的な原理を学ぶ．

6.3.1 静止している流体

図 6.10 のように，プールの水と大気が静止している場合に注目しよう．人は体の表面に垂直に大気圧を受けているが，大気の圧力を感じないのは体内の空気や細胞内の液体などによって生じる応力とつり合っているからである．プールの左下の矢印で示したように，静止している流体はどの面に着目しても力はつり合っているので，流体内のどの点でも圧力は方向によらず大きさは等しい．これは連続している静止流体では，どの部分にも同じ圧力が伝わることを意味する．これを**パスカルの原理**という．

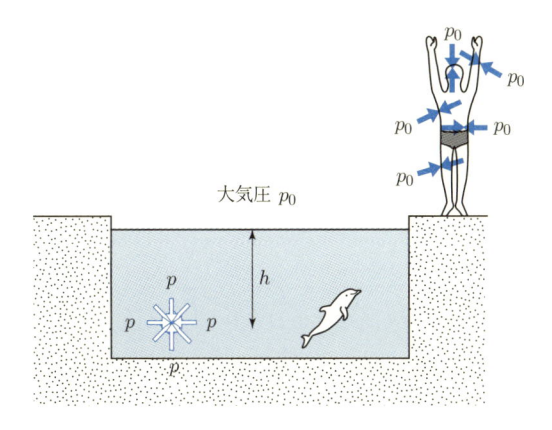

図 6.10 水中や大気中に働いている圧力

次に，プールの水面から深さ h の水中の圧力を考える．水はすべて垂直方向に重力を受けているので，深さ h のところの面積 S の水平面には，それより上部にある水がのしかかっている．水の密度が ρ ならば，その重力は $\rho g h S$ である．したがって，単位面積あたりに加わる力，すなわち水圧は $\rho g h$ となる．水面に加わった大気圧 p_0 はパスカルの原理に従って水中すべてに伝わるので，プールの深さ h のところの圧力 p は

$$p = p_0 + \rho g h \tag{6.29}$$

となる．

図 6.11 は，油圧ブレーキの仕組みを示したものである．2 つのピストンが硬いホースでつながれ，非圧縮性流体 (ブレーキオイル) が封入されている．ブレーキペダルを踏んでピストン 1 に力を加えてブレーキオイル内の圧力が Δp 増すと，ピストン 2 でも圧力が Δp 増加する．これは液体のすべての点で圧力は方向によらず同じであることから，容易に理解できる．ブレーキペダル側のピストンの断面積を S_1，ブレーキシュー側のピストンの断面積を S_2 とすると，ブレーキペダルに力 F_1 を加えて，ブレーキオイルの圧力が Δp 増加したとすれば，$F_1 = S_1 \Delta p$ であり，ブレーキシュー側に加わる力 F_2 は

$$F_2 = S_2 \Delta p = \frac{S_2}{S_1} F_1 \tag{6.30}$$

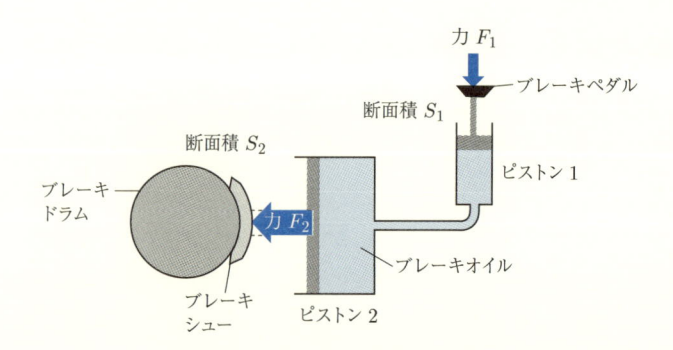

図 **6.11** 油圧ブレーキの仕組み

となり，ブレーキシュー側の力はブレーキペダル側に加えた力の S_2/S_1 倍なので，ピストンの断面積の比を大きくすれば，ブレーキシュー側に大きな力を加えることができる．

> **発展課題**
>
> 大気も地球の重力を受けており，地表の気圧は上空の空気がのしかかった結果である．空気は圧縮性流体なので，上空に行くほど圧力が下がり，密度も小さくなる．体積 V の空気を分子量 M の理想気体とみなして状態方程式 $pV = nRT$ (p は気圧，n はモル数，R は気体定数，T は絶対温度)を変形し，密度 $nM/V = \rho$ とすれば
>
> $$p = \frac{nM}{V}\frac{RT}{M} = \rho\frac{RT}{M} \tag{6.31}$$
>
> と書き換えられる．一方，dh 上空に上がって変化する圧力 dp は $dp = -\rho g\, dh$ であるから，式 (6.31) を用いて
>
> $$dp = -\rho g\, dh = -\frac{gM}{RT} p\, dh \tag{6.32}$$
>
> となる．このとき，温度は変化しないとみなし，地表での気圧を P_0 として，この微分方程式 (6.32) を解くと
>
> $$p = P_0 e^{-\frac{gM}{RT}h} \tag{6.33}$$
>
> となる．ここで，重力加速度 $g = 9.80$ [m/s^2]，空気の平均分子量 $M = 30.0 \times 10^{-3}$ [kg/mol]，気体定数 $R = 8.31$ [J/(mol·K)]，絶対温度 $T = 300$ [K] とすると
>
> $$\frac{gM}{RT} = 1.18 \times 10^{-4}\ [\text{m}^{-1}] \tag{6.34}$$
>
> であり，4000 [m] の高地では大気の圧力は平地の約 0.62 倍になっていることがわかる．実際には，温度 T は高さ h に依存しているので，式 (6.32) の積分は容易ではない．

6.3 流体

図 6.12 のように，地表の圧力は水銀柱によって測れる．片方を閉じた長さ 1 [m] くらいのガラス管に水銀を満たし，水銀の層に立てると，密閉したガラス管の上部が空洞になる．これを**トリチェリーの真空**とよんでいる．空洞の圧力は 0 のはずである．よって，水銀層の表面に加わった圧力，すなわち大気圧と水銀柱が重力で水銀層に加えた圧力とつり合っているはずである．したがって，大気圧の変化に応じて水銀柱の高さが変化するので，水銀柱の高さは大気圧を測る指標として用いられている．ヨーロッパの科学者が研究していた平地では，水銀柱が約 760 [mm] の高さを中心に変化していたので，水銀柱が 760 [mm] のときを 1 気圧 ([atm]) とし，760 [mmHg] と表現した．現在でも血圧の単位として [mmHg] が用いられている．

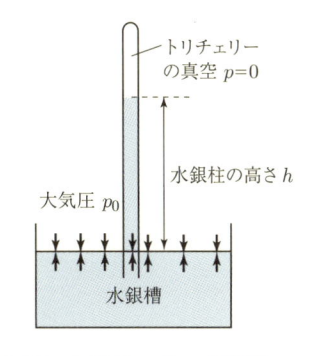

図 **6.12** トリチェリーの真空

ガラス管の断面積が S [m^2]，水銀柱の高さ h [m]，水銀の密度 ρ [kg/m^3]，重力加速度 g [m/s^2] ならば，水銀層の表面に加わっている力 F は $F = \rho g h S$ [N] である．圧力 p [N/m^2] は $p = F/S = \rho g h$ であるから，水銀の密度 $\rho = 13.60$ [g/cm^3]，重力加速度 $g = 9.80$ [m/s^2] を用いると

$$p = 13.60 \,[\text{g/cm}^3] \times \frac{10^{-3} \,[\text{kg/g}]}{(10^{-2} \,[\text{m/cm}])^3} \times 9.80 \,[\text{m/s}^2] \times 0.760 \,[\text{m}]$$
$$= 101.3 \times 10^3 \,[\text{N/m}^2] = 1013 \,[\text{hPa}] \tag{6.35}$$

ここで，圧力の単位 [N/m^2] を [Pa] (**パスカル**) と表記する．天気図などでは 100 [Pa] = 1 [hPa] (**ヘクトパスカル**) が用いられている．

物体が水に浮いているとか，物体が水中にあるときは軽くなっているという現象は日常頻繁に経験している．この現象は古代ギリシア時代から知られていて，**アルキメデスの原理**とよばれている．

> **原理 6.1** 流体の中で静止している物体は，その物体が浸かっている部分の体積に等しい流体の重さだけ軽くなる．すなわち浮力を受ける．

図 6.13 の物体 A でわかるように，物体が流体に浸かっている部分を同じ流体に置き換えれば，その境界面で力を及ぼし合ってつり合っていて，流体は静止している．言い換えれば，物体が浸かっている部分の体積に等しい流体の重力と同じ大きさの浮力が常に働いていることになる．体積 V の物体 A の密度が ρ_0 で，密度 ρ の流体に浮いていて，浸かっている部分の体積が V' ならば，浮力は重力加速度を g として $\rho V' g$ であり，物体全体の重力 $\rho_0 V g$ とつり合っているので

$$\rho_0 V g = \rho V' g \tag{6.36}$$

側面は深くなると水圧が増大するが同じ深さでは両側からの水圧はつり合っている．

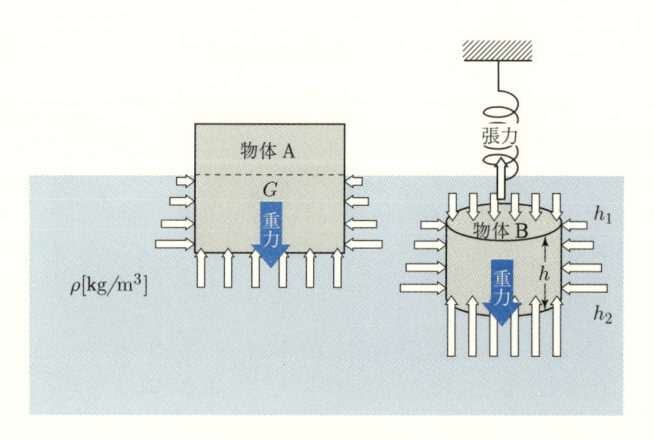

図 6.13 浮力

である．浮いているとは $V > V'$ であるから，密度は $\rho_0 < \rho$ を意味する．

物体 B のように，底面積 S，高さ h の円柱が水上から支えられながら流体中に静止しているとき，側面にはどの深さでもつり合う力が働いているが，深さ h_1 にある上底には下向きに $\rho g h_1$ の流体圧力が働いており，深さ h_2 にある下底には上向きに $\rho g h_2$ の流体圧力が働いているため，物体の上向きに働く力，すなわち，浮力 F は，圧力に面積を掛けて

$$F = \rho g h_2 S - \rho g h_1 S = \rho g (h_2 - h_1) S \tag{6.37}$$

となる．ここで，g は重力加速度である．$h_2 - h_1$ は円柱の高さ h，hS は円柱の体積 V であることに注意すれば

$$F = \rho g (h_2 - h_1) S = \rho g h S = \rho V g \tag{6.38}$$

である．もし，流体に沈んでいる物体の密度が ρ_0 ならば，物体が下向きに受ける力 ΔF は

$$\Delta F = \rho_0 V g - \rho V g = (\rho_0 - \rho) V g \tag{6.39}$$

であるから，$\rho_0 = \rho$ のとき物体は流体中で静止し，$\rho_0 > \rho$ のとき物体は沈むことになる．

日常生活の中で物体が水より軽いか重いかが問題になることが多い．そこで，4 [°C] の純水と同じ体積の物体との質量の比を比重という．例えば，物体の密度 ρ_A で，体積 V ならば，純水の密度を ρ として，比重 $\eta = \dfrac{\rho_A V}{\rho V} = \dfrac{\rho_A}{\rho}$ である．4 [°C] の純水の密度は 1.000 [g/cm^3] である．

[**例題 6.5**] ブレーキシュー側のピストンの半径 1.00 [cm]，フットペダル側のピストンの半径 2.00 [mm] である油圧式のブレーキ系がある．直径 20.0 [cm] のブレーキドラムに 200 [N] の力を加えるためには，フットペダルにどれだけの力が必要か求めよ．

6.3 流　体

[解]　パスカルの原理より，$F_1/S_1 = F_2/S_2$ であるから

$$F_1 = \frac{S_1}{S_2}F_2 = \frac{\pi \times (2.00 \times 10^{-3} \,[\text{m}])^2}{\pi \times (1.00 \times 10^{-2} \,[\text{m}])^2} \times 200\,[\text{N}] = 8.00\,[\text{N}]. \qquad \square$$

[例題 6.6]　性能のよい吸い上げポンプ (吸引によって真空にすることができる) で深い井戸の水をくみ上げようとしている．大気圧は 1 気圧とすると，井戸の水面はポンプから何メートルより浅くなければならないか求めよ．ただし，水の蒸気圧は考えないことにする．

[解]　吸い上げポンプは大気圧 p によって水を押し上げている．したがって，水柱の高さ h の重力と大気圧がつり合う場合が限度である．したがって，水の密度 ρ，重力加速度 g ならば，$p = \rho g h$ より

$$h = \frac{p}{\rho g} = \frac{1013 \times 10^2\,[\text{N/m}^2]}{1000\,[\text{kg/m}^3] \times 9.80\,[\text{m/s}^2]} = 10.3\,[\text{m}]. \qquad \square$$

[例題 6.7]　水銀柱 750 [mmHg] の大気圧で海水の比重が 1.20 のとき，海面から 10.0 [m] の位置にあるダイバーの体に加わっている圧力を求めよ．ただし，水銀の比重は 13.6 とする．

[解]　大気圧 p は $p = \rho g h$ より

$$\begin{aligned} p = \rho g h &= 13.6 \times 10^3\,[\text{kg/m}^3] \times 9.80\,[\text{m/s}^2] \times 0.750\,[\text{m}] \\ &= 99.96 \times 10^3\,[\text{N/m}^2] \end{aligned}$$

海水 10.0 [m] 分の圧力は

$$\begin{aligned} p = \rho g h &= 1.20 \times 10^3\,[\text{kg/m}^3] \times 9.80\,[\text{m/s}^2] \times 10.0\,[\text{m}] \\ &= 117.6 \times 10^3\,[\text{N/m}^2] \end{aligned}$$

したがって，ダイバーに加わっている圧力は

$$99.96 \times 10^3\,[\text{N/m}^2] + 117.6 \times 10^3\,[\text{N/m}^2] = 218 \times 10^3\,[\text{N/m}^2]. \qquad \square$$

6.3.2　表面張力

液体を容器に入れると低い方に溜まり，上部は水平になる．図 6.14 (a) のように，底がつながった入れ物であれば，液面の高さは同じになっている．しか

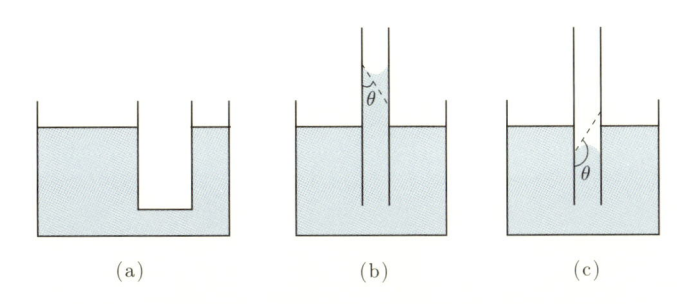

図 6.14　連結管 (a)，毛細管 (b), (c)

し，図 (b), (c) のように，液面に細い管を立てると，液面が上がったり，下がったりすることがある．このような現象を**毛管現象** (**毛細管現象**) という．管の壁面と液面とのなす角を**接触角**というが，図 (b) のように鋭角のとき濡らすといい，図 (c) のように鈍角のとき濡らさないという．これは液体分子どうしに働く力が，液体分子と容器などの固体分子間に働く力より小さいか大きいかの違いによるものである．

図 6.15 (a) のように，液体の内部にある分子はまわりの分子から均等に力を受けてつり合っているが，液体表面にある分子は外側から力を受けていないので液体内部に向かう力を受けている．内部に向かう力は表面積がなるべく小さくなるように働くため，表面に沿った方向に縮む力として作用する．この力を**表面張力**といい，液体表面に任意に引いた曲線に垂直で表面に沿って働き，単位長さあたりの力として定義する．図 (b) では，長さ l の曲線を境にして力 F が両側に働いている様子を示している．この場合，表面張力 T は $T = F/l$ である．

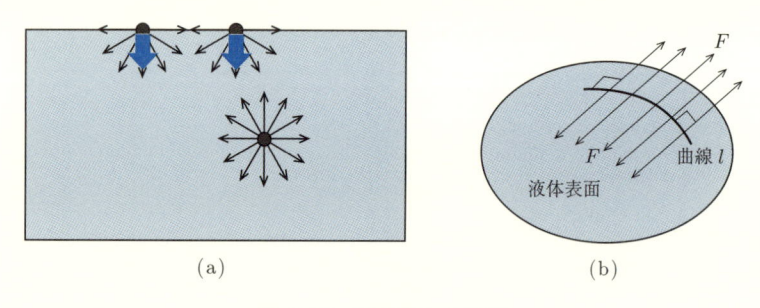

図 6.15 表面張力の起源

図 6.16 のように，密度 ρ の液体に内径 $2r$ の毛細管を浸けたところ，水面が h 上昇した．これは液体の分子と毛細管表面の分子の分子間力が大きいので，壁面に引かれ毛細管内の水面が上昇しているのである．液面と壁面が接している円周の曲線全体の表面張力で，上昇した水柱を支えていることになる．液面と管壁面のなす角が θ で水面の表面張力が γ ならば，円周全体に作用している張力は $2\pi r\gamma$ であり，水柱を支える垂直方向の力は $2\pi r\gamma\cos\theta$ である．これは水柱に加わる重力 $\pi r^2 h\rho g$ とつり合っている．すなわち，$2\pi r\gamma\cos\theta = \pi r^2 h\rho g$

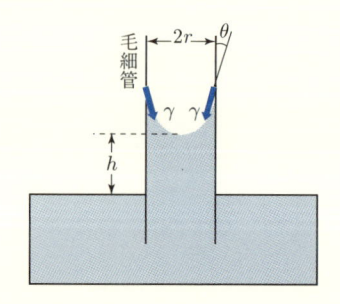

図 6.16 表面張力によって引き上げられる毛細管の水柱

6.3 流　体

であり，毛細管で水面より上昇する水柱の高さ h は

$$h = \frac{2\gamma \cos\theta}{\rho g r} \tag{6.40}$$

である．したがって，毛細管の内径が小さいほど水柱は高くなることがわかる．

液体の体積に対して最も面積が小さいのは球である．宇宙船内のように重力のない空間にこぼした水は表面張力によって球となり，空間を漂っている．この場合，水滴球の内圧 p と周囲の空間の圧力 p_0 との関係を考えてみよう．

図 6.17 のように，水滴球を上下に切った大円に働く力に着目する．大円を境に上半分に下向きに働いている力は，大円の半径を r とすれば，空間の気圧 p_0 による力 $\pi r^2 p_0$ と表面張力 γ による力 $2\pi r \gamma$ の和 $\pi r^2 p_0 + 2\pi r \gamma$ である．この力は，水滴球の内部に発生した水圧による上向きの力 $\pi r^2 p$ とつり合っている．したがって，$\pi r^2 p_0 + 2\pi r \gamma = \pi r^2 p$ であり，水滴球内外の圧力差は

$$p - p_0 = \frac{2\gamma}{r} \tag{6.41}$$

となり，半径が小さくなると水滴球内の圧力は大きくなることを示している．

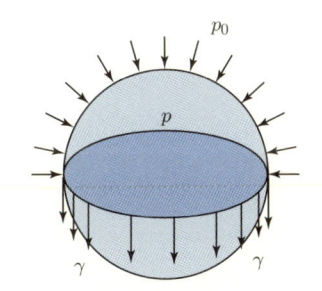

図 6.17　球形の水滴内の圧力

[例題 6.8]　水の表面張力が 75.0×10^{-3} [N/m] のとき，半径 1.00 [mm] の水玉の内外の圧力差を求めよ．また，この水玉が 8 個集まって 1 つの水玉になった．1 つの水玉になる前の圧力差と 1 つの水玉になったときの圧力差を比較せよ．

[解]　半径 r の水玉の内部の圧力 p と外気の圧力 p_0 との差は表面張力 γ によって生じているので

$$\Delta p = p - p_0 = \frac{2\gamma}{r} = \frac{2 \times 75.0 \times 10^{-3} \text{ [N/m]}}{1.00 \times 10^{-3} \text{ [m]}} = 150 \text{ [N/m}^2\text{]}$$

である．

直径 r_0 の水玉が 8 個集まって半径 r の水玉になったとする．体積は等しいから

$$8 \times \frac{4}{3}\pi r_0^3 = \frac{4}{3}\pi r^3$$

より，$r = 2r_0$ となる．また，半径 r の水玉の内部の圧力 p と外気の圧力 p_0 との差は表面張力 γ によって生じているので

$$\Delta p = p - p_0 = \frac{2\gamma}{r}$$

である．したがって，水玉の半径が 2 倍になれば，圧力差は 1/2 になる． □

6.3.3 運動する流体

静かな川の水は止まっているように見えるが，水面に浮かぶ木の葉によって川の水が動いていることに気づき，水中でも同様に水は動いている．また，川岸に近い木の葉は中央付近の木の葉よりもゆっくり流れていることに気づくであろう．これは水に粘性があり，岸に近い水は岸辺に引きずられて速度が遅くなることを示している．ここでは，まず木の葉のような物体もなく，粘性もない流体が流れている場合を考えてみよう．

図 6.18 のように，流体の各点の速度は一般的に時間によって変化しているだろう．ある点 (x, y, z) の時刻 t における速度を $V(x, y, z, t)$ で表す．その速度が接線になるようにわずかに線を引く．線を引いた先の点における速度が接線になるようにわずかな線を引く．このように線を続けて引いていくと曲線が引ける．これを流線という．流線は途中で交差したり枝分かれしない．また，流線をある範囲で束ねたものを流管という．通常，柔らかいゴム管や血管などを流れる流体の流管は時間によって形が変わるが，流管が時間に依存しないとき，定常流という．

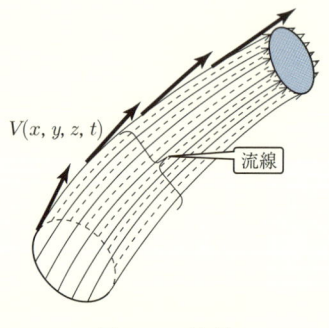

図 6.18 流線

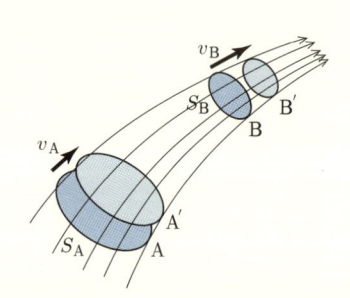

図 6.19 定常流の流管

図 6.19 のように，定常流の 1 つの流管において同じ流線の束を囲む任意の閉曲線を A, B とし，A, B における密度を ρ_A, ρ_B，流体の速さを v_A, v_B とする．A, B における流線に垂直な断面の面積が S_A, S_B ならば，この流管の 2 つの断面を通過する質量は等しくならなければならないので

$$\rho_A v_A S_A = \rho_B v_B S_B = 一定 \tag{6.42}$$

が成り立ち，連続の式という．もし，非圧縮性流体で密度が一定ならば，$v_A S_A = v_B S_B$ となり，$vS = $ 一定 である．これは川幅の広いところの流れはゆっくりで，狭くなると流れは速くなることを示している．

6.3 流体

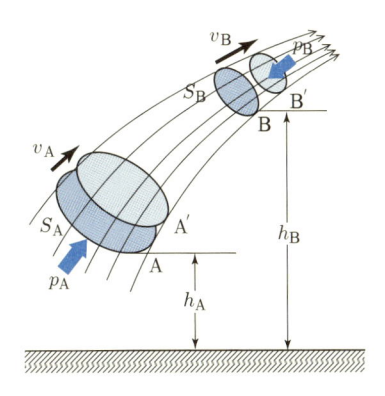

図 6.20 重力を受ける定常流

非圧縮性流体が重力場で定常流になっている場合のエネルギーを考えてみよう．図 6.20 のように，流管の A は高さ h_A にあり，B は高さ h_B にあるとする．Δt の時間に A から A′ まで圧力 p_A によって流体が運ばれ，B から B′ の部分に押し出されたことになる．B では圧力 p_B に逆らって仕事をしていて，押し出された部分がエネルギーを失っている．流管の AA′ の部分が BB′ の部分に移動するとしたら，p_A が断面積 S_A に加えた力 $p_A S_A$ で距離 $v_A \Delta t$ 移動してなす仕事 $p_A S_A v_A \Delta t$ と p_B が断面積 S_B に加えた力 $p_B S_B$ で距離 $v_B \Delta t$ 移動してなす仕事 $p_B S_B v_B \Delta t$ の差は，AA′ の部分の全力学的エネルギーと BB′ の部分の全力学的エネルギーの差になるはずである．したがって，AA′ 間の流体の質量は $\rho S_A v_A \Delta t$，BB′ 間の質量は $\rho S_B v_B \Delta t$ であることを考慮すると

$$p_A S_A v_A \Delta t - p_B S_B v_B \Delta t = \rho S_B v_B \Delta t g h_B + \frac{1}{2} \rho S_B v_B \Delta t v_B^2 \\ - \rho S_A v_A \Delta t g h_A - \frac{1}{2} \rho S_A v_A \Delta t v_A^2 \quad (6.43)$$

発展課題

図 6.21 のような点滴の容器を考える．容器の液面 A は針先の断面 B に比べて大きいので，液面が下がる速さは無視できるとし，大気圧も考えている範囲では一定，すなわち $p_A = p_B$ とすれば，ベルヌーイの法則より

$$\rho g h_A = \rho g h_B + \frac{1}{2} \rho v_B^2 \quad (6.44)$$

である．針先から流れ出す液体の速さは

$$v_B = \sqrt{2g(h_A - h_B)} \quad (6.45)$$

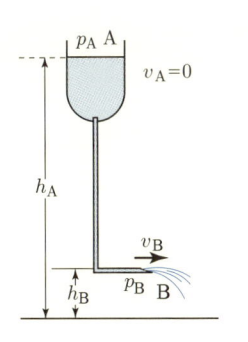

図 6.21 点滴の容器

となる．ただし，この計算は粘性のない非弾性流体の場合なので，実際の粘性流体の場合は補正しなければならない．

である．非圧縮性流体の場合 $S_A v_A = S_B v_B$ を考慮し，これを整理すると

$$p_A + \rho g h_A + \frac{1}{2}\rho v_A^2 = p_B + \rho g h_B + \frac{1}{2}\rho v_B^2 \tag{6.46}$$

となる．A, B は流線の任意の点であるから，1本の流線に沿ってどの点でも

$$p + \rho g h + \frac{1}{2}\rho v^2 = 一定 \tag{6.47}$$

が成り立ち，これを**ベルヌーイの法則**という．

図 6.22 は，静かに流れる川の流れを流れに沿った鉛直面で見ているところである．粘性があるため川底に接した水はほとんど流れていないが，川底から離れるに従って速く流れている．図のように速さが一定な層をなし，層の間で水が入り混じらないような流れを**層流**という．速さが小さい方の層は大きい方の層から流れの方向に沿って作用力を受ける．それに対して，応力が働き，速さが大きい方の層の流れを抑える．層間の単位面積あたりに働く力を**ずり応力**とよぶ．ずり応力が生じる流体の性質を**粘性**という．川底からの距離 y における層流の速さを $v(y)$ とすれば，dv/dy を**速度勾配**とよんでいる．多くの流体では，ずり応力は速度勾配に比例することが知られている．したがって，ずり応力を f_t とすれば

$$f_t = \eta \frac{dv}{dy} \tag{6.48}$$

となり，これを**ニュートンの粘性法則**という．この法則に従う流体を**ニュートン流体**とよぶ．ここで，比例定数 η を**粘性率**といい，流体の種類や温度によって決まる定数である．η の単位は f_t [N/m^2], v [m/s], y [m] より，[N·s/m^2] である．

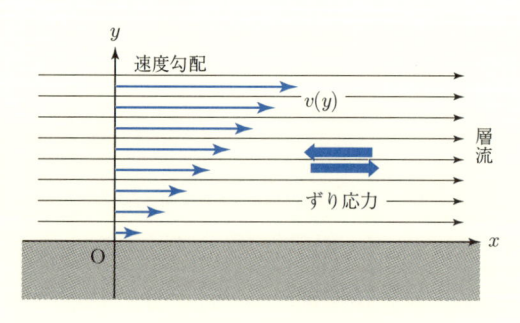

図 6.22 ニュートン流体

日常，私たちがふれる液体の流れは，水道管の水，点滴の管を流れる液体，血管を流れる血液など円筒の管を粘性流体が流れる例が多い．

図 6.23 のように，内径が $2a$，長さ l の管を流体が流れている．上流側の圧力 p_1 と下流側の圧力 p_2 との圧力差 $\Delta p = p_2 - p_1$ が流れを作り出しているが，粘性のため管壁に近い方が遅く，円筒の中心が一番速いことが予想される．管

6.3 流体

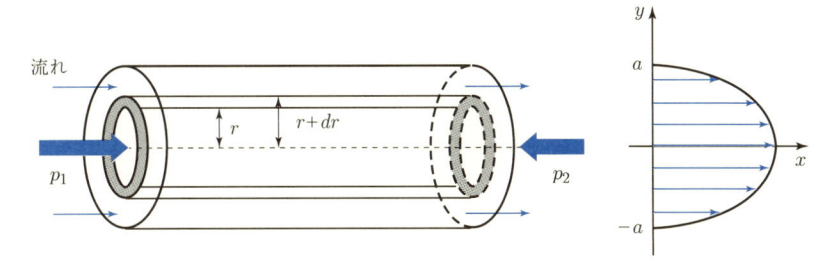

図 6.23 円筒の管を流れる粘性流体

の中心軸から r と $r+dr$ の円筒で囲まれた部分の流体の流れの速さは r に依存するので，$v(r)$ とすれば，その円筒部分を単位時間あたりに流れる流体の量 dQ は

$$dQ = 2\pi r\, dr\, v(r) \tag{6.49}$$

である．

一方，$v(r)$ を求めるために，半径 r の部分の円柱の力のつり合いを考える．その円柱の断面積は πr^2 であるから，p_1 と p_2 の圧力差 Δp によって力 $\pi r^2 \Delta p$ を受けている．また，円柱の側面から粘性力 F を受けていて，式 (6.48) のずり応力に側面の面積 $2\pi r l$ を掛けて，$F = 2\pi r l f_t$ となる．ここで，定常流なので力の和は 0 であることから

$$2\pi r l \times \eta \frac{dv}{dr} + \pi r^2 \Delta p = 0 \tag{6.50}$$

を得る．したがって，微分方程式

$$\frac{dv(r)}{dr} = -\frac{\Delta p}{2l\eta}r \tag{6.51}$$

となる．管壁では流体は流れないので $v(a) = 0$ を考慮し，微分方程式を解くと

$$v(r) = \frac{\Delta p}{4l\eta}\left(a^2 - r^2\right) \tag{6.52}$$

となる．

式 (6.52) を式 (6.49) に代入すると

$$dQ = \frac{\pi \Delta p}{2l\eta}(a^2 - r^2) r\, dr \tag{6.53}$$

したがって，この管を単位時間あたりに流れる量は式 (6.53) を積分して

$$Q = \int_0^a dQ = \frac{\pi \Delta p}{2l\eta}\int_0^a (a^2 - r^2) r\, dr = \frac{\pi a^4}{8l\eta}\Delta p \tag{6.54}$$

となる．これをハーゲン-ポアズイユの法則という．

章末問題 6

6.1 質量 m の質点 3 個が間隔 a で一直線上に軽くて硬い物でつながっている．回転の中心から真ん中の質点まで $2a$ の距離にあり，動径上に質点が並んで回転している場合 (a) と，動径に直角に並んで回転している場合 (b) の慣性モーメントを比較せよ．

6.2 質量 m で太さを無視できる長さ l の棒を，距離 d 離れた棒に平行な軸を中心に回転する場合 (a) と，棒の中心から距離 d にあり棒と直交している軸を中心に回転する場合 (b) の慣性モーメントを比較せよ．

6.3 片道 100 [m] のケーブルカーがあり，直径 4.00 [cm] の鋼鉄製ロープで 20.0 [t] の車体が 30°の斜面につながっている．ロープは自然な状態よりどれだけ伸びているか答えよ．また，ロープ全体に蓄えられる弾性エネルギーを求めよ．ただし，鋼鉄のヤング率は 20.1×10^{10} [N/m^2] とする．

6.4 半径 1.00 [m] の鋼鉄の球が 10000 [m] の海底に沈んだとき体積はどれだけ減少するか求めよ．また，鋼鉄球全体に蓄えられる弾性エネルギーを求めよ．ただし，海水の密度は 1.20 [g/cm^3]，鋼鉄のヤング率は 21.6×10^{10} [N/m^2]，ポアソン比 σ は 0.300 とする．

6.5 50.0 [kg] の体重で 1.00 [t] の物を油圧式のジャッキで持ち上げるのに，荷台側のピストンとフットペダル側のピストンの内径の比をいくらにしなければならないか答えよ．また，フットペダル側のピストンの内径 5.00 [cm]，長さ 10.0 [cm] ならば，荷台を 5.00 [cm] 持ち上げるにはフットペダルを何回踏む必要があるか計算せよ．

6.6 底面が 1.00 [m] 四方で側面が同じ鉄製のマスがある．底面と側面の鉄板の厚さはいずれも 1.00 [cm] である．これを水に浮かべるには高さはどのくらいなければならないか計算せよ．ただし，鉄の比重は 7.80 とする．

6.7 水の表面張力は 7.30×10^{-2} [N/m] で水とガラスの接触角は 8°で，内径 1.00 [mm] の毛細管を水面に立てると水面はどれだけ上昇するか計算せよ．

6.8 気圧 1000 [hPa] の大気中にある直径 1.00 [mm] の球形の水滴内の圧力を求めよ．ただし，水の表面張力は 7.30×10^{-2} [N/m] とする．

6.9 深さ 1.00 [m] の水槽の底に，内径 2.00 [cm]，長さ 10.0 [cm] のホースを水平に置いて水を流すとき，1 秒あたりに流れる水量を求めよ．ただし，水の粘性係数は 1.307×10^{-3} [Pa·s] とする．

7
波　　動

　私たちは日常生活の中で，波という言葉をさまざまな場面で使っている．例えば，浜辺に押し寄せる波，静かな湖水にカエルが飛び込んで起こる小さな波，初詣に押し寄せる人の波，人の気分に波があるなど，このような使われ方からわかるように，波という言葉は特定の物質や物理量を説明するものではなく，ある特定な現象を説明する言葉である．本章では，波という現象を表現する方法，波の現象を特徴づける性質を明らかにし，物質を伝わる波と光の波としての性質を学ぶ．

7.1　波とは

　鏡のような池の水面に葉が1枚浮いているところに，向こう岸でカエルが飛び込んだ．そのとき，その波がこちらに伝わってくるのを見ることができるが，水面に浮かぶ葉は上下するだけで波と一緒に流れてくることはない．

　また，図 7.1 (a) のように地面に這わせた綱の端を1回上下すると，図 (b) のように綱の山ができ，時間がたつに従って図 (c) のように綱の山が移動するが，綱自身は移動していない．このような波の現象をどのように表現すればよいだろうか．綱を手で上下する代わりに，図 (d) のように，ハンドルの円周上の1点に固定したレバーにレールをつけ，レールは上下にだけ平行移動できるようにしておく．レールの片方に留め金をつけて綱の端を引っ掛ける．このように，ハンドルを一定の速さで回転すると綱を繰り返し上下に振ることができ，続けて綱の山をつくることができる．もし，理想的な綱が無限に長いとして，ある瞬間を綱の真横から写真に撮ったものを模式的に描くと，図 (d) のようになるだろう．

　図 (d) では，横軸は直線上の位置 x を表し，縦軸は綱が振動する前の位置からのずれ (綱の変位) y を表している．このように，同じような形が繰り返し現れている現象を波という．後で扱うが音の波は空気によって伝えられる．水や空気，または綱のように波を伝えるものを媒質という．図 (d) のように，綱の

図 **7.1** 綱に伝わる波

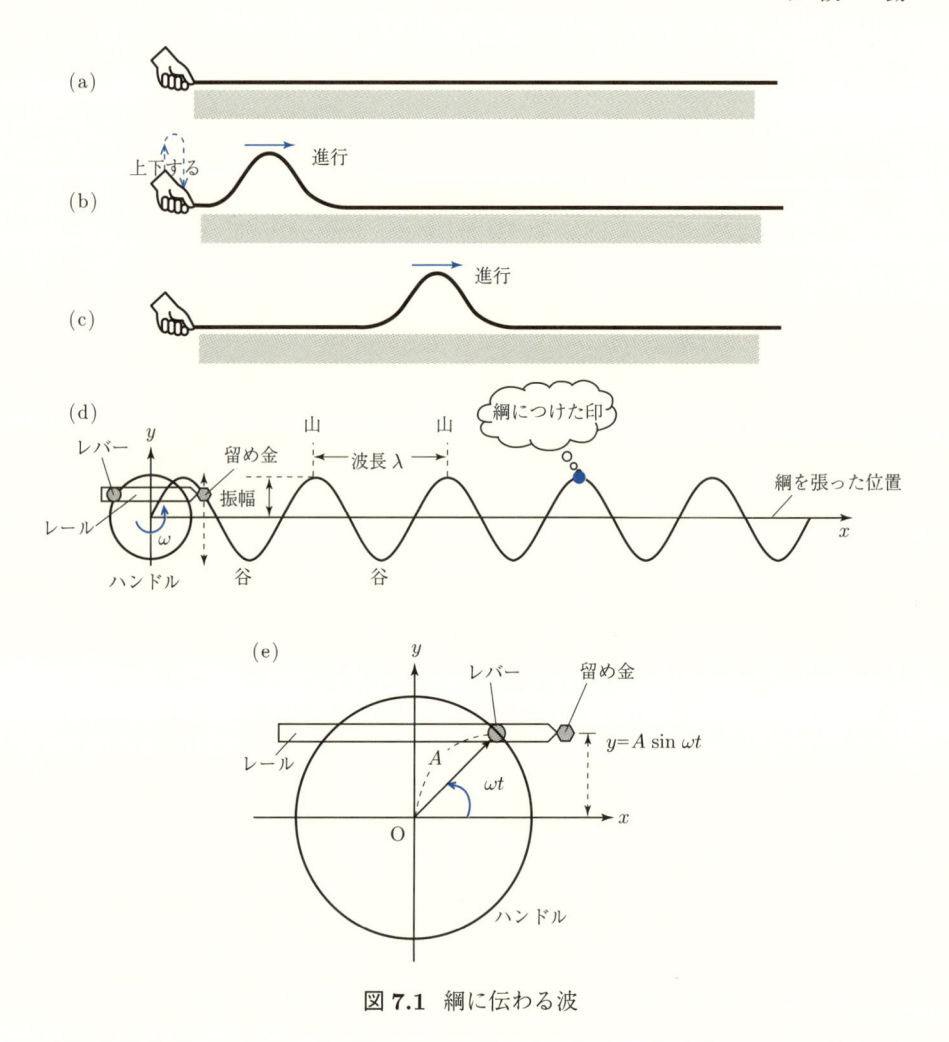

変位が一番高くなったところを山とよび，一番低くなったところを谷とよぶことにする．山から山までのように空間的に繰り返す長さを波長といい，ここでは λ を用いる．また，綱は場所によって上下に位置を変えているが，平均の位置から最大に振れる幅を振幅という．このように，波の進行方向と媒質が振動する方向が直交している波を横波という．

波の進行方向と媒質が振動する方向が平行な波を縦波という (7.3 節参照).

図 (d) では，図 (e) に示すように，半径 A のハンドルが角速度 ω[rad/s] で左回りに回転して，$t=0$ でレバーが右端 (x 軸上) にあるとする．時刻 t のとき，レバーの位置は x 軸とのなす角 ωt [rad] 回転するから，レールの上下方向の変位 y は $y = A\sin\omega t$ で，$x=0$ における媒質の変位に対応している．これは単振動であり，1 回の振動に要する時間，すなわち周期を T [s] とすれば，1 周は 2π だから，角速度 ω は $\omega = 2\pi/T$ であり，$x=0$ における変位 y は

$$y = A\sin\frac{2\pi t}{T} \tag{7.1}$$

で表される．また，1 秒間に振動する回数を振動数といい，単位は [s^{-1}] であ

7.1 波とは

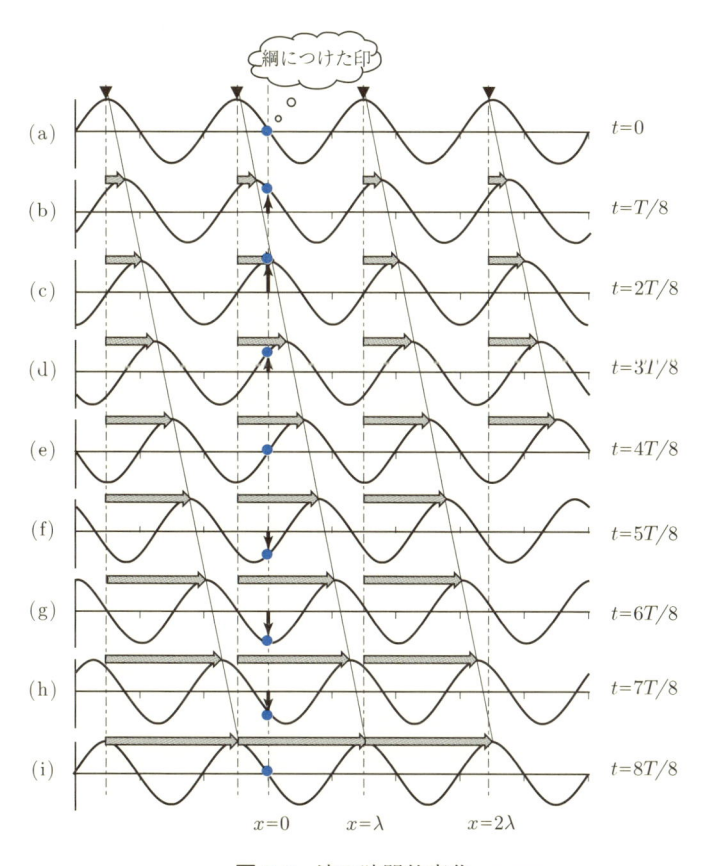

図 7.2 波の時間的変化

る．一般にこの単位を [Hz] (ヘルツ) といい，ここでは f で表す．f は周期 T [s] を用いて，$f = 1/T$ で計算される．

時刻 $t = 0$ における波の形を図 7.2 (a) に示す．▼で示した山の部分は，時刻 $t = T/8$ になると図 (b) に示すように，x 軸の正の方向に少し移動しているが，$x = 0$ の綱の位置につけた印は x 軸方向には移動しないで，y 軸方向に変位していることがわかる．同様に，時刻を $t = 2T/8, t = 3T/8, \cdots, t = 8T/8$ と 1 周期分進めていった波形を図 (c)〜(i) まで順に示す．綱につけた印は周期 T ごとにもとの位置に戻るが，▼印の山の部分は 1 波長分進んでいる．

では，印のことは忘れて，すべての位置 x における綱の変位 y に注目しよう．図 7.3 の破線は $t = 0$ における波形で，綱の任意の位置 x における変位 y を示している．これは波長 λ ごとに繰り返す関数

$$y = A \sin \frac{2\pi}{\lambda} x \tag{7.2}$$

である．この波は時間が t 進むと波形も進み，図 7.3 の実線のようになる．波が進む速さを位相速度というが，周期 T の間に波長 λ 進むから，位相速度 v は

$$v = \frac{\lambda}{T} \tag{7.3}$$

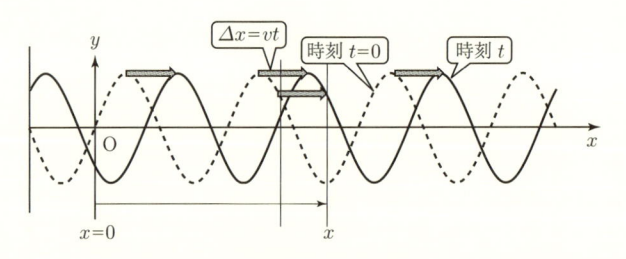

図 7.3 波の式

である．時間 t で進む距離は vt であり，時間が t たったときの波形は式 (7.2) を x 方向に vt だけ平行移動した関数

$$y = A\sin\left\{\frac{2\pi}{\lambda}(x-vt)\right\} = A\sin\left\{\frac{2\pi}{\lambda}\left(x-\frac{\lambda t}{T}\right)\right\}$$
$$= A\sin\left\{2\pi\left(\frac{x}{\lambda}-\frac{t}{T}\right)\right\} \tag{7.4}$$

で表される．このように，変位など物理量を座標と時間の関数で表した式を**波の式** (**波動関数**) という．

[**例題 7.1**] 静かな池のほとりにいて，ちょうど 10.0 [m] 沖に石を投げたところ，波面が岸に到達するのに 5.00 [s] かかった．また，波の山と山の距離を測ったら 20.0 [cm] であった．このとき，この波の波長，位相速度，振動数，周期を求めよ．ただし，水深は均一とする．

[**解**] 題意から，波の波長 $\lambda = 0.200$ [m]，位相速度 $v = 10.0$ [m]/5.00 [s] = 2.00 [m/s],

$$振動数\ f = \frac{位相速度}{波長} = \frac{2.00\ [\text{m/s}]}{0.200\ [\text{m}]} = 10.0\ [\text{s}^{-1}],$$

$$周期\ T = \frac{1}{振動数} = \frac{1}{10.0\ [\text{s}^{-1}]} = 0.100\ [\text{s}]. \qquad \square$$

7.2 弦を伝わる横波

琴やギターなどの弦楽器はピンと張った弦を弾いて音を出す．音の高さは，弦の張り具合や弦の材質や太さで調整している．ここでは，弦を伝わる波の原理を探ってみよう．

図 7.4 (a) のように，弦の片方を固定し，もう一方に滑車を通しておもりを吊るして一定な力 F を加えている．このとき，弦のどの点をとっても，大きさ F の力が作用・反作用の法則でつり合っている．この弦を弾いて振動している瞬間の弦の一部を図 (b) に示す．弦の方向を x 軸にとり，弦を弾く方向を y 軸にする．弦の位置 x と $x+dx$ の間の素材は，点 x から弦に沿って負の方向に働いている張力と，点 $x+dx$ で弦に沿って正の方向に働いている張力の合力によって運動している．弦の張力 F は弦の接線方向で，どの部分をとっても一様なので，長さ dx の部分に働く y 軸方向の力は $F\sin\theta' - F\sin\theta$ であ

7.2 弦を伝わる横波

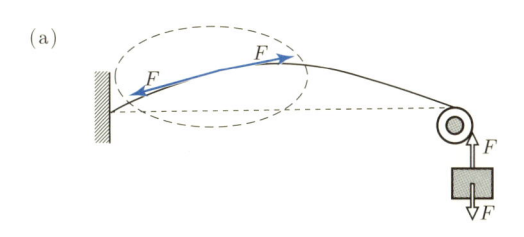

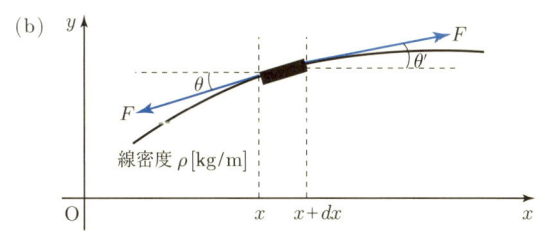

図 7.4 弦の振動

り，長さ dx の素材の質量を dm とすれば，y 軸方向の運動方程式は

$$dm\frac{\partial^2 y}{\partial t^2} = F\sin\theta' - F\sin\theta \tag{7.5}$$

である*1．ここで，θ, θ' は微小であるので，$\cos\theta \fallingdotseq 1, \cos\theta' \fallingdotseq 1$ となり　　章末の注釈参照

$$\sin\theta \fallingdotseq \frac{\sin\theta}{\cos\theta} = \tan\theta = \left(\frac{\partial y}{\partial x}\right)_x, \quad \sin\theta' \fallingdotseq \frac{\sin\theta'}{\cos\theta'} = \tan\theta' = \left(\frac{\partial y}{\partial x}\right)_{x+dx} \tag{7.6}$$

が成り立つ．ただし，$\left(\frac{\partial y}{\partial x}\right)_x$ は点 x における弦の傾きを表している．また，単位長さあたりの質量 (線密度) を ρ [kg/m] とすれば，x と $x+dx$ 間に含まれる弦の長さは θ, θ' が微小なので dx とし，その質量 dm は $dm = \rho\, dx$ であることに注意し，$\left(\frac{\partial y}{\partial x}\right)_{x+dx}$ をテイラー展開*2 すると　　章末注釈参照

$$\begin{aligned}\rho\, dx \frac{\partial^2 y}{\partial t^2} &= F\left\{\left(\frac{\partial y}{\partial x}\right)_{x+dx} - \left(\frac{\partial y}{\partial x}\right)_x\right\} \\ &= F\left\{\left(\frac{\partial y}{\partial x}\right)_x + \left(\frac{\partial^2 y}{\partial x^2}\right)_x dx + \frac{1}{2}\left(\frac{\partial^3 y}{\partial x^3}\right)_x (dx)^2 + \cdots - \left(\frac{\partial y}{\partial x}\right)_x\right\}\end{aligned} \tag{7.7}$$

である．右辺の dx の 2 次以降は微小なので無視すると

$$\rho\frac{\partial^2 y}{\partial t^2} = F\frac{\partial^2 y}{\partial x^2} \tag{7.8}$$

を得る．これを**波動方程式**という．

微分方程式 (7.8) の解の 1 つは，式 (7.4) であることは容易にわかる．式 (7.4) を時間 t と座標 x でそれぞれ 2 階微分すると

$$\frac{\partial^2 y}{\partial t^2} = -\left(-\frac{2\pi}{T}\right)^2 A\sin\left\{2\pi\left(\frac{x}{\lambda} - \frac{t}{T}\right)\right\}, \tag{7.9}$$

$$\frac{\partial^2 y}{\partial x^2} = -\left(\frac{2\pi}{\lambda}\right)^2 A \sin\left\{2\pi\left(\frac{x}{\lambda} - \frac{t}{T}\right)\right\} \tag{7.10}$$

となる．これを式 (7.8) に代入すると

$$\rho\left(\frac{2\pi}{T}\right)^2 = F\left(\frac{2\pi}{\lambda}\right)^2 \tag{7.11}$$

を得る．また

$$\frac{F}{\rho} = \left(\frac{\lambda}{T}\right)^2 = v^2 \tag{7.12}$$

となり，位相速度 v は $v = \sqrt{\frac{F}{\rho}}$ である．ここで，v は弦を伝わる横波の速さを表していて，弦の張力 F [N] と線密度 ρ [kg/m] によって波の速さが決まる．

[例題 7.2] 密度 7.90 [g/cm^3]，直径 1.00 [mm] のピアノ線に，質量 50.0 [kg] の物体を吊り下げた．このとき，このピアノ線に伝わる横波の速さを求めよ．

[解] 張力 F は，50.0 [kg] の物体に働く重力なので

$$F = mg = 50.0 \text{ [kg]} \times 9.80 \text{ [m/s}^2\text{]} = 490 \text{ [N]}$$

線密度 ρ は

$$\rho = \frac{7.90 \text{ [g/cm}^3\text{]} \times 10^{-3} \text{ [kg/g]}}{10^{-6} \text{ [m}^3\text{/cm}^3\text{]}} \times 3.14 \times \left(0.500 \times 10^{-3} \text{ [m]}\right)^2$$
$$= 6.20 \times 10^{-3} \text{ [kg/m]}$$

したがって，ピアノ線を伝わる横波の速さ v は

$$v = \sqrt{\frac{F}{\rho}} = \sqrt{\frac{490 \text{ [N]}}{6.20 \times 10^{-3} \text{ [kg/m]}}} = \sqrt{7.90 \times 10^4 ([\text{m/s}])^2} = 2.81 \times 10^2 \text{ [m/s]}. \quad \Box$$

7.3 棒を伝わる縦波

音は空気の振動が伝わる波であるが，太鼓を打った場合からわかるように，空気の振動は音が伝わる方向と平行である．このような波を縦波という．

図 7.5 は，断面積 S，ヤング率 E，密度 ρ の長い棒の一部で，長さ方向を x 座標にしている．棒の断面を槌で叩くと x 方向に一瞬縮むが，すぐにもとに戻

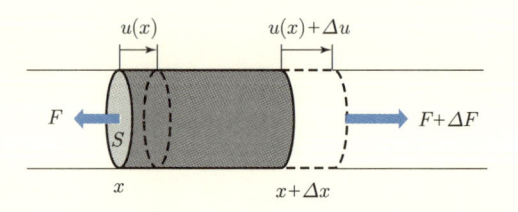

図 7.5 棒を伝わる縦波

7.3 棒を伝わる縦波

る．縮んだ部分は x 方向に進んで伝わる．これも縦波である．縦波が伝わっている棒の位置 x から長さ Δx の円柱部分に着目してみよう．円柱の位置 x に力 F が加わって $u(x)$ 変位し，位置 $x + \Delta x$ の点で力 $F + \Delta F$ の力が加わって $u(x) + \Delta u$ 変位したとする．これは，断面積 S，長さ Δx の棒が力 F によって，Δu の伸びが生じたことになる．したがって，フックの法則により

$$\frac{F}{S} = E\frac{\Delta u}{\Delta x} \tag{7.13}$$

と書けるが，Δx を 0 に近づけると右辺は x における微分形で書けるので

$$F(x) = ES\left(\frac{\partial u}{\partial x}\right)_x \tag{7.14}$$

である．同様に，$x + \Delta x$ における力 $F(x + \Delta x)$ は

$$F(x + \Delta x) = ES\left(\frac{\partial u}{\partial x}\right)_{x+\Delta x} \tag{7.15}$$

であるから，$\left(\dfrac{\partial u}{\partial x}\right)_{x+\Delta x}$ をテイラー展開し Δx の 2 次以降を省略すると，ΔF は

$$\begin{aligned}\Delta F &= F(x + \Delta x) - F(x) \\ &= ES\left\{\left(\frac{\partial u}{\partial x}\right)_{x+\Delta x} - \left(\frac{\partial u}{\partial x}\right)_x\right\} = ES\left(\frac{\partial^2 u}{\partial x^2}\right)\Delta x\end{aligned} \tag{7.16}$$

となる．この力 ΔF によって長さ Δx の円柱部分が運動しているから，円柱部分の質量は $\rho S \Delta x$，円柱の変位 u の加速度は $\dfrac{\partial^2 u}{\partial t^2}$ であることより，ニュートンの運動方程式に当てはめると

$$\Delta F = ES\left(\frac{\partial^2 u}{\partial x^2}\right)\Delta x = \rho S \Delta x\left(\frac{\partial^2 u}{\partial t^2}\right) \tag{7.17}$$

となり

$$\frac{\partial^2 u}{\partial t^2} = \frac{E}{\rho}\frac{\partial^2 u}{\partial x^2} \tag{7.18}$$

となる．これが棒を伝わる縦波の波動方程式であり，その解の 1 つは

$$u(x, t) = A\sin\left\{2\pi\left(\frac{x}{\lambda} - \frac{t}{T}\right)\right\} \tag{7.19}$$

である．$u(x, t)$ は，棒の x の位置の時刻 t における静止状態から x 方向への変位であり，波の進行方向に平行である．横波の波動方程式と同様に，式 (7.19) を式 (7.18) に代入して係数を比較すれば，位相速度 v として

$$v = \sqrt{\frac{E}{\rho}} \tag{7.20}$$

を得る．したがって，ヤング率が大きくて (硬い)，軽い材料ほど波の速さは速いことがわかる．

[例題 7.3] レールに使っている鋼鉄のヤング率は 21.0×10^{10} [N/m^2] である．レールを叩いて 2.00 [km] 先の駅に縦波が届く時間を求めよ．ただし，鋼鉄の密度は 7.87 [g/cm^3] とする．

[解] 縦波の速さ v は

$$v = \sqrt{\frac{E}{\rho}} = \sqrt{\frac{21.0 \times 10^{10} \text{ [N/m}^2\text{]}}{7.87 \times 10^{-3} \text{ [kg]}/10^{-6} \text{ [m}^3\text{]}}}$$
$$= \sqrt{2.668 \times 10^7 \text{ [m/s]}^2} = 5.17 \times 10^3 \text{ [m/s]}$$

したがって，縦波が 2.0 [km] 進むのにかかる時間 t は

$$t = \frac{s}{v} = \frac{2.00 \times 10^3 \text{ [m]}}{5.17 \times 10^3 \text{ [m/s]}} = 0.387 \text{ [s]}. \qquad \square$$

7.4 波の性質

波には，音の波，光の波，電気の波などさまざまであるが，波の現象は数式を使って表現する場合，全く同じである．ここでは，波としての共通な性質について学ぶ．

7.4.1 重ね合わせの原理

自然界では通常複数の波が同時に存在する．海や池で見られる波は複雑な形をしている．図 7.6 のように，1 つのひもに左右から 2 つの波 $y_1 = f_1(x,t)$, $y_2 = f_2(x,t)$ が近づき，重なると大きくなるが，通り過ぎると，またもとの形に戻る．このように，波の変位は同時に存在する波の和になることがわかる．つまり，重なってできる波の変位を y とすると

$$y = f_1(x,t) + f_2(x,t) \tag{7.21}$$

で表される．これを波の重ね合わせの原理という．

図 7.7 のように，均一な媒質の 2 点 A, B を同時に振動させて振動数 f の波が同心円状に広がっているとする．媒質が均一ならば位相速度は等しいので，2 つの波の波長も等しく λ とする．また，振動数 f は単位時間に振動する回数なので，1 回振動する時間 (周期) T との関係は $T = 1/f$ であることにも注意しておこう．点 A からの距離 r_1, 点 B からの距離 r_2 の点 P では，点 A からの波 $y_1 = A\sin\left\{2\pi\left(\dfrac{r_1}{\lambda} - ft\right)\right\}$ と，点 B からの波 $y_2 = A\sin\left\{2\pi\left(\dfrac{r_2}{\lambda} - ft\right)\right\}$ の両方を受けていて，点 P の変位 y はその和であるから

$$\begin{aligned}
y &= y_1 + y_2 \\
&= A\sin\left(\frac{2\pi r_1}{\lambda} - 2\pi ft\right) + A\sin\left(\frac{2\pi r_2}{\lambda} - 2\pi ft\right) \\
&= 2A\sin\left\{\frac{\pi}{\lambda}(r_1 + r_2) - 2\pi ft\right\}\cos\left\{\frac{\pi}{\lambda}(r_1 - r_2)\right\}
\end{aligned} \tag{7.22}$$

図 7.6 波の重ね合わせの原理

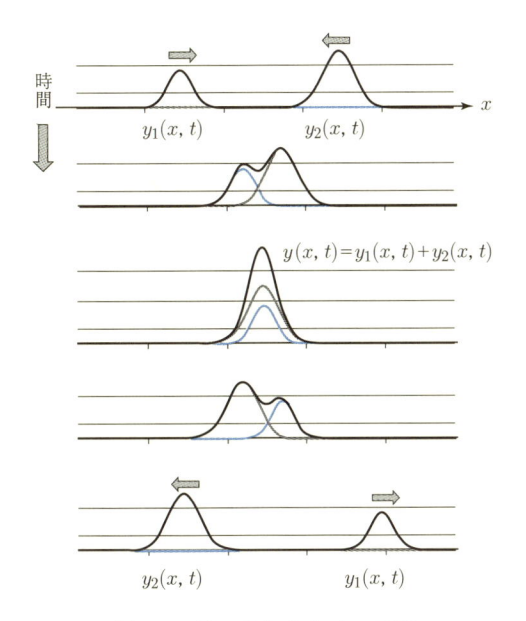

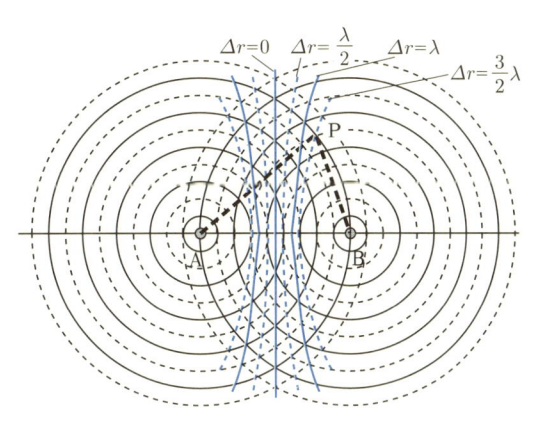

図 7.7 波の干渉

となる．式 (7.22) からわかるように，位置 r_1, r_2 が決まれば，その点の媒質は $\sin(-2\pi ft)$ に従って振動しているが，その振幅は $\left|2A\cos\left\{\dfrac{\pi}{\lambda}(r_1-r_2)\right\}\right|$ であるから，$\cos\left\{\dfrac{\pi}{\lambda}(r_1-r_2)\right\} = \pm 1$, すなわち $|r_1-r_2| = n\lambda$ ($n = 0, 1, 2, \cdots$) を満たす場所では (図 7.7 では実線の同心円が交差した点を結んだ線上), 振幅は最大である．$\cos\left\{\dfrac{\pi}{\lambda}(r_1-r_2)\right\} = 0$, すなわち $|r_1-r_2| = (2n+1)\lambda/2$ ($n = 0, 1, 2, \cdots$) を満たす場所では (図 7.7 では実線の同心円と破線の同心円が交差した点を結んだ線上), 振幅 0 となり，波がなくなる．このような現象を**波の干渉**という．

次に，振幅 A, 位相速度 v は等しいが，振動数が f_1, f_2 とわずかに異なる 2 つの波を重ね合わせてみよう．

図 7.8 (a), (b) は，ある場所で受けている 2 つの波の時間変化である．2 つの波を重ねて表示すると図 (c) のようになり，周期がずれていることがわかる．2 つの波 $y_1 = A\sin\left\{2\pi f_1\left(\dfrac{x}{v}-t\right)\right\}$ と $y_2 = A\sin\left\{2\pi f_2\left(\dfrac{x}{v}-t\right)\right\}$ の和は

$$\begin{aligned}y &= A\sin\left\{2\pi f_1\left(\frac{x}{v}-t\right)\right\} + A\sin\left\{2\pi f_2\left(\frac{x}{v}-t\right)\right\} \\ &= 2A\sin\left\{2\pi\left(\frac{f_1+f_2}{2}\right)\left(\frac{x}{v}-t\right)\right\}\cos\left\{2\pi\left(\frac{f_1-f_2}{2}\right)\left(\frac{x}{v}-t\right)\right\}\end{aligned} \quad (7.23)$$

となり，関数 $\sin\left\{2\pi\left(\dfrac{f_1+f_2}{2}\right)\left(\dfrac{x}{v}-t\right)\right\}$ は振動数 $\dfrac{f_1+f_2}{2}$ で振動していることを示していて，図 (d) の速い振動になる．$\cos\left\{2\pi\left(\dfrac{f_1-f_2}{2}\right)\left(\dfrac{x}{v}-t\right)\right\}$ は振動数 $\dfrac{|f_1-f_2|}{2}$ の振動であるが，余弦関数の 1 周期に 2 回振幅が大きくなるので，$|f_1-f_2|$ の周期で振幅が大きくなる．振動数の差 $|f_1-f_2|$ は小さいので図 (d) のゆっくりした振動になる．したがって，図 (d) からわかるように，振

図 7.8 うなり

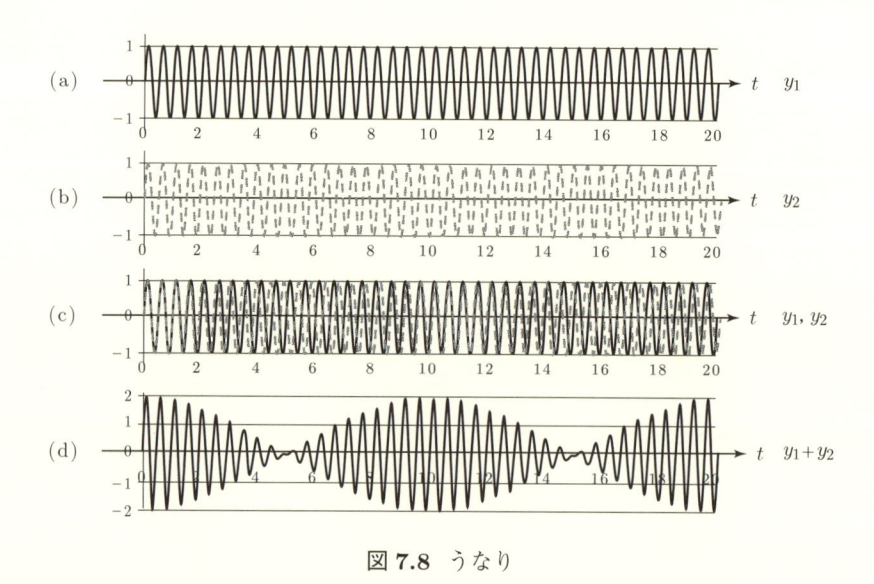

動数の高い波の振幅が時間的にゆっくり変化している．これを**うなり**という．

図 7.9 (a) では，時刻 $t=0$ で波 $y_1 = A\sin\left(2\pi f \dfrac{x}{v}\right)$ と $y_2 = A\sin\left(2\pi f \dfrac{x}{v} + \phi\right)$ があり，時刻 t になると前者は波の速さ v で右に進み，後者は左に進むとする．時間 t に進む距離は vt であり，右に進む波は波の式を x 軸の正方向へ vt 平行

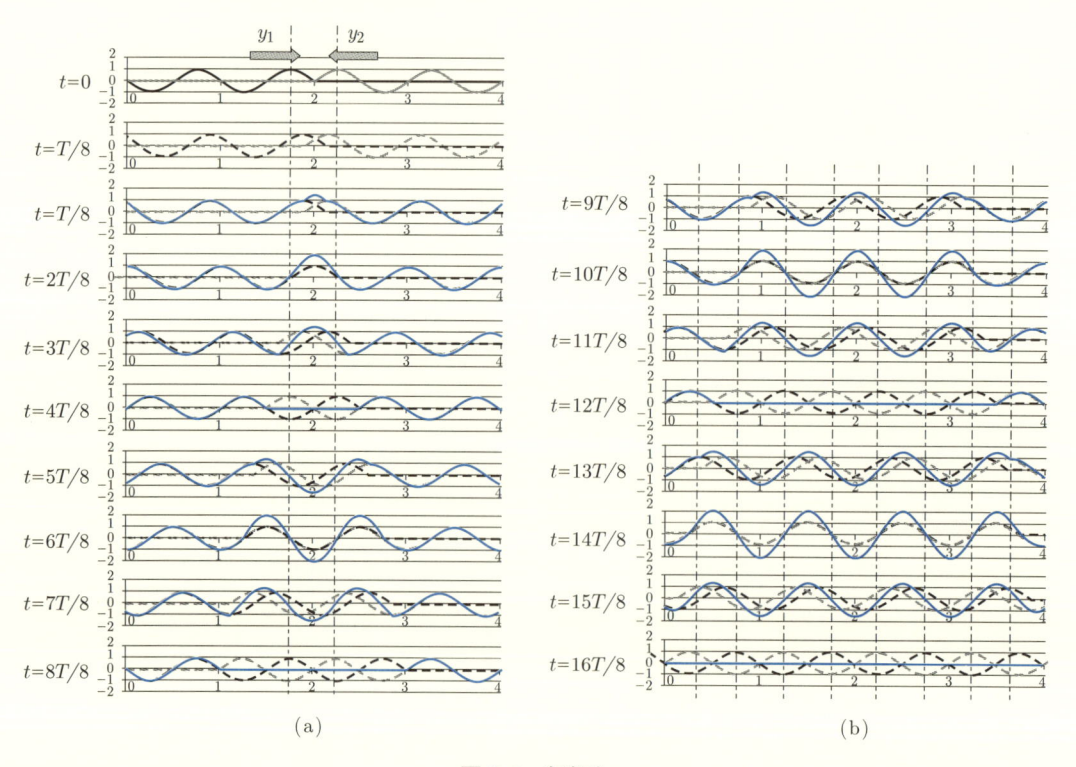

図 7.9 定常波

移動し，左に進む波は x 軸の負方向へ vt 平行移動して表される．すなわち

$$y_1 = A\sin\left\{2\pi f \frac{(x-vt)}{v}\right\}, \quad y_2 = A\sin\left\{2\pi f \frac{(x+vt)}{v} + \phi\right\} \quad (7.24)$$

となる．図 (a) は 2 つの波が $x=2$ で出会った瞬間を示している．それから，周期 T の 8 分の 1 たった時刻 $t=T/8$ になって，2 つの波が進んだ様子を破線で示している．次に示した $t=T/8$ の図は 2 つの波を重ねた結果を実線で示している．さらに，下に続く図は，時刻が $T/8$ 進むごとに重ね合わせた波形を示している．$t=4T/8$ では右に進む波と左に進む波の変位が互いに反対になっているため，重なり合った部分の変位はどこも 0 になっている．$t=8T/8$，すなわち 1 周期たつと，重なり合った部分は 2 波長分になるが，ここでも 2 波長分の変位がすべて 0 になっている．このように，2 分の 1 周期ごとに媒質の変位が 0 の状態を通過して振動していることがわかるが，図 (a) で縦に引いた破線の位置に注目してみると，いつも重ね合わせた波形の変位が常に 0 であることに気づく．一般に，2 つの波を重ねると

$$\begin{aligned} y &= y_1 + y_2 \\ &= A\sin\left\{2\pi f\left(\frac{x}{v}-t\right)\right\} + A\sin\left\{2\pi f\left(\frac{x}{v}+t\right)+\phi\right\} \\ &= 2A\sin\left(\frac{2\pi f x}{v}+\frac{\phi}{2}\right)\cos\left(2\pi f t+\frac{\phi}{2}\right) \end{aligned} \quad (7.25)$$

となる．この式をみてわかるように，位置 x の関数 $2A\sin\left(\frac{2\pi f x}{v}+\frac{\phi}{2}\right)$ が位置 x における振幅に対応しているので，振幅が $2A$ になる点と 0 になる点を繰り返していて，それらの点をそれぞれ，腹，節という．位置の関数からわかるように，正弦関数は 1 波長で 2 回 0 の値をとるので，腹と腹または節と節の間隔は半波長である．このように，振動しない部分が固定して振動部分が移動しないように見える波を定在波または定常波という．

7.4.2 回　　折

静かな水面に水滴を落とすと同心円状に波が広がっていくのを観測できる．これは，波の山の部分の連なりと谷の部分の連なりが，時間とともに広がっていく様子である．波の変位の位相が等しい点の集合を波面という．図 7.10 のように，ある瞬間に観測される波面のすべての点から新しい円形の波が発生すると解釈し，これを素元波という．同時刻に 1 つの波面から生じた素元波は同位相なので，すべての素元波に接する曲面 (包絡面) が新しい波面を形成する．これをホイヘンスの原理という．

図 7.11 のように，波は障害物があってもその障害物の陰にも波はできる．これは障害物に近い点からできた素元波は回り込んでいるからである．このように，波が障害物の陰に回り込む現象を回折という．

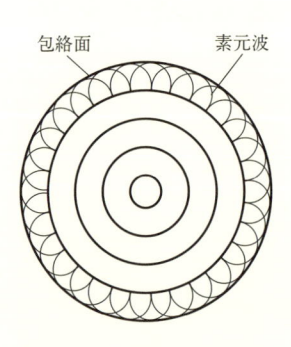

図 7.10 素元波と包絡線

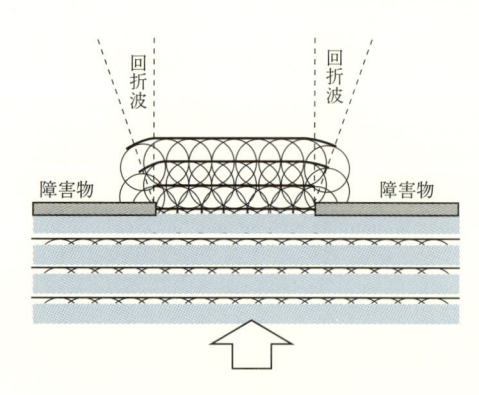

図 7.11 回折波

7.4.3 反射の法則

媒質が無限に広がり，障害物がなければ，波はどこまでも同じ速さで波長も変わらずに進んでいくが，媒質の密度が変化する境界や媒質が途切れると，波は反射したり屈折したりする．まず，綱に伝わる波の反射から考える．

図 7.12 (a) のように，綱の右端を壁に釘で留めて左端を上下に 1 回振って波を 1 つつくると，波は右に進んで釘に当たる．釘は固定しているので，綱の変位が常に 0 になる．このような媒質の端を固定端という．固定端の変位が 0 であることを説明するには，図 7.12 (b) のように，釘の位置を点対称の点とした波が右から左へ進行していると解釈するとよい．右からの波は位相が 180°ずれていて，釘での変位は常に 0 になっている．波が進むと右からの波が綱に反映され，下向きの波として現れる．この波を反射波という．

次に，綱の右端がフックに止められ，縦方向のレールを上下に自由に動けるようになっている場合を考えよう．このような媒質の端を自由端という．図 7.13 (a) のような，上向きの波は上向きに運動する力と平均の位置にある媒質から下向きの力でつり合っているが，フックに達するとフックの右側では媒質がないため上向きに大きく運動することになる．このことを説明するには，

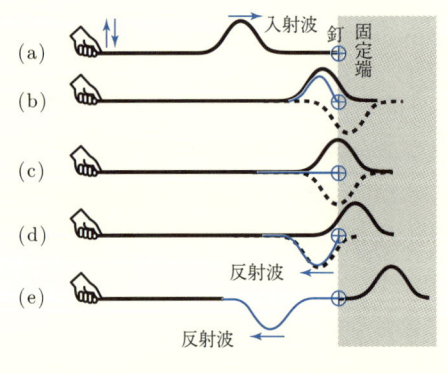

図 7.12 綱の固定端

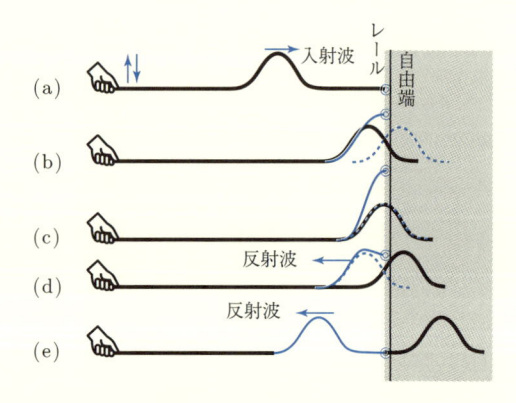

図 7.13 綱の自由端

7.4 波の性質

フックをつけた壁面を面対称にした波が右から左へ進行して，綱の波と重ね合わせた結果であると解釈するとよい．右からの波は位相が同じなので，常に変位を強め合うように働いている．左右の波が互いに通り過ぎると，図 7.13 (e) のように，綱には左に進行する波が現れる．

　反射は 2 次元に広がる波でも起こる．いま，波面が 1 直線の波が平らな障害物に向かって斜めに進んでいるとする．波面に垂直な方向を射線という．すなわち，波は射線の方向に進んでいる．図 7.14 のように，平らな障害物の面の法線に対して射線の角度 (入射角) i で連続して進む波を考える．簡単のために，入射線①，②の間の波面に着目する．射線に直交した破線は波面である．入射波面 AB の点 B が障害物に当たった瞬間にできた素元波に着目する．この素元波は点 B を中心に広がる．同様に，波面 AB は次々に障害物に当たって素元波を形成していく．その素元波の包絡線が反射波面であり，その波を反射波という．入射波面の点 A が障害物の点 A′ に達したとき，点 B から発生した素元波の反射波面上の点を点 B′ とする．反射波の速さは入射波と同じであるから，BB′ = AA′ である．反射波の射線 (反射線) と法線とのなす角を反射角といい，ここでは i' で表す．△A′B′B と △BA′A において，∠A′AB = ∠A′B′B = 90°，AA′ = BB′，A′B は共通なので，△A′B′B と △BA′A は合同であるから，「入射角 i (∠ABA′) と反射角 i' (∠BA′B′) は等しい」ことがわかる．これを反射の法則という．

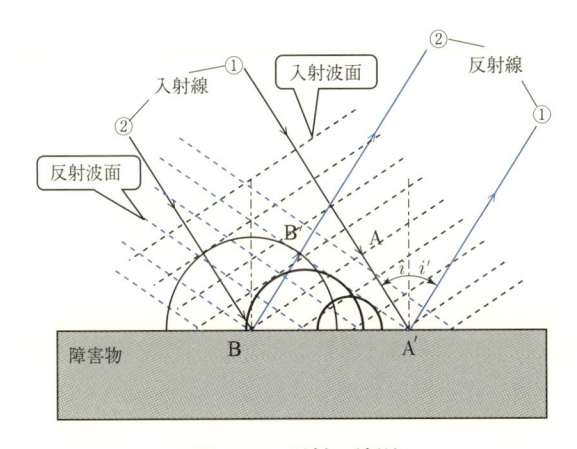

図 7.14　反射の法則

7.4.4　屈　　折

　図 7.15 のように，波の速さ v_1 の媒質 I から波の速さ v_2 の媒質 II に，平面波が入射角 i で入射する場合を考える．媒質 I 側の波面 AB の点 B が境界線上に達してから，点 A が境界線に達するには，媒質 I 中の波は AA′ 進まなければならない．その時間は $\dfrac{\mathrm{AA'}}{v_1}$ であるから，その間に波面の点 B は媒質 II 中を

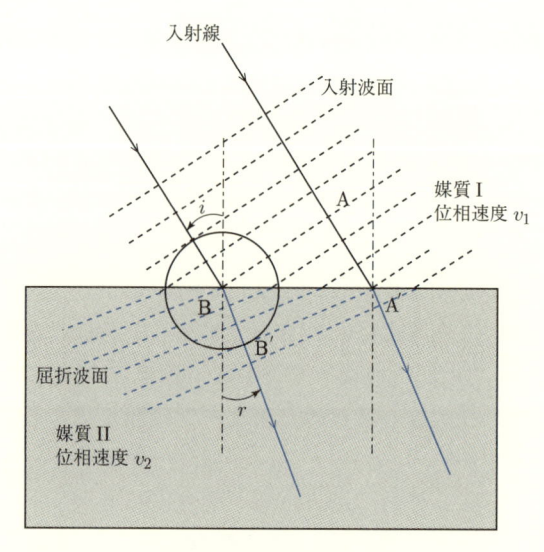

図 7.15 屈折の法則

速さ v_2 で進むため，その距離 BB′ は BB′ $= v_2 \dfrac{\text{AA}'}{v_1}$ である．この関係式を変形して

$$\frac{\text{AA}'}{\text{BB}'} = \frac{v_1}{v_2} \tag{7.26}$$

を得る．ここで，媒質 II 中の射線と法線とのなす角を屈折角とよび，r で表すことにする．図 7.15 からわかるように，AA′ = A′B $\sin i$，BB′ = A′B $\sin r$ であることから，式 (7.26) に代入して

$$\frac{\sin i}{\sin r} = \frac{v_1}{v_2} = n_{12} \tag{7.27}$$

を得る．ここで，n_{12} は媒質の組み合わせによって決まる定数で，媒質 I に対する媒質 II の相対屈折率という．もし，$n_{12} < 1$ ならば，すなわち $v_1 < v_2$ ならば，入射角 i を大きくしていくと，$i < 90°$ でも屈折角 r が $90°$ を超える事態が起こる．このような場合，波は媒質 I から媒質 II に進むことができず，反射の法則に従って媒質 I 側に反射する．これを全反射といい，このときの入射角 i を臨界角という．

7.5 音　　波

波の中でも，空気を伝わって耳に感じる原因になっている現象を音波とよんでいる．直接，人の耳に聞こえない犬笛の音やコウモリが発する鳴き声なども同じ現象なので音波である．すなわち，気体の密度変化が伝わる現象が音波である．太鼓を叩いたとき，膜が空気を押し出し，膜の面に平行に密な面ができる．膜はすぐに戻るので，空気を引き戻そうとして，疎な部分が生じる．この繰り返しが伝わっているのである．気体分子が振動する方向と疎密が伝わる方

7.5 音波

向が平行なので，音波は縦波である．また，イルカは海中で声を出している．海中では海水が媒質であり，海水の分子の振動の方向は音波が伝わる方向と同じである．同様に，金属やガラスなどの個体でも音波は縦波として伝わる．

犬笛の音やコウモリが発する鳴き声のように，人の耳に聞こえないような振動数の高い音波を超音波というが，医療器具や魚群探知機などに広く用いられている．

7.5.1 音　速

音波は気体の圧縮・膨張の繰り返しなので体積弾性率に依存する．ここでは議論しないが，7.3 節と同じような議論をすれば，体積弾性率 $\kappa = -\dfrac{\Delta p}{\Delta V/V}$ や気体の密度 ρ を用いて，位相速度 v は

$$v = \sqrt{\dfrac{\kappa}{\rho}} \tag{7.28}$$

体積弾性率については 6.2 節参照．

となる．音波は非常に速い圧縮・膨張の繰り返しなので断熱過程 *3 である．断熱過程の状態方程式は $pV^\gamma = \text{const.}$ であるから，$\dfrac{\Delta p}{\Delta V} = \dfrac{dp}{dV}$ として計算すれば

$$\kappa = -V\dfrac{\Delta p}{\Delta V} = -V \times \left(-\dfrac{\gamma \cdot \text{const.}}{V^{\gamma+1}}\right) = \gamma p \tag{7.29}$$

章末注釈参照

γ は定圧比熱 C_p と定積比熱 C_v との比である．すなわち

$$\gamma = \dfrac{C_\mathrm{p}}{C_\mathrm{v}}$$

となる．密度 ρ は，分子量 M，理想気体の状態方程式 $pV = nRT$ ならば

$$\rho = \dfrac{nM}{V} = \dfrac{Mp}{RT} \tag{7.30}$$

であるから，これらを式 (7.28) に代入して

$$v = \sqrt{\dfrac{\gamma RT}{M}} \tag{7.31}$$

を得る．したがって，式 (7.31) から，気体分子が決まれば音速は温度にのみ依存することがわかる．水蒸気を含んでいないような理想的な 0 [°C] の大気の場合，比熱比 $\gamma = 1.40$，気体定数 $R = 8.31$ [N·m/(mol·K)]，絶対温度 $T = 273$ [K]，平均分子量 $M = 28.0 \times 10^{-3}$ [kg] を代入すれば，音速 u は $u = 337$ [m/s] になる．

7.5.2 音　圧

音波は部分的に生じた圧力変化が伝わっているが，耳の鼓膜はその圧力変化に伴って振動し，音の大きさを感じている．音のない大気の圧力が p_0 のところで，音が発生して圧力が p になったとき，音圧 Δp を $\Delta p = p - p_0$ とする．Δp は周期関数なので，Δp の振幅の $1/\sqrt{2}$ 倍を実効値 P_e として用いる．人が

聞こえる最小の音圧 P_{e_0} は $P_{e_0} = 2 \times 10^{-5}$[Pa] といわれていて，これを基準にして音圧レベル L を

$$L = 20 \log_{10} \frac{P_e}{P_{e_0}} \tag{7.32}$$

として定義し，単位を [dB] (デシベル) としている．

7.5.3 ドップラー効果

近づいてくる電車の警笛の音は高いが，通り過ぎると低くなる．このような現象について考えてみよう．

図 7.16 のように，電車が警笛を鳴らして速度 v で走っている．警笛の振動数は f で，音速を u とすると，止まった電車が鳴らした警笛の音の波長 λ は

$$\lambda = \frac{u}{f} \tag{7.33}$$

である．この電車が走りながら警笛を鳴らすと，進行方向に出した波面はその瞬間から音速 u で前方へ進み，周期 T の間に進む距離は 1 波長 λ であるが，電車が次の波面を出すまでの 1 周期の間に電車は vT 進んでいる．その点で次の波面を出すので，電車の前方で聞いている人が聞く音の波長 λ' は

$$\lambda' = uT - vT = \frac{u-v}{f} \tag{7.34}$$

である．この波長の音を音速 u の大気で聞いているから，電車の前方で聞いている人が聞く音の振動数 f' は

$$f' = \frac{u}{\lambda'} = \frac{fu}{u-v} \tag{7.35}$$

となり，警笛が発信している音の振動数よりも高い音になっていることがわかる．また，電車が遠ざかる場所で聞いている人が聞く音の振動数 f'' は，同様

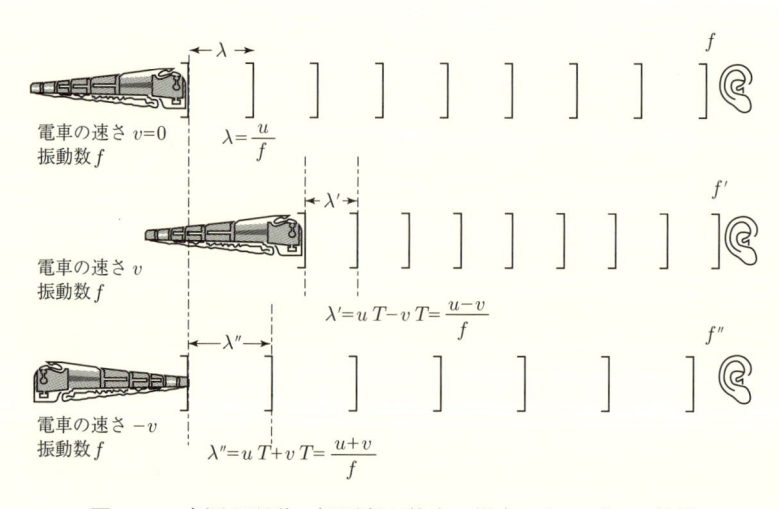

図 **7.16** 音源が運動，観測者が静止の場合のドップラー効果

7.5 音 波

にして求められるが

$$f'' = \frac{fu}{u+v} \tag{7.36}$$

となり，警笛が発信している音の振動数よりも低くなることがわかる．このような現象を**ドップラー効果**という．

ドップラー効果は，音源が静止していて，人が動いている場合でも起こる．図 7.17 のように，人が速さ v で遠ざかっている場合，時刻 $t = 0$ で波面①が鼓膜に達したとする．次の波面②を鼓膜が受けるまでに時間が T' かかると，鼓膜は vT' 進み，λ だけ後ろにあった波面②は uT' 進んでいる．したがって，$uT' = \lambda + vT'$ であるから，音源から遠ざかる人が聞く音の振動数 f' は

$$f' = \frac{1}{T'} = \frac{u-v}{\lambda} = \frac{(u-v)f}{u} \tag{7.37}$$

となり，音源の振動数より低くなることがわかる．また，人が音源に向かっている場合は $uT' + vT' = \lambda$ であることは容易にわかるであろう．したがって，音源に向かって近づいている人が聞く音の振動数 f'' は

$$f'' = \frac{(u+v)f}{u} \tag{7.38}$$

となり，音源の振動数より高くなる．

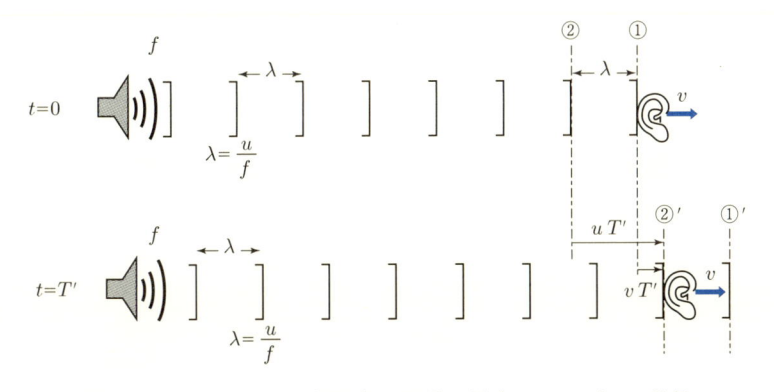

図 7.17 音源が静止，観測者が運動の場合のドップラー効果

> **発展課題**

図7.18のように,音源が静止していて,移動している物体から反射された音を音源の位置で受信する場合を考える.

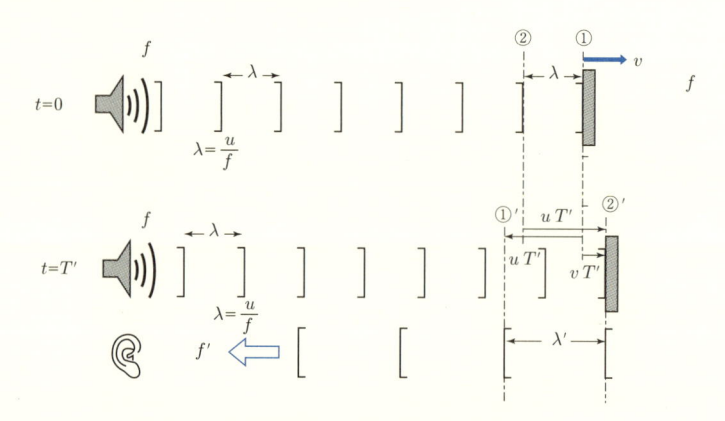

図 7.18 移動する物体から反射した音

音源の振動数 f,音速 u とする.音源側で静止している人から見ると,この音波の周期 $T = 1/f$,波長 $\lambda = u/f$ である.速度 v で遠ざかる反射板が1つの波面を反射して (図の $t = 0$),次の波面を反射するまでの時間を T' とすると,図の $t = T'$ にあるように,はじめの波面から λ だけ後ろにあった次の波面を受けるまでに音源の波面は uT' 進み,反射板は vT' 進んだことになる.したがって

$$uT' - vT' = \lambda \tag{7.39}$$

であるから,反射された音波の振動数 f' は

$$f' = \frac{1}{T'} = \frac{u-v}{\lambda} = \frac{(u-v)f}{u} \tag{7.40}$$

となり,遠ざかる反射板から反射された音波の振動数は低くなる.波長 λ' は

$$\lambda' = \frac{u}{f'} = \frac{u^2}{(u-v)f} \tag{7.41}$$

である.このことからわかるように,$v = u$ の場合,音速で遠ざかる物体に音は追いつけないので反射音は存在しないことになる.また,近づいてくる反射板からの振動数も同様に求められ

$$f' = \frac{(u+v)f}{u} \tag{7.42}$$

となり,音源の振動数より高くなる.

例えば,超音波を血流に沿って照射し,血液中の赤血球から反射する音波をとらえて血液の流速を測定する装置がある.これは振動数 f の超音波を血流に当てて跳ね返ってきた超音波の振動数 f' を測定することによって,式 (7.40) と式 (7.42) を変形した式

$$v = \left|\frac{f'}{f} - 1\right| u \tag{7.43}$$

から求められる．ここで，$\left(\dfrac{f'}{f} - 1\right) > 0$ ならば近づき，$\left(\dfrac{f'}{f} - 1\right) < 0$ ならば遠ざかる．

7.5.4 共　　鳴

　管楽器は，いろいろな形をした筒の一部に息を吹きかけ，空気を振動させて音を出している．音階は筒に穴を開けたり，長さを変えて決めている．

　図 7.19 (a) のように，単純な筒の開いた方に音源を置いて振動させると特定の振動数のときだけ，筒は大きな音を出す．このような現象を共鳴または共振という．筒の中で振動している気体を気柱という．筒の中を伝わる音は，図 (a) の筒左側のように閉じた壁でも，筒右側のような開いた口でも反射し，反対に進む．気柱の閉じた方を固定端という．開いた方を自由端というが，筒の中を伝わる音は両側で反射するので，筒の中には左右両方に進む波が存在して重なり合っている．式 (7.25) で示したように，同じ媒質中に左右の無限遠方から連続して進んでいる波は，決まった場所に振動の節と腹が $\lambda/4$ ごとに繰り返して存在する．有限な筒の両端で反射した波が無限遠方からの波と同じ扱いができるのは，振動数と反射のタイミングが合っている場合である．そのような条件の場合に共鳴し，固定端では節になり，自由端は腹にならなければならない．したがって，図 (a) のように，一方が固定端の筒の長さ L であれば，L は $\lambda/4$ の奇数倍になっていることがわかる．すなわち

$$L = \frac{(2n+1)\lambda}{4} \qquad (n = 0, 1, 2, 3, \cdots) \tag{7.44}$$

気柱の自由端で腹になる位置は，筒の切り口のちょうどにはなく，円筒ならばその半径 r の約 $0.6\,r$ だけ外側にある．

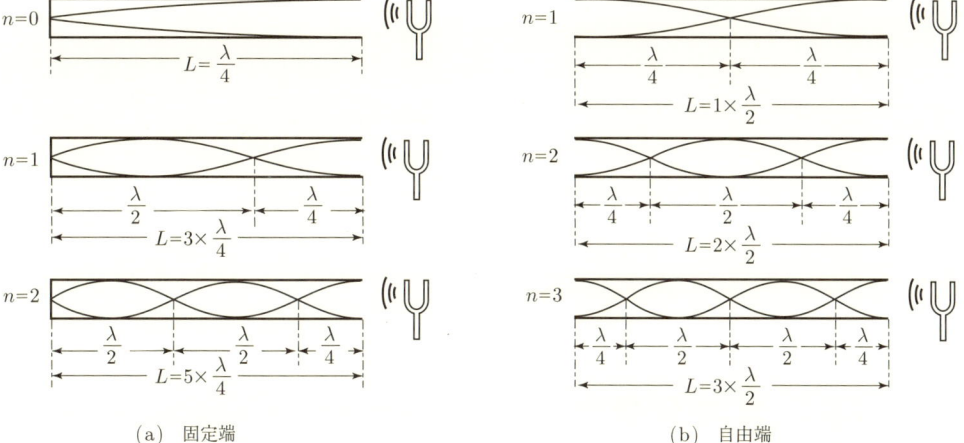

(a) 固定端　　(b) 自由端

図 **7.19**　気柱の共鳴

を満たす波長の音の場合だけ共鳴していることになる．このときの気体における音速を u とすれば，振動数 f_n は

$$f_n = \frac{u}{\lambda} = (2n+1)\frac{u}{4L} \qquad (n = 0, 1, 2, 3, \cdots) \tag{7.45}$$

となり，この気柱の<u>固有振動数</u>という．

また，両端が自由端ならば，図 7.19 (b) のように，気柱の両端が腹になるので，気柱の長さ L は $\lambda/2$ の整数倍であり

$$L = \frac{n\lambda}{2} \qquad (n = 1, 2, 3, \cdots) \tag{7.46}$$

である．このときの音速が u であれば，共振の振動数 f_n は

$$f_n = \frac{u}{\lambda} = \frac{nu}{2L} \qquad (n = 1, 2, 3, \cdots) \tag{7.47}$$

となる．

[例題 7.4] 管の片方にピストンをつけ，開いている口に振動している音叉を近づけ，ピストンを引き抜きながら気柱の長さを変えた．ピストンの壁の面が開いた口から 9.00 [cm] と 29.0 [cm] のところで気柱は共鳴した．この音叉の振動数を求めよ．ただし，そのときの音速は 340 [m/s] とする．また，開いた口のエッジが，ちょうど腹の中心でないことに注意すること．

[解] エッジから 9.00 [cm] の点が最初の節，29.0 [cm] の点が 2 番目の節なので，定常波の節間の長さは波長 λ の半分であることより，$\lambda/2 = 29.0 - 9.00 = 20.0$ [cm] である．よって，音の波長 λ は $\lambda = 40.0$ [cm] となる．したがって，振動数 f は

$$f = \frac{u}{\lambda} = \frac{340 \text{ [m/s]}}{0.400 \text{ [m]}} = 850 \text{ [s}^{-1}]. \qquad \Box$$

7.6 光　波

人間が行動する中で最も多くの情報を得ているのが視覚である．人類が生まれて以来，昼間の景色を見たり，夜の星を見て光を感じてきた．光は，私たちにとって欠かせないものであり，小さな子供は太陽の光やろうそくの光を赤や黄色のクレヨンで表現するし，物理学者は「光は波である」とか「粒子である」と言ったように，光を理解する概念はさまざまである．今や，私たちは，光がテレビや携帯電話などで使われる電波よりも波長の短い電磁波であることを知っていて，光特有の現象を光通信や分析機器などの道具に利用している．ここでは光の波としての現象を学ぶ．

7.6.1 光の伝播

光は真空でも伝わる．波の式で表す変位は電場 E または磁場 H であり，電場と磁場が互いに直交した面で変位している．そして，その変位の方向は光の

7.6 光波

進行方向に対して直角であるから，横波である．変位を電場 E としたとき，光速を c，波長を λ として，光の波の式は，式 (7.4) と同様に

$$E = E_0 \sin\left\{\frac{2\pi}{\lambda}(x - ct)\right\} \tag{7.48}$$

と書ける．視覚として感じる光は波長が 380〜770 [nm] の範囲に限られ，これを可視光とよんでいる．また，波長がおよそ 380〜0.1 [nm] の範囲の光を紫外線，およそ 770 [nm]〜0.1 [mm] の範囲の光を赤外線とよんでいる．

よく晴れた日は建物や人の影がくっきりできる．これは光がまっすぐ進んでいる証拠である．これを光の直進性という．また，光を鏡に当てると反射の法則に従って反射するが，その反射光の経路から光を逆に入射すれば，入射光の経路をたどって反射する．これを光の逆進性という．真空での光速 c_0 は $c_0 = 2.99792458 \times 10^8$ [m/s] と決められていて，自然界の定数の 1 つである．通常，光が通過できる物質中での光速 c は，c_0 より小さいことが知られている．式 (7.27) で示したように，光の波も速さの違う物質を通過するとき屈折する．いま，真空から光速 c_m の物質に入射した光の屈折率 n_m は

$$n_\mathrm{m} = \frac{c_0}{c_\mathrm{m}} = \frac{\lambda_0}{\lambda_\mathrm{m}} \tag{7.49}$$

となり，この真空に対する屈折率をその物質の絶対屈折率とよんでいる．あるいは単に，物質の屈折率という．入射側の物質の屈折率 n_i，屈折側の物質の屈折率 n_r とするとき，相対屈折率 n_ir は

$$n_\mathrm{ir} = \frac{c_\mathrm{i}}{c_\mathrm{r}} = \frac{c_0/c_\mathrm{r}}{c_0/c_\mathrm{i}} = \frac{n_\mathrm{r}}{n_\mathrm{i}} \tag{7.50}$$

となり，絶対屈折率の比である．通常，物質の屈折率は光の波長によって違うので，Na 原子が特異的に出している光 (波長 $\lambda = 589.3$ [nm]) で測定した値を用いて比較している．表 7.1 におもな物質の例を示す．

表 7.2 の例のように，物質の屈折率は波長によって異なる．通常の物質では，屈折率は波長の長い方が小さく，波長が短くなるにつれて大きくなる．図 7.20

表 7.1 物質の屈折率

物質	屈折率
水晶 (18 [°C])	1.5443
石英ガラス (18 [°C])	1.4585
ほたる石 (18 [°C])	1.4339
岩塩 (18 [°C])	1.5443
水晶 (20 [°C])	1.3330
空気 (0 [°C], 1 気圧)	1.000292

［国立天文台編「理科年表」(丸善) から引用］

表 7.2 屈折率の波長依存性

波長 (nm)	石英ガラス (18 [°C])	水 (20 [°C])
656.3	1.4564	1.3311
589.3	1.4585	1.3330
546.1	1.4602	1.3345
404.7	1.4697	1.3428
303.4	1.4869	1.3581
214.4	1.5339	1.4032

［国立天文台編「理科年表」(丸善) から引用］

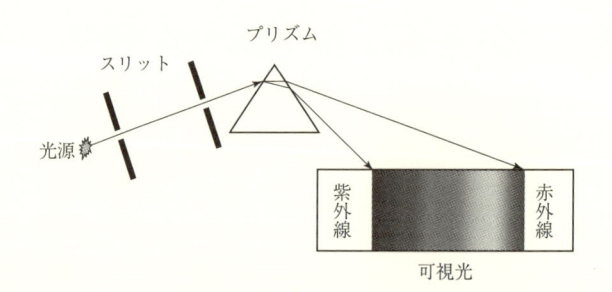

図 7.20 プリズムによる分光

のように，太陽光や白熱電球の光をプリズムの角の両面で 2 回屈折させた光は 7 色に分かれる．このように，物質の屈折率が波長に依存する現象を分散という．

光が屈折率の小さい物質から大きい物質に入射する場合は境界面から遠ざかるように屈折するが，図 7.21 に示すように，屈折率が大きい物質から小さい物質に入射する場合は，境界面に近づくように屈折する．この場合，7.4.4 項で述べたように，入射角を大きくすると全反射になる．

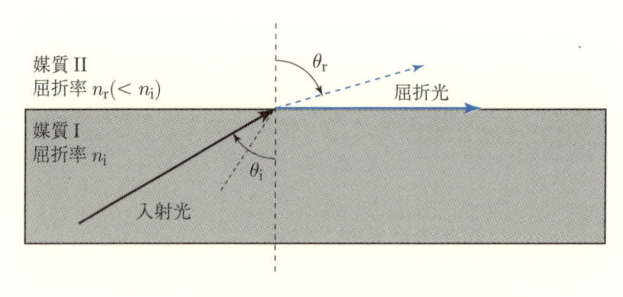

図 7.21 臨界角

式 (7.27) で相対屈折率 $\dfrac{n_\mathrm{r}}{n_\mathrm{i}} = n_\mathrm{ir}(<1)$ とすると，$\dfrac{\sin\theta_\mathrm{i}}{\sin\theta_\mathrm{r}} = n_\mathrm{ir}(<1)$ より，屈折角 $\theta_\mathrm{r} = 90°$ のとき，$\dfrac{\sin\theta_T}{\sin 90°} = n_\mathrm{ir}$ を満たす入射角 $\theta_T < 90°$ を臨界角という．

図 7.22 のように，細いガラス繊維の壁面に対して平行に近い角度，つまり，臨界角より大きな入射角になるように光を入射すると，一度全反射した光は向かい側の壁面でさらに全反射することになり，ガラス繊維の中で全反射を繰り返して光を遠くまで伝えることができる．医療器具の内視鏡や光通信で使う光ファイバーはこの原理を利用している．なお，光ファイバーが多少曲がっていても，光が 1, 2 回反射を繰り返す距離では直線とみなしてよいとしている．

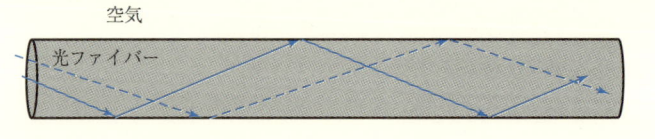

図 7.22 光ファイバーを伝わる光

7.6.2 光の回折と干渉

7.6.1 項で，光には直進性があるとしたので，点光源からの光は障害物によってできた影はくっきりとして障害物の裏には光はないと思われるが，よく観察してみると，影の部分には縞模様があり明るい部分を見ることができる．このような現象を回折という．

回折については 7.4.2 項参照．

ガラスや磨かれたアルミニウム板などの表面に，1 [mm] あたり 500 本とか 1000 本という細かい線を等間隔に引いたものを回折格子というが，光の波長に近い間隔で障害物が多数並んでいて，回折光ができる．図 7.23 は回折格子を横から見たもので，線と線の隙間からもれて θ 方向に回折した光を示している．隙間の間隔は d であり，回折格子の面で位相が同じであれば，θ 方向の光はとなりの隙間との光路差は $d\sin\theta$ になる．したがって，波長 λ の光が回折格子に当たると

$$d\sin\theta = \pm n\lambda \qquad (n = 0, 1, 2, \cdots) \tag{7.51}$$

の条件を満たす方向の光が干渉して強め合っている．$n = 1, 2, \cdots$ のとき，1 次回折光，2 次回折光，$\cdots$ という．次数が変わらなくても波長によって光の進む方向が変わるので分光することができる．

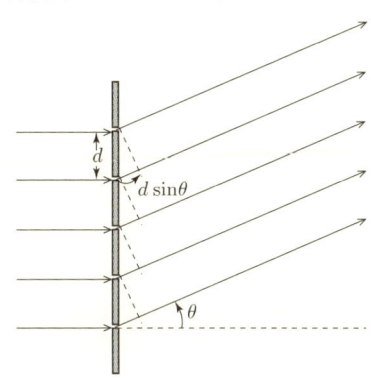

図 7.23 回折格子

[**例題 7.5**] 1.00 [mm] の範囲に 1000 本の格子を刻んだ回折格子に波長 589.3 [nm] の光を当てたとき，回折格子から 10.0 [cm] 離れて平行に置かれてあるスクリーンにできるスペクトルの 0 次と 1 次の間隔を求めよ．

[**解**] 回折格子の間隔 d，波長 λ の光が強め合う方向 θ との間には $d\sin\theta = \pm n\lambda$ の関係がある．回折格子とスクリーンを距離 L 離して平行に置く．このとき，回折格子の法線に対して θ 方向のスクリーン上の点を x とすれば，$x = L\tan\theta$ となる．したがって，0 次回折光と 1 次回折光の間隔 Δx は

$$\Delta x = \frac{L\sin\theta}{\sqrt{1-\sin^2\theta}} = \frac{L \times \frac{\lambda}{d}}{\sqrt{1-\left(\frac{\lambda}{d}\right)^2}} = \frac{10.0 \times 10^{-2} \times \frac{589.3 \times 10^{-9}}{1.00 \times 10^{-6}}}{\sqrt{1-\left(\frac{589.3 \times 10^{-9}}{1.00 \times 10^{-6}}\right)^2}}$$

$$= 7.29 \times 10^{-2} \text{ [m]}.$$

7.7 レーザー

プレゼンテーションのときに使うレーザーポインターの光は，ほとんど広がらずに遠くまで届く．また，レーザープリンターやレーザー加工機など，レーザーを冠にした道具を日常的に使っている．最近では，光電話や光通信などが一般家庭にまで普及していて，さまざまなところでレーザーが利用されている．レーザーは，誘導放出による光増幅 (Light Amplification by Stimulated Emission of Radiation) の頭文字をとったものであり，1960 年にメイマンによってはじめて成功した光発振を意味するものである．ここでは，光発振の原理とレーザー光の特徴を学ぶ．

7.7.1 レーザー光発振の原理

太陽光や白熱電球などの光は，原子や分子が熱運動することによって光っていて，あらゆる波長の光を放出している (図 7.24)．これを分光器で観測すると虹のように色が連続して並んでいる (連続スペクトル)．また，特定な原子のガスを放電して光を放出すると，原子ごとに複数の特定な波長の光を放出し，分光器で観測すると特定な波長のところにしか色は現れない (線スペクトル)．このような自然光はあらゆる方向に進み，光の波の位相もまちまちである．

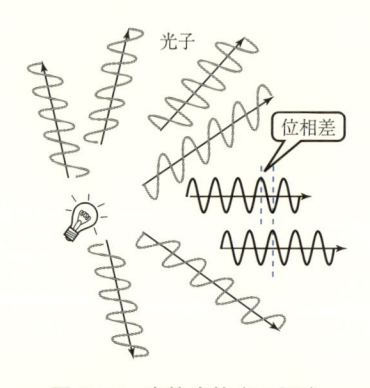

図 7.24 自然光放出の概念

原子に電子が衝突したり，光を吸収することで励起状態になる (図 7.25 (a))．励起状態はそのエネルギーレベルごとに寿命があり，自然に低いエネルギー状態に遷移し，エネルギー差に応じた波長の光を放出する．図 7.25 (b) のように，寿命が来なくても同じ波長の光が当たると，その光に引きずられて，同じ波長の光を，同じ位相で，同じ方向に放出することがある．これを誘導放出という．誘導放出によって，同じ波長，同じ位相の光子が 2 個になる．その光子が次の励起原子から誘導放出させ，同じ波長，同じ位相の光子が 4 個になるといった具合に光の強さを増幅することができる．

7.7 レーザー

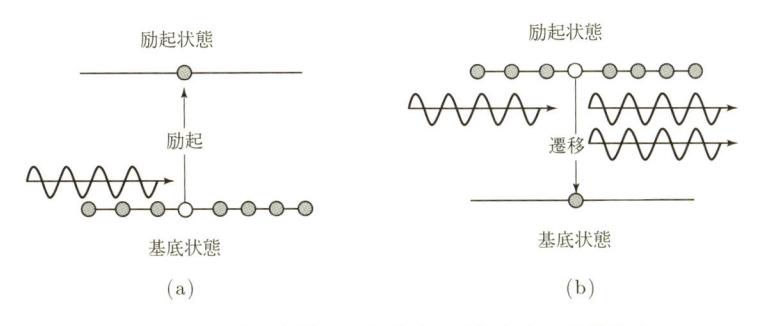

(a)　　　　　　　　(b)

図 **7.25**　原子に束縛された電子の励起と光の誘導放出

しかし，自然界では誘導放出が連続して起こるほど励起原子の存在は密ではない．そこで，図 7.26 のような装置が開発された．放電しやすい真空度の気体を封入した放電管の両側にミラー (鏡) を向かい合わせて置く．電極間に高い電圧をかけるか，高周波を加えることによって放電すると，電子の流れが多くなり，電子が原子に衝突して，電子の運動エネルギーによって，励起原子の数が多量に存在することになる．このように，励起原子の密度が高い状態を反転分布という．ミラー間にある励起原子が，低いエネルギー状態に遷移して生じた光が，ミラーに向かって放出されたとすると，進路上にある励起原子から次々に誘導放出させて同じ波長，同じ位相の光が増幅され，ミラーで反射されると励起原子の中を通過し，ねずみ算式に増幅される．片方をハーフミラーにしておくと増幅された光の一部が取り出せる．これがレーザー光である．誘導放出を起こす物質は気体に限らず，さまざまな物質で実現できる．

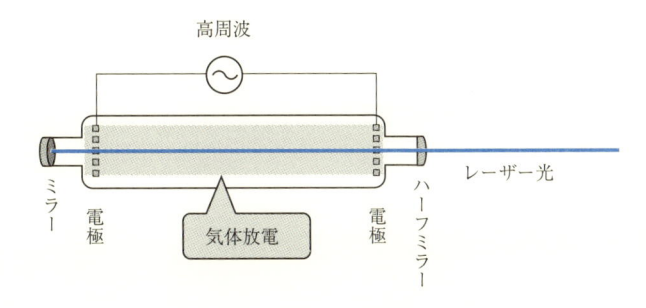

図 **7.26**　レーザー発振器の仕組み

最近では，レーザープリンターや DVD などの記録装置の他に，光通信，測定装置などでレーザー光が広く使われているが，これらは半導体レーザーである．原子放電と同様に，半導体素子の中で電子の励起状態を多量につくり，誘導放出を達成している．高エネルギーのレーザー光はできないが，発信しやすく制御を高速にできる．

レーザー光は，立体角の小さな範囲に向かい合わせて置かれたミラー間で増幅されているため，位相の揃った非常に強い光が非常に狭い範囲に集中して放出される．

7.7.2 レーザー光の特徴

干渉性 図 7.24 のように，自然界では短い光の波が方向も時間も無秩序に広がっていて，位相もばらばらなので，光の波どうしが干渉することはほとんど起こらない．つまり，非常に狭い範囲にある複数のスリットを介してつくられた短い光路差でしか干渉が見られないが，レーザー光は光路差が長くても干渉する．例えば，厚いプラスチックの表面で反射した光と反対の面で反射した光と干渉して，わずかな歪による縞模様を見ることができる．

半径 r の球面の面積 ΔS を r^2 で割ったものを**立体角** $\Delta\Omega$ という．すなわち，$\Delta\Omega = \dfrac{\Delta S}{r^2}$ である．

指向性 白熱電球はフィラメントを高温にして発光しており，すべての方向に光は拡散しているので，遠くになればなるほど単位面積あたりに通過する光の量は距離の 2 乗に反比例して減少するが，レーザー光は 2 つの対面したミラーの縁どうしを結ぶ線を含む範囲で増幅していて，その狭い立体角の範囲に限られて発光する．

単色性 熱による発光はプランクの輻射公式に従ってすべての波長の光を含んでいるが，誘導放出によるレーザー光は特定な波長の光を増幅しているので，原理的に単色光である．

高エネルギー密度 レーザー光は発振の原理から単位面積あたりのエネルギーを大きくして，狭い範囲に集中させることができる．

これらの特徴を利用して，レーザープリンター，DVD，レーザーメスなどが作られている．

注 釈

*1 運動方程式の加速度は $\dfrac{d^2y}{dt^2}$ と表したが，ここで導入した変位 y は座標 x と時間 t の関数なので $\dfrac{\partial^2 y}{\partial t^2}$ を用いる．これは偏微分とよばれ，y の t 以外の変数を固定して微分することを意味する．

*2 関数 $f(x)$ が x と $x+dx$ の間で微分可能ならば
$$f(x+dx) = f(x) + \frac{f'(x)}{1!}dx + \frac{f''(x)}{2!}(dx)^2 + \frac{f'''(x)}{3!}(dx)^3 + \cdots$$
である．本文中では，$f(x+dx) = \left(\dfrac{\partial y}{\partial x}\right)_{x+dx}$ として計算している．

*3 気体はボイル–シャルルの法則により，体積 V，気圧 p，気温 T の関係は，モル数 n，気体定数 R とすれば，$pV = nRT$ で与えられるが，気体の温度を 1 度上げるのに必要なエネルギーは，体積を変化しない場合と圧力を変化しない場合とでは違う．それぞれ定積比熱 C_v，定圧比熱 C_p という．圧力を保ったまま温度を上げると膨張し，外部へ仕事をしなければならないので，定圧比熱の方が大きい．一般に，$C_\mathrm{p}/C_\mathrm{v} = \gamma > 1$ で，この比を比熱比という．熱力学の教科書で学ぶことを期待するが，体積 V の気体全体で熱の出入りがない場合 (断熱過程)，$pV^\gamma = \mathrm{const.}$ であることが知られている．

章末問題 7

7.1 直径 1.00 [mm] のピアノ線を 50.0 [cm] の長さに張って 440 [Hz] で腹が 1 つの音を出しているとき, このピアノ線に伝わる横波の速さを求めよ. また, ピアノ線の張力を求めよ. ただし, ピアノ線の密度 ρ は $\rho = 7.87 \times 10^3$ [kg/m^3] とする.

7.2 直径 2.00 [mm] のピアノ線を 10.0 [m] 張って 10.0 [kg] のおもりで引っ張っている. このピアノ線に伝わる横波の速さを求めよ. また, このピアノ線に 9 つの節ができているとき, その波の振動数を求めよ. さらに, このピアノ線に縦波が伝わるとしたら, 縦波の速さは横波の速さの何倍になるか答えよ. ただし, ピアノ線の密度は 7.87×10^3 [kg/m^3], ヤング率 E は 21.0×10^{10} [Pa] とする.

7.3 5.00 [m] 幅の黒板の両端にスピーカーを置き, 680 [Hz] の音を出している. このとき, 黒板から 20.0 [m] 離れた後ろの壁で, 音が聞こえない場所はどこか答えよ. ただし, 音速は 340 [m/s] とし, 床や壁で反射しないものとする.

7.4 一定な振動数の雑音があるところに, 880 [Hz] の音を出したところ, 2 秒ごとに 1 回音が大きくなった. このとき, 雑音の振動数を求めよ.

7.5 底が石英ガラスの平らな板でできた容器にグリセリンが入っている. ナトリウム D 線での屈折率は, 石英ガラス 1.4585, グリセリン 1.4730 である. グリセリンから石英ガラスの底を抜ける光の最大入射角を求めよ.

7.6 片方が開いていて, もう一方がピストンになっていて気柱の長さを変化させられるパイプに, 525 [Hz] の音叉を開いた口に近づけたところ, 気柱が 19.0 [cm], 59.0 [cm] になったとき共鳴した. このときの音速を求めよ.

7.7 ある交差点の騒音は 80 [dB] と表示されていた. 騒音の音圧は人が感じる音圧の何倍になっているか計算せよ.

7.8 100 [kHz] の超音波を当てて反射してきた音を発振した音 (100 [kHz]) と干渉したところ, 100 [Hz] のうなりになった. このとき, 対象物の速さを求めよ. ただし, 音速は 340 [m/s] とする.

7.9 500 [本/mm] の回折格子で, ナトリウム D 線の 1 次回折光の 0 次とのなす角を求めよ. また, D 線の 589.0 [nm] と 589.6 [nm] の光を 1.00 [mm] の差で区別するには, スクリーンを回折格子からどれだけ離さなければならないか計算せよ.

8

電荷と電流

　電気や磁気は携帯電話，テレビ，パソコンなどを通して身近な生活の中で広く利用されている．また，薬学の基礎として考えてみると，電気や磁気は物質の構造と密接に関係していて，化学結合，放射線，MRIなどを理解する際には必要不可欠な概念であるといえる．

　本章の目標は，「電荷と電流，電圧，電力，オームの法則などを説明できる」，「抵抗とコンデンサーを含んだ回路の特性を説明できる」ことである．

8.1　電　　荷

　異なる種類の物質をこすり合わせると電気が発生する．このような種類の電気は摩擦電気として知られており，冬の乾燥した日にポリエステル製のフリースを脱ぐとパチパチ音がする現象などが例としてあげられる．この摩擦電気を調べてみると，電気には2種類あることがわかり，同種の電気をもつ物体どうしは互いに反発し，異種の電気をもつ物体どうしは互いに引き合うことがわかる．このような性質を物体がもつことを帯電といい，帯電した物体を帯電体という．このとき，2種類の電気は正電気と負電気といい，ガラス棒を絹布でこすったときにガラス棒が帯電する電気を正電気，エボナイト棒を毛皮でこすったときにエボナイト棒が帯電する電気を負電気と定義した．帯電した物体の間に働く反発する力や引き合う力の度合いは，各物体がもつ電気の量と関係している (クーロンの法則)．そこで帯電した物体がもつ電気の量を数値 (正の値，負の値，0) で表し，電気量という．もちろん，正の電気をもつ物体の電気量は正の値をとり，負の電気をもつ物体の電気量は負の値をとる．また，電気量の値が0の物体の性質を電気的に中性であるということもある．電気量を単に電荷ということがしばしばあるが，「電荷」という言葉は帯電した粒子のような帯電体を表すこともあるので注意しよう．例えば，大きさをもたない (点とみなせる) 帯電体を点電荷よぶ．

正電気と負電気の定義は，アメリカの政治家，外交官，著述家，物理学者，気象学者であったベンジャミン・フランクリンによってなされたとされている．この定義により，現在では電子は負に帯電していて，陽子は正に帯電しているということになっている．

電荷は電荷量とよばれることもある．

電磁気学で使われる単位にはいろいろな種類があるが，本書全体を通して採用する国際単位系 (SI 単位系) に従い，8, 9 章では MKSA 単位系を採用する．SI 単位系において電磁気に関する基本単位は電流の単位 [A] (アンペア) なので，電荷の単位はとりあえず次のように定義しておく．1 [A] の電流が導線を流れるとき，電流に垂直な面を単位時間あたりに通過する電荷の大きさを 1 [C] (クーロン) として定義しておく．つまり，1 [C] = 1 [A·s] である．

物体の帯電や電気量の単位を理解するためには，物質の構造を考える必要がある．物質は原子から構成され，その原子は中心にある正電気をもった原子核とそのまわりにある負電気をもった電子から成り立っている．さらに，その原子核は正電気をもつ陽子と電気的に中性の中性子から成り立っている．ここで，電子がもつ電気量と陽子がもつ電気量の絶対値は等しく，その値 e は

$$e = 1.602176634 \times 10^{-19} \text{ [C]} \tag{8.1}$$

1909 年，アメリカの物理学者ロバート・ミリカンが油滴実験により当時としてはかなりよい精度で測定したが，そのときの計測値は 1.592×10^{-19} [C] であった．

である．この e を電気素量または素電荷という．つまり，電子の電気量は $-e$，陽子の電気量は e，中性子の電気量は 0 であるといえる．

上で登場した摩擦電気は，この電気量 $-e$ をもつ電子の移動により，物体の電荷に偏りが生じたことで起こる．したがって，摩擦された物体のもつ電気量は e の整数倍になると考えられ，その結果，電子を放出しやすい物体は正に帯電し，電子を取り込みやすい物体は負に帯電するのである．このとき，正に帯電しやすい物質と負に帯電しやすい物質の序列は，経験的に次のボルタの帯電列として知られている．

⊕ 毛皮 − フランネル − 水晶 − ガラス − 木綿 − 絹 − 木材 − プラスチック − 発泡スチロール − ポリエチレン − 金属 − ゴム − エボナイト ⊖

この帯電列ではもちろん毛皮が一番正に帯電しやすく，エボナイトが一番負に帯電しやすい物になっている．実際に，この帯電列を電子の移動ということから説明することはとても難しいことであるが，知っていると便利である．

8.2　静電気力

前節でみたように，複数の帯電体どうしは互いに引き合ったり，反発したりする電気的な力を及ぼし合う．特に，帯電体どうしが互いに運動していない状態 (静止状態) で及ぼし合う電気的な力を静電気力またはクーロン力とよぶ．この静電気力は電荷と電荷の間に働き，その大きさはそれぞれの電荷のもつ電気量の積に比例し，電荷間の距離の 2 乗に反比例することが知られている．これをクーロンの法則とよぶ．

電気量 q_1, q_2 [C] の 2 個の点電荷が r [m] 隔てて置かれているとき，両者を結ぶ直線に沿って，大きさ

8.2 静電気力

$$F = \frac{1}{4\pi\varepsilon_0}\frac{|q_1 q_2|}{r^2} \, [\text{N}] \tag{8.2}$$

の静電気力がそれぞれの点電荷に働く．ここで，比例定数 $\frac{1}{4\pi\varepsilon_0}$ の中の π は円周率，ε_0 は<u>真空の誘電率</u>とよばれる定数である．「真空の」という限定がついているのは，ここで考えている空間の点電荷が存在する点以外の空間には何も存在しない，真空を考えているためである．この真空の誘電率の値は，

$$\varepsilon_0 \fallingdotseq 8.854 \times 10^{-12}\,[\text{C}^2 \cdot \text{N}^{-1} \cdot \text{m}^{-2}] \tag{8.3}$$

となる．このとき

$$\frac{1}{4\pi\varepsilon_0} \fallingdotseq 8.988 \times 10^9 \,[\text{C}^{-2} \cdot \text{N} \cdot \text{m}^2] \tag{8.4}$$

であることを知っていると便利である．

例 8.1 水素原子中の電子と陽子の間に働く静電気力の大きさと重力の大きさをそれぞれ求め，比較してみよう．このとき，電子の質量は $m_\text{e} \fallingdotseq 9.11 \times 10^{-31}\,[\text{kg}]$，陽子の質量は $m_\text{p} \fallingdotseq 1.67 \times 10^{-27}\,[\text{kg}]$，水素原子の大きさは $2r \fallingdotseq 10^{-10}\,[\text{m}] = 0.1\,[\text{nm}]$，重力定数は $G \fallingdotseq 6.67 \times 10^{-11}\,[\text{m}^3 \cdot \text{kg}^{-1} \cdot \text{s}^{-2}]$ と考えてよいので，電子または陽子に働く重力の大きさは

$$\begin{aligned}G\frac{m_\text{e} m_\text{p}}{r^2} &\fallingdotseq 6.67 \times 10^{-11} \times \frac{9.11 \times 10^{-31} \times 1.67 \times 10^{-27}}{(0.5 \times 10^{-10})^2}\\ &\fallingdotseq 4.06 \times 10^{-47}\,[\text{N}].\end{aligned} \tag{8.5}$$

また，陽子がもっている電荷は $e \fallingdotseq 1.60 \times 10^{-19}\,[\text{C}]$ で，電子がもっている電荷は $-e$ と考えると，電子または陽子に働く静電気力の大きさは

$$\begin{aligned}\frac{1}{4\pi\varepsilon_0}\frac{e^2}{r^2} &\fallingdotseq 8.99 \times 10^9 \times \frac{(1.60 \times 10^{-19})^2}{(0.5 \times 10^{-10})^2}\\ &\fallingdotseq 9.21 \times 10^{-8}\,[\text{N}].\end{aligned} \tag{8.6}$$

このように，水素原子中の陽子と電子に働く重力の大きさは，静電気力の大きさに対し，約 10^{-40} 倍小さいことがわかる．

章末問題 8.1 参照

式 (8.2) は静電気力の大きさしか表していないことに注意しよう．2.2 節ですでに習ったように，力は元来ベクトル量であり，大きさだけでなく向きももっている．静電気力は電荷のもっている電気量の正負により，互いに引き合う力 (<u>引力</u>) または互いに反発する力 (<u>斥力</u>) になる場合がある．そこで，クーロンの法則はベクトル形として表す必要がある．そのために，電気量 q_1 の点電荷から電気量 q_2 の点電荷へ向かう位置ベクトル $\boldsymbol{r}$ を考えて，点電荷 q_2 が点

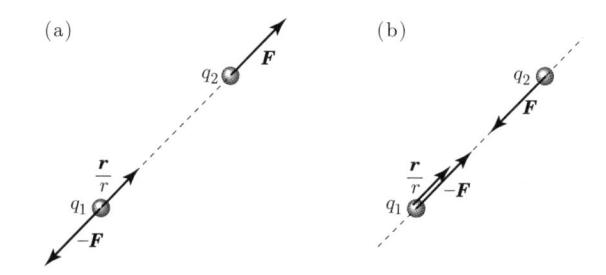

図 8.1 (a) $q_1q_2 > 0$ の場合は斥力，(b) $q_1q_2 < 0$ の場合は引力

電荷 q_1 から受ける静電気力を $\boldsymbol{F}$ とする．このとき，作用・反作用の法則から点電荷 q_1 が点電荷 q_2 から受ける静電気力は $-\boldsymbol{F}$ である．この静電気力の向きは，$q_1q_2 > 0$ の場合には図 8.1(a)，$q_1q_2 < 0$ の場合には図 (b) のようになる．

したがって，静電気力 $\boldsymbol{F}$ は，位置ベクトル $\boldsymbol{r}$ 方向の単位ベクトル $\dfrac{\boldsymbol{r}}{r}$ に対する向きをもち，その大きさが式 (8.2) になることから

$$\boldsymbol{F} = \frac{1}{4\pi\varepsilon_0}\frac{q_1q_2}{r^2}\frac{\boldsymbol{r}}{r} = \frac{1}{4\pi\varepsilon_0}\frac{q_1q_2}{r^3}\boldsymbol{r} \qquad (r = |\boldsymbol{r}|) \tag{8.7}$$

と表すことができる．これがベクトル形で表したクーロンの法則である．もちろん，式 (8.7) の両辺の大きさを考えると式 (8.2) になることがわかる．また，図 8.1(a),(b) のそれぞれで，$\boldsymbol{F}$ と $-\boldsymbol{F}$ は作用と反作用の関係にあることにも注意すべきである．

点電荷が 3 つ以上ある場合，それぞれの点電荷は複数の点電荷からの静電気力を受けることになり，それらの和はベクトル和として表される．

[**例題 8.1**] xy 平面上の点 $(0,0)$ に電気量 q_1 の点電荷，点 $(1,0)$ に電気量 q_2 の点電荷，点 $(0,1)$ に電気量 q_3 の点電荷が固定されている．点電荷 q_1 が受ける静電気力を求めよ．ただし，各座標はメートル単位で表されているとし，真空の誘電率は ε_0 とする．

[**解**] 図 8.2 のように，点電荷 q_1 の位置ベクトルを $\boldsymbol{r}_1 = (0,0)$，点電荷 q_2 の位置ベクトルを $\boldsymbol{r}_2 = (1,0)$，点電荷 q_3 の位置ベクトルを $\boldsymbol{r}_3 = (0,1)$ とおくと

$$\boldsymbol{r}_1 - \boldsymbol{r}_2 = (-1,0), \quad |\boldsymbol{r}_1 - \boldsymbol{r}_2| = 1, \quad \boldsymbol{r}_1 - \boldsymbol{r}_3 = (0,-1), \quad |\boldsymbol{r}_1 - \boldsymbol{r}_3| = 1$$

なので，式 (8.7) から，点電荷 q_1 が点電荷 q_2 から受ける静電気力 $\boldsymbol{F}_{12}$ と点電荷 q_1 が点電荷 q_3 から受ける静電気力 $\boldsymbol{F}_{13}$ は

$$\begin{aligned}\boldsymbol{F}_{12} &= \frac{1}{4\pi\varepsilon_0}\frac{q_1q_2}{|\boldsymbol{r}_1-\boldsymbol{r}_2|^3}(\boldsymbol{r}_1-\boldsymbol{r}_2) = \left(-\frac{q_1q_2}{4\pi\varepsilon_0},\ 0\right),\\ \boldsymbol{F}_{13} &= \frac{1}{4\pi\varepsilon_0}\frac{q_1q_3}{|\boldsymbol{r}_1-\boldsymbol{r}_3|^3}(\boldsymbol{r}_1-\boldsymbol{r}_3) = \left(0,\ -\frac{q_1q_3}{4\pi\varepsilon_0}\right)\end{aligned} \tag{8.8}$$

となり，点電荷 q_1 が受ける静電気力の合力 $\boldsymbol{F}_1$ は

8.3 電　場

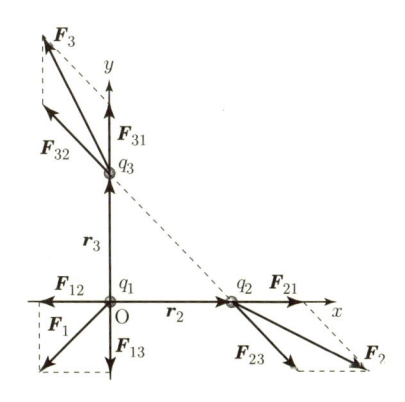

図 8.2 各点電荷が受ける静電気力
ベクトルの向きはすべての電荷が同符号の場合

$$F_1 = F_{12} + F_{13} = \left(-\frac{q_1 q_2}{4\pi\varepsilon_0},\ -\frac{q_1 q_3}{4\pi\varepsilon_0} \right) \tag{8.9}$$

となる.

□ 章末問題 8.2 参照

8.3 電　場

帯電体の間に働く静電気力は, 帯電体どうしが空間的に離れた位置にあっても働く力である. これは, 帯電体が電荷をもつことでまわりの空間の性質を変化させ, その変化が相手の帯電体に伝わった結果として静電気力が生じると考えることができる. このような力の伝わり方は静電気力だけでなく, 一般の電気的な力や磁気的な力, または重力のように空間の離れた点に及ぶ力についても同様の考え方ができる. 空間の性質の変化は場という量で表される. この「場」という量はここで考える電場だけではなく, 磁場や重力場などいろいろな場が考えられ, 近代物理学において大変重要な役割を担っている.

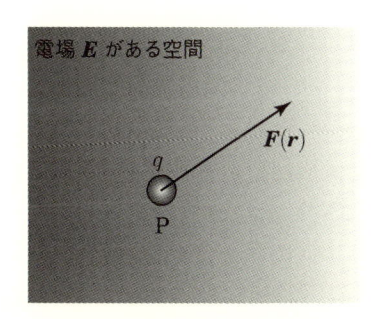

図 8.3 電場の中の試験電荷が受ける電気力

ここでは電場という量を考えてみよう. 場という量は空間の性質を表す量なので, 多少抽象的で考えにくいものであるが, 次のような空間には電場があるとする. 図 8.3 のように, 空間の位置 r の点 P に仮想的に電気量 q の点電荷 (試験電荷) を置いたとき, この点電荷に電気力 $F(r)$ が働くならば, その点 P には電場があると考える. そこで, 点 P における電場 $E(r)$ を単位電気量 (1 [C]) の試験電荷が受ける電気力として

$$E(r) = \frac{1}{q} F(r) \tag{8.10}$$

電場を定義するときにこのような試験電荷を「仮想的に」考える必要がある理由は，実際にこのような点電荷を電場の中に置くと，この点電荷自身がまわりに電場をつくり，もともとあった電場に影響を与えてしまい，もともとあった電場の定義がはっきりしなくなるからである．そこで，もとの電場の意義をはっきりさせるためには，上のような試験電荷を仮想的に考えて，この電荷はそのまわりからの影響を受けるが，まわりには影響を与えない電荷と考える必要がある．

と定義する．この式で点 P を空間の中のいろいろな点にとることにより，それぞれの点 P での電場 $E(r)$ が定義できることになる．ここで定義した電場 $E(r)$ の単位にも注意しよう．式 (8.10) からもわかるように，電場 $E(r)$ の単位は $[\text{N/C}] = [\text{m} \cdot \text{kg} \cdot \text{s}^{-3} \cdot \text{A}^{-1}]$ である．

式 (8.10) のように，ベクトル量である電気力 $F(r)$ から定義された電場 $E(r)$ は，一般にベクトル量なので向きと大きさをもつ量であることに注意すべきである．このように，ベクトル量になっている場をベクトル場とよぶことがある．また，一般に電場は位置 r と時刻 t の関数なので，$E(r, t)$ と表すことがある．$E(r, t)$ が時間がたっても一定であるとき，この電場は静電場とよばれ，式 (8.10) の $E(r)$ と表す．さらに，静電場 $E(r)$ が空間の各点で一定であるとき，一様電場とよばれる．一様電場は r についても，t についても一定なので，E と表すかのように思いがちであるが，$E(r, t)$ や $E(r)$ の変数を省略した量として E を使うこともあるので，状況に応じて注意が必要である．

8.3.1 点電荷のまわりの静電場

電子や陽子は点電荷として扱われることがある．このような点電荷のまわりにできる静電場を考えてみよう．

図 8.4 のように，電気量 Q の点電荷を空間の原点 O に置き，この点電荷が位置 r につくる静電場 $E(r)$ を求めてみよう．静電場の定義にあてはめるために，位置 r に 1 [C] の試験電荷を置いたと仮定すると，試験電荷に働く静電気力が位置 r にできる静電場 $E(r)$ である．これを具体的に式で表すためにはクーロンの法則 (8.7) に $q_1 = Q$, $q_2 = 1$ を代入した式を考えて

$$E(r) = F(r) = \frac{1}{4\pi\varepsilon_0}\frac{Q}{r^2}\frac{r}{r} = \frac{1}{4\pi\varepsilon_0}\frac{Q}{r^3}r \tag{8.11}$$

と表すことができる．式 (8.11) からもわかるように，点電荷のまわりにできる静電場は，質量 M の質点のまわりにできる重力の場 $-G\dfrac{M}{r^3}r$ と形としてはよく似ている．しかし，比例定数 $\dfrac{1}{4\pi\varepsilon_0}$ と G の値の桁が大きく異なる点や，質量

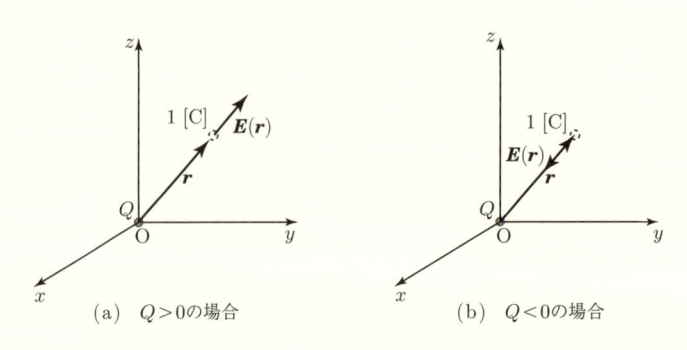

(a) $Q>0$ の場合　　　(b) $Q<0$ の場合

図 **8.4** 電気量 Q の点電荷のまわりにできる静電場

は $M > 0$ であるが，電気量 Q は正負どちらの値でもとるという点で異なることにも注意すべきであろう．

[例題 8.2] 図 8.4 のように，xyz 座標の原点に 2.0 [C] の点電荷を置いたとき，点 (1,1,1) にできる静電場の成分と大きさを求めよ．ただし，各座標はメートル単位で表されているとし，クーロンの法則の比例定数を $\dfrac{1}{4\pi\varepsilon_0} \fallingdotseq 9.0 \times 10^9$ [$\mathrm{C^{-2} \cdot N \cdot m^2}$] とする．

[解] 式 (8.11) で $Q = 2.0$ [C], $\boldsymbol{r} = (1,1,1)$, $r = |\boldsymbol{r}| = \sqrt{1^2+1^2+1^2} = \sqrt{3}$ [m] とすると，静電場の成分は

$$\boldsymbol{E}(1,1,1) = 9.0 \times 10^9 \times \frac{2.0}{3\sqrt{3}}(1,1,1) \fallingdotseq 3.5 \times 10^9 (1,1,1) \ [\mathrm{N/C}], \tag{8.12}$$

大きさは

$$|\boldsymbol{E}(1,1,1)| = 9.0 \times 10^9 \times \frac{2.0}{3\sqrt{3}} \times \sqrt{1^2+1^2+1^2} = 6.0 \times 10^9 \ [\mathrm{N/C}] \tag{8.13}$$

となる． □ 章末問題 8.3 参照

点電荷のまわりにできる静電場はベクトル場なので，一般に複数の点電荷のまわりにできる静電場を考えるときには，各点電荷がつくる静電場を求めてそれらのベクトル和を計算すればよい．これを静電場の<u>重ね合わせ</u>とよぶことがある．

8.3.2 電気力線

上で説明したように，いろいろな帯電体のまわりにできる電場は，重ね合わせを使って，原理的には求めることができるが，具体的に求めようとするとかなり複雑で難しい．そこで，次に定義する<u>電気力線</u>という線を考えると，電場の性質を視覚的に理解しようとするときに便利である．電気力線の定義は

> 電場 $\boldsymbol{E}$ のある空間内において，その線上の各点における電場が接線方向を向くベクトル (接ベクトル) になっている線

である．電気力線上の各点で電場 (接ベクトル) の向きが決まっているため，この電気力線もそれに従った向きをもっていることがわかる (図 8.5)．

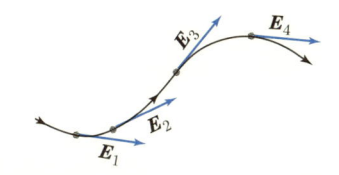

図 8.5 電気力線
$\boldsymbol{E}_1, \boldsymbol{E}_2, \boldsymbol{E}_3, \boldsymbol{E}_4, \cdots$ は各点での電場を表す．

電荷，電場の性質と電気力線の定義から次のことがいえる．

- 電気力線は電荷がない点で途切れない．
- 電気力線の向きは正電荷から出て，負電荷に入る向きである．
- 電気力線どうしは交わらない．
- 電場の強さが大きいところでは，電気力線の本数密度が大きい．

実際に上のような条件で電気力線を描くときに，もう1つ注意しなければならないことがある．それは上の条件を満たす線は，電荷以外の点をすべて塗りつぶしてしまうということである．このような状態では電場の様子がわからない．そこで，実際に電気力線を描くときには，適当な本数に間引いて描くことになる．では，そのようなことにも注意して電気力線の具体例をみてみよう．

例 8.2 1個の点電荷のまわりにできる電場の電気力線は図8.6のようになる．これらは電気力線が点電荷を中心とした放射状になることを表している図であるが，3次元空間内では視覚的に複雑でわかりにくくなるので，平面上に限って描いている．

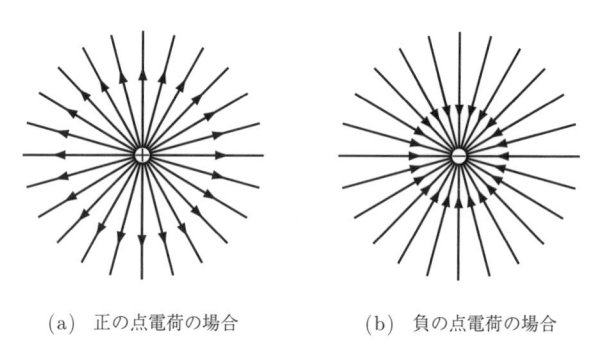

(a) 正の点電荷の場合　　(b) 負の点電荷の場合

図 **8.6** 1個の点電荷のまわりにできる電場の電気力線

例 8.3 2個の点電荷のまわりにできる電場の電気力線は図8.7のようになる．この図は電気力線の分布を平面上に限って描いているが，実際には，2個の点電荷を結ぶ水平軸のまわりに回転させてできる立体的な分布になる．

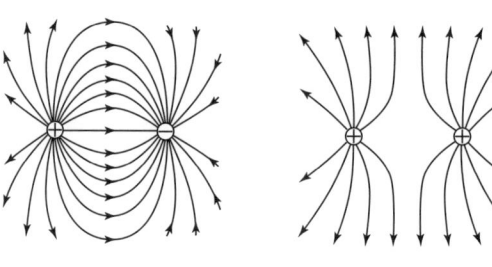

(a) 正と負の点電荷の場合　　(b) 正の点電荷どうしの場合

図 **8.7** 2個の点電荷のまわりにできる電場の電気力線

8.4　電　　位

　図 (a) からわかるように，1 本の電気力線はできるだけ縮もうとするため，異符号どうしの点電荷の間には引き合う力が働くことが想像できる．また，図 (b) からわかるように，隣り合う電気力線どうしが反発するため，同符号どうしの点電荷の間には反発する力が働くことが想像できる．

8.4　電　　位

　図 8.8 のように，一様電場 $\boldsymbol{E}$ の中の点 A に電気量 $q > 0$ の試験電荷を置くと，この試験電荷は電気力 $\boldsymbol{F} = q\boldsymbol{E}$ を受けながら加速度運動をする．

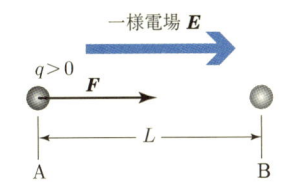

図 8.8　一様電場による仕事と位置エネルギー

　試験電荷が点 A から距離 L [m] 離れた点 B に到達するまでの間に，一様電場は試験電荷に対して仕事 W をする．この場合の仕事 W は，$E = |\boldsymbol{E}|$, $F = |\boldsymbol{F}|$ として

$$W = FL = qEL \tag{8.14}$$

と表される．また，クーロンの法則 (8.7) からもわかるように，電気力は保存力なので，電気力 $\boldsymbol{F} = q\boldsymbol{E}$ についての位置エネルギー U が考えられる．位置エネルギー U は一般に空間内の位置の関数になるので，一様電場が試験電荷にする仕事 W と位置エネルギー U の間には関係式

$$W = U(\mathrm{A}) - U(\mathrm{B}) \tag{8.15}$$

が成り立つ．電気の理論では単位電荷あたりの電気的な位置エネルギー $\dfrac{U}{q}$ を電位とよび，ϕ で表すことがよくある．したがって，式 (8.14),(8.15) から一様電場が単位電荷あたりにする仕事を考えると

$$\frac{W}{q} = EL = \frac{U(\mathrm{A})}{q} - \frac{U(\mathrm{B})}{q} = \phi(\mathrm{A}) - \phi(\mathrm{B}) \tag{8.16}$$

が成り立つことがわかる．ここで，$\phi(\mathrm{A})$ と $\phi(\mathrm{B})$ はそれぞれ点 A における電位と点 B における電位であり，位置エネルギーと同様に電位も位置の関数になることがわかる．また，式 (8.16) の $\phi(\mathrm{A}) - \phi(\mathrm{B})$ は，点 A と点 B の電位差とよばれるが，電圧とよぶこともある．

　電位の単位にも注意しよう．式 (8.16) からもわかるように，電位 ϕ の単位は $[\mathrm{J/C}] = [\mathrm{m}^2 \cdot \mathrm{kg} \cdot \mathrm{s}^{-3} \cdot \mathrm{A}^{-1}]$ であり，この単位は誘導単位 [V]（ボルト）として用いられる．さらに，電場の単位は [V/m] と表されることもある．

保存力と位置エネルギーの関係については，4.4 節参照．

仕事と位置エネルギーの関係については，4.3 節参照．

図 8.8 において，一様電場が単位電荷あたりにする仕事 EL は正なので，式 (8.16) から $\phi(\mathrm{A}) > \phi(\mathrm{B})$ がわかる．つまり，点 A の電位の方が点 B の電位より高くなり，一様電場は電位が高い方から低い方へ向かうことがわかる．この性質は，一様電場に限らず，一般の電場についてもあてはまる．

ところで，空間のいろいろな点における電位を比べるときに，ある特定の点を電位の基準点 ($\phi(\mathrm{P}) = 0$ を満たす点 P) にすると便利な場合がある．この基準点のとり方は考えている電場の形によって決める必要がある．例えば，図 8.8 では，点 B を基準にする場合 ($\phi(\mathrm{B}) = 0$)，点 A における電位は $\phi(\mathrm{A}) = EL$ と表される．その他の例として，4.3 節で考えたように，無限遠点を位置エネルギーの基準点にとる場合 ($\phi(\infty) = 0$) が考えられる．この基準点のとり方は，点電荷やいろいろな帯電体のまわりの電位を考えるときに使われることが多い．もう 1 つの例としては，地面 (地球) の電位を 0 として基準点にすることがある．これは後に説明する，複数の導体が集まった導体系やコンデンサーなどで使われることが多く，このような意味で実用的な選び方といえる．この地面の電位を 0 とする基準点は接地，アース，グランドなどとよばれることがある．

例 8.4 点電荷のまわりの電位

電気量 Q の点電荷を空間の原点 O に置き，その点電荷が位置 r につくる静電場 $\boldsymbol{E}(\boldsymbol{r})$ の電位 $\phi(\boldsymbol{r})$ を求めてみよう．

このとき，静電場の式 (8.11) からわかるように，その大きさ

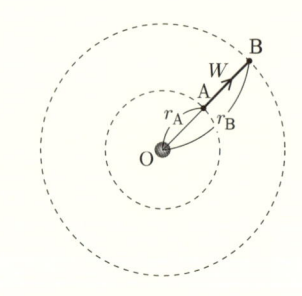

$$E(r) = |\boldsymbol{E}(\boldsymbol{r})| = \frac{1}{4\pi\varepsilon_0}\frac{Q}{r^2} \qquad (8.17)$$

図 8.9 電荷のまわりの静電場がする仕事

は原点 O を中心とする半径 r の球面上で一定であることがいえる．このような場を**球対称**な場とよぶ．静電場が球対称であるとき，図 8.9 のように，原点 O にある点電荷 Q から距離 r_A の点 A に置いた電気量 $q > 0$ の試験電荷が距離 r_B の点 B に到達するまでに静電場がする仕事 W は

$$W = -\frac{qQ}{4\pi\varepsilon_0}\left(\frac{1}{r_\mathrm{B}} - \frac{1}{r_\mathrm{A}}\right) \qquad (8.18)$$

となる．これを式 (8.16) に代入して

$$\frac{W}{q} = \frac{Q}{4\pi\varepsilon_0 r_\mathrm{A}} - \frac{Q}{4\pi\varepsilon_0 r_\mathrm{B}} = \phi(\mathrm{A}) - \phi(\mathrm{B}) \qquad (8.19)$$

となるので

$$\phi(\mathrm{A}) = \frac{Q}{4\pi\varepsilon_0 r_\mathrm{A}}, \quad \phi(\mathrm{B}) = \frac{Q}{4\pi\varepsilon_0 r_\mathrm{B}} \qquad (8.20)$$

したがって，一般に，点電荷 Q から距離 r の点 (原点 O を中心とする半径 r の球面上の点) での電位 $\phi(r)$ は

$$\phi(r) = \frac{Q}{4\pi\varepsilon_0 r} \tag{8.21}$$

で与えられる．

式 (8.21) のようにとれることは，電位の基準点を $\lim_{r \to \infty} \phi(r) = 0$ にとっていることとつじつまが合うことにも注意せよ．

8.4.1　等電位面

電場の中で電位が等しくなっている点の集まりを考えたとき，それらが面状に連なっている場合にその面を等電位面，線状に連なっている場合にその線を等電位線という．等電位面上や等電位線上の点の位置を $\boldsymbol{r}$，その点での電位を $\phi(\boldsymbol{r})$ とすると，等電位面や等電位線を表す方程式は

$$\phi(\boldsymbol{r}) = 定数 \tag{8.22}$$

と表される．

例えば，図 8.8 の一様電場においては，式 (8.16) と式 (8.22) から $L =$ 一定になる点全体が等電位面を構成するので，一様電場に垂直な平面が等電位面になる．また，点電荷のまわりの電位については，式 (8.21) と式 (8.22) から $r =$ 定数になる点全体が等電位面を構成するので，点電荷を中心とする球面が等電位面になる．

このような例からも推察できるように，電場と等電位面の間には一般に次のような関係がある．

> 等電位面上の電場はその等電位面に垂直になる．

これは電場を電気力線と読み替えても成り立つ．

8.5　物質の電気的性質

物質を電気的な性質で大きく分類すると，電気を伝える導体と電気を伝えない不導体 (誘電体，絶縁体ともよばれる) に分けられる．導体は原子レベルでの構造が金属結合からなり，その中を自由に動ける自由電子をもっている．そのため，導体を帯電させたり，電場の中に入れたりすると，この自由電子が移動し，その分布に偏りが生じ，その周囲にさまざまな電気的影響をもたらす．一方，不導体には自由電子がなく，その中の電子はそれぞれの分子の中に捕らえられていて，自由に移動できない．そのため，不導体を電場の中に入れると，その分子の中で電荷の偏りができる誘電分極という現象が起こる．

ここでは，電荷や電場や電位の概念を応用して，導体と絶縁体の性質について考えてみよう．

8.5.1 静電誘導

　導体を電場の中に入れたり，帯電体に近づけたりすると，導体中の自由電子の移動により，その表面に電荷が表れる．この現象を静電誘導という．

　図 8.10 のように，正の帯電体を導体に近づけるときに起こる静電誘導の例を考えてみよう．導体中の自由電子は正の電気に引き寄せられて，帯電体に近い側の表面に移動し，この表面が負に帯電する．一方，帯電体から遠い側の表面では，自由電子が不足するため正に帯電する．このとき，帯電体に近い側の導体表面は帯電体から引力を受け，遠い側の導体表面は反発力を受ける．一般に，電荷の間に働く電気力は，電気量が同じならば距離が短いほど強く働くので，導体全体としては引力の方が強くなり，導体と帯電体は引き合うことになる．

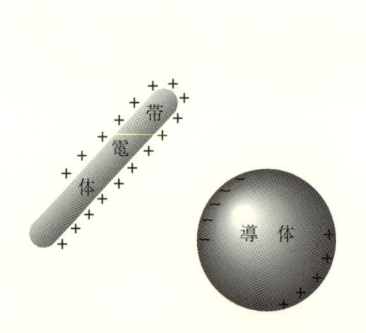

図 8.10 導体の静電誘導　　　　**図 8.11** 箔検電器

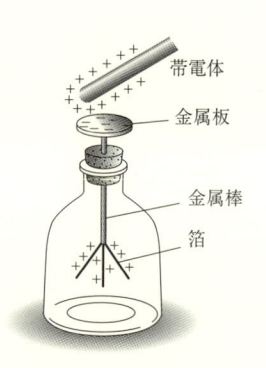

　また，図 8.11 のように，箔検電器の上の金属板に正の帯電体を近づけると，自由電子が上の金属板に引き寄せられ，下の箔の部分は正に帯電し，箔どうしの反発力により箔が開く．

　[例題 8.3]　図 8.11 の箔検電器について，次の問いに答えよ．

　(1) 近づける帯電体として，毛皮でこすったエボナイト棒を用いるとどうなるか説明せよ．

　(2) (1) のエボナイト棒を金属板に接触させて，すぐに離すと箔はどうなるか．

　[解]　(1) 静電誘導により，金属板には正電荷が誘導され，箔の方には負電荷をもった電子が溜まり，負電荷どうしの反発力により箔は開く．

　(2) 全体として，負電荷が溜まり，負電荷どうしの反発力により箔は開いたままになる．　　　　　　　　　　　　　　　　　　　　　　　　　　　　　　　　□

8.5.2 静電遮蔽

図 8.12 のように，箔検電器を金網で囲み，帯電体を金属板に近づけても，箔は開かない．これは静電誘導のために，金網の中の自由電子が移動して，金網の内側の電場が打ち消されているためである．このように導体で囲まれた領域内部に，外側からかけた電場が及ばなくなる現象を静電遮蔽という．

トンネルや地下鉄の中で携帯電話が通じにくくなるのも，静電遮蔽とよく似たある種の遮蔽効果による現象である．

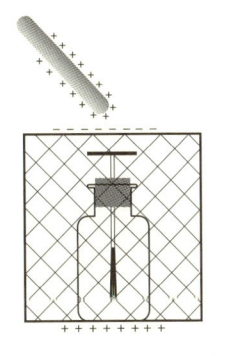

図 8.12 静電遮蔽．金網内部に電場はできない．

8.5.3 誘電分極

不導体に帯電体を近づけるとどうなるであろうか．不導体には自由電子はないので，外部からの電場を打ち消すような大幅な電荷の偏りはできないが，不導体を構成している分子の中で電荷の偏りができる (図 8.13)．そのため，図 8.14 のように，不導体の帯電体に近い表面とその反対側の表面には正負の電荷が現れ，不導体は帯電体に引き寄せられる．不導体に生じるこのような現象を誘電分極とよぶ．

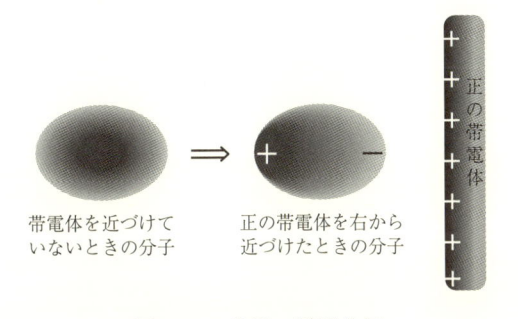

図 8.13 分子の誘電分極

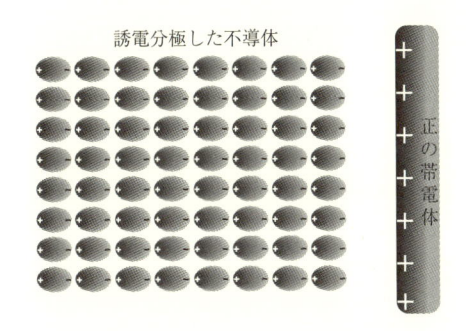

図 8.14 誘電分極した不導体

8.6 コンデンサー

導体を帯電させると，同じ電気量をもつ電荷どうしが互いに反発するので，1個の導体に大きな電気量を蓄えることは難しい．そのため，2個の導体を近づけて置き，一方に正電荷，もう一方に負電荷を与えると，正電荷と負電荷が引き合うので，大きい電気量を蓄えやすくなる (図 8.15)．このような電荷を蓄える装置をコンデンサーとよぶ．

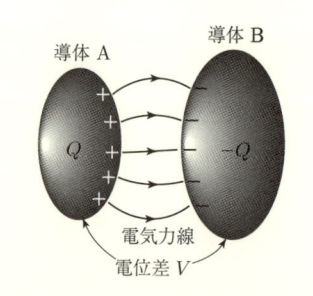

図 8.15 2個の導体からなるコンデンサー

コンデンサーはキャパシターともいう．

図のように，コンデンサーの導体 A に電気量 Q，導体 B に電気量 $-Q$ を与えて，それらの電位差が V になるとき

$$Q = CV \tag{8.23}$$

が成り立ち，比例定数 C は電気容量とよばれる．電気容量 C の値はコンデンサーを構成している導体の形とそれらの間の距離によって決まり，式 (8.23) からわかるように，電気容量が大きいコンデンサーほど，同じ電圧をかけたときに多くの電気量を蓄えることができる．

また，電気容量の単位は $[\mathrm{C/V}] = [\mathrm{m}^{-2} \cdot \mathrm{kg}^{-1} \cdot \mathrm{s}^4 \cdot \mathrm{A}^2] = [\mathrm{F}]$ (ファラッド) である．もちろん，1 [V] の電圧をかけたときに 1 [C] の電荷が溜まるコンデンサーの電気容量が 1 [F] であるが，実際の電気回路に使われるコンデンサーの電気容量はこれに比べ非常に小さく，$10^{-6}\,[\mathrm{F}] = 1\,[\mu\mathrm{F}]$ (マイクロファラッド)，$10^{-12}\,[\mathrm{F}] = 1\,[\mathrm{p\,F}]$ (ピコファラッド) がよく使われる．

例 8.5 平行板コンデンサー

簡単なコンデンサーの例として，図 8.16 のように，2 枚の平行な導体極板からなる平行板コンデンサーを考えてみよう．この 2 枚の導体極板の面積を A，間隔を d とし，それぞれの厚さは無視できるくらい薄いとする．

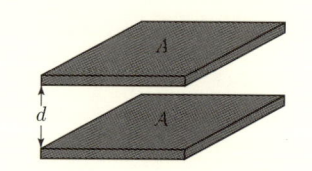

図 8.16 平行板コンデンサー

このとき，極板間は真空であるとすると，平行板コンデンサーの電気容量 C_0 は

$$C_0 = \varepsilon_0 \frac{A}{d} \tag{8.24}$$

となり，電気容量は極板の面積 A に比例し，極板間隔 d に反比例することが知られている．このとき，比例定数 ε_0 が真空の誘電率 (8.3) であることは，極板間は何の物質もない真空の場合を考えていることに対応するが，実際のコンデンサーでは極板間に空気などの物質が必ず存在する．

8.6 コンデンサー

では，極板間を物質で満たすとどうなるか．もちろん，この物質が導体であれば極板に溜まっていた電荷が流れてしまい，コンデンサーにはならない．そこで，誘電体を用いると，その場合の電気容量 C は

$$C = \varepsilon \frac{A}{d} \quad (8.25)$$

となることが知られている．真空の場合の式 (8.24) と見比べてみると明らかなように，その違いは真空の誘電率 ε_0 が ε に置き換わっただけである．ε は極板間に満たした誘電体の誘電率とよばれ，誘電体として使った

表 8.1 おもな誘電体の比誘電率

物質名	比誘電率
水	80.4
アルコール	16 ~ 31
ガラス	5.4 ~ 9.9
木材	2.5 ~ 7.7
イオウ	3.6 ~ 4.2
石英	3.8
紙	2.0 ~ 2.6
パラフィン	2.1 ~ 2.5
空気	1.00059

水の比誘電率は 20[°C] での値

誘電体については 8.5 節参照．

物質固有の値をもっている．いろいろな誘電体の誘電率を比べるとき，誘電率 ε を使うよりも，真空の誘電率 ε_0 を単位とした，比誘電率

$$\varepsilon_\mathrm{r} = \frac{\varepsilon}{\varepsilon_0} \quad (8.26)$$

を使うことが多い．おもな誘電体の比誘電率の値を表 8.1 にあげた．この表からわかるように，空気の比誘電率の値は極めて真空の値に近いが，いずれの物質の比誘電率の値も 1 より大きくなっている．つまり，コンデンサーの極板間は，真空の場合よりも誘電体で満たした場合の方が電気容量は大きくなり，さらに，比誘電率のより大きい物質を満たすほど電気容量はより大きくできるということである．

章末問題 8.4 参照

8.6.1 コンデンサーの接続

コンデンサーにあまり大きな電圧をかけると，極板間の誘電体がダメージを受けて，コンデンサーが壊れてしまうことがある．コンデンサーが壊れない電圧の範囲の限界を耐電圧という．この耐電圧よりも小さい電圧をかけて，より多くの電気量を蓄えるために，2 つ以上のコンデンサーを接続したコンデンサーを考えることがある．このように，2 つ以上のコンデンサーを接続してつくったコンデンサー全体の総電気容量を合成容量とよぶ．

ここからは，コンデンサーを電気回路の中の素子として考えるために，その記号として ┤├ を用いる．

(1) 並列接続

2 個以上のコンデンサーを並べてそれぞれの両端をまとめて接続する方法を並列接続とよび，それらの電気容量をひとまとめにした電気容量を並列接続の合成容量とよぶ．

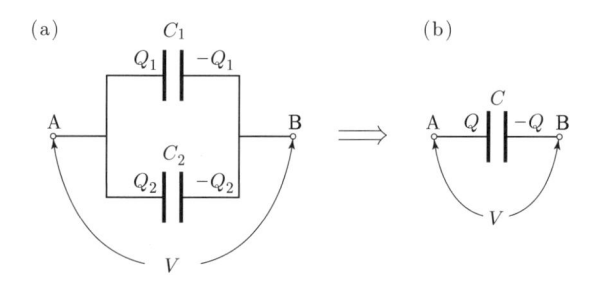

図 8.17 2 個のコンデンサーの並列接続とその合成容量

図 8.17 (a) のように，電気容量 C_1, C_2 の 2 個のコンデンサーを並列接続したときの合成容量 C を考えてみよう．電圧をかける前にはこれらのコンデンサーに電荷が溜まっていないとして，端点 A,B に電圧 V をかけて (図では端点 A の電位を高くするように電圧をかけている)，C_1 のコンデンサーに電気量 Q_1，C_2 のコンデンサーに電気量 Q_2 が溜まったとする．このように，コンデンサーを並列につないだとき，C_1, C_2 のそれぞれのコンデンサーにかかる電圧は等しく V なので，それぞれのコンデンサーについて

$$Q_1 = C_1 V, \quad Q_2 = C_2 V \tag{8.27}$$

が成り立つ．

一方，図 8.17 (b) のように，この並列接続したコンデンサーの合成容量を C，そこに溜まる総電荷量を Q とおくと，式 (8.27) と $Q = CV$ より

$$Q = Q_1 + Q_2 = C_1 V + C_2 V = (C_1 + C_2) V = CV \tag{8.28}$$

となり

$$C = C_1 + C_2 \tag{8.29}$$

であることがわかる．

この並列接続の合成容量の考え方は，2 個の場合だけではなく，n 個の場合にも同様に使える．図 8.18 (a) のように，電気容量 $C_1, C_2, \cdots, C_n$ の n 個のコンデンサーを並列接続したとき，その合成容量 C (図 8.18 (b)) は式 (8.29) と同様に

$$C = C_1 + C_2 + \cdots + C_n \tag{8.30}$$

章末問題 8.5 参照

と表すことができる．

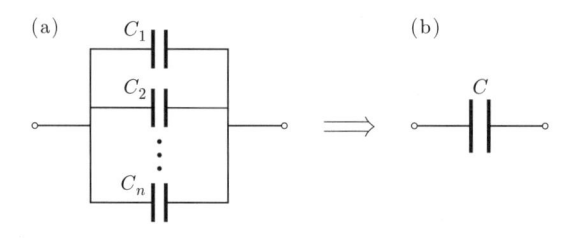

図 8.18 n 個のコンデンサーの並列接続とその合成容量

(2) 直列接続

2個以上のコンデンサーを直線上に一列に並べて接続する方法を直列接続とよび，それらの電気容量をひとまとめにした電気容量を直列接続の合成容量とよぶ．

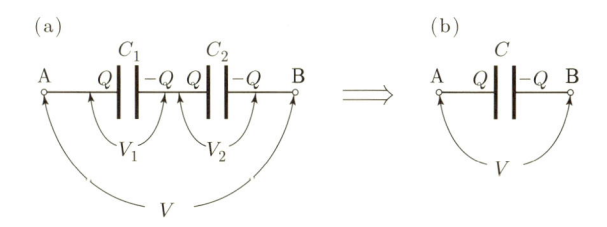

図 8.19 2個のコンデンサーの直列接続とその合成容量

図 8.19 (a) のように，電気容量 C_1, C_2 の2個のコンデンサーを直列接続したときの合成容量 C を考えてみよう．電圧をかける前にはこれらのコンデンサーに電荷が溜まっていないとして，端点 A,B に電圧 V をかけたとする (図では端点 A の電位を高くするように電圧をかけている)．各コンデンサーへの電荷の溜まり方を考えるとき，図 8.19 (a) でコンデンサー間の極板と導線を含む H 字形の部分は孤立導体になっていることに注意する必要がある．そのため，C_1 のコンデンサーの左側の極板に電気量 Q が溜まったとすると，それに誘導され C_1 のコンデンサーの右側の極板には電気量 $-Q$, C_2 のコンデンサーの左側の極板に電気量 Q, C_2 のコンデンサーの右側の極板に電気量 $-Q$ が溜まることになる．このときに，C_1, C_2 のそれぞれのコンデンサーにかかる電圧を V_1, V_2 とおくと，それぞれのコンデンサーについて

$$V_1 = \frac{Q}{C_1}, \quad V_2 = \frac{Q}{C_2} \tag{8.31}$$

が成り立つ．

一方，図 8.19 (b) のように，この直列接続したコンデンサーの合成容量を C とおくと，式 (8.31) と $V = \dfrac{Q}{C}$ より

$$V = V_1 + V_2 = \frac{Q}{C_1} + \frac{Q}{C_2} = Q\left(\frac{1}{C_1} + \frac{1}{C_2}\right) = \frac{Q}{C} \tag{8.32}$$

となり

$$\frac{1}{C} = \frac{1}{C_1} + \frac{1}{C_2} \tag{8.33}$$

であることがわかる．

この直列接続の合成容量の考え方は，2個の場合だけではなく，n 個の場合にも同様に使える．図 8.20 (a) のように，電気容量 C_1, C_2, $\cdots$, C_n の n 個のコンデンサーを直列接続したとき，その合成容量 C (図 8.20 (b)) は式 (8.33) と同様に

図 8.20 n 個のコンデンサーの直列接続とその合成容量

$$\frac{1}{C} = \frac{1}{C_1} + \frac{1}{C_2} + \cdots + \frac{1}{C_n} \tag{8.34}$$

章末問題 8.6 参照

と表すことができる．

8.6.2 静電エネルギー

電荷の溜まっていない電気容量 C のコンデンサー (図 8.21 (a)) に電圧 V の電池 (回路の中での記号 ┤├) に接続しスイッチを閉じると，コンデンサーの極板間にかかる電位差 V により電荷が移動し，最終的には $Q = CV$ の電荷が充電される (図 8.21 (b))．つまり，電池が移動した電荷に対し仕事をしたことに相当し，その仕事は充電されたコンデンサーに電気的な位置エネルギーとして蓄えられたことになる．この充電されたコンデンサーの電気的な位置エネルギーは静電エネルギーとよばれる．図 (b) のコンデンサーに蓄えられた静電エネルギー U は

$$U = \frac{Q^2}{2C} = \frac{1}{2}QV = \frac{1}{2}CV^2 \tag{8.35}$$

章末問題 8.7 参照

となることが知られている．式 (8.35) の中の等号では $Q = CV$ を用いて変形している．

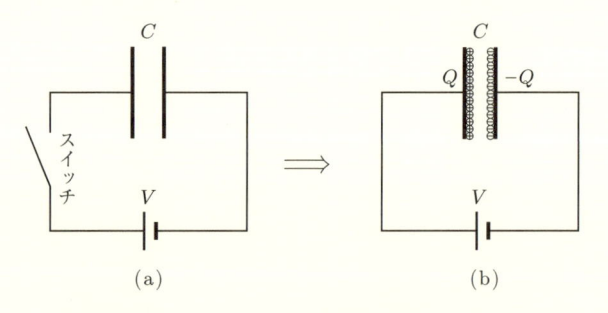

図 8.21 コンデンサーの充電と静電エネルギー

8.7 電流と電気抵抗

電荷が導体中を流れると電流になる．このとき，電荷を担うものは，電子，陽イオン，陰イオンなどの荷電粒子が考えられる．この電流の大きさは，導体のある断面を考え，その断面を単位時間あたりに通過する電気量として定義される．図 8.22 のように，垂直断面 S の一様な円筒状の導体の中を流れる電流

8.7 電流と電気抵抗

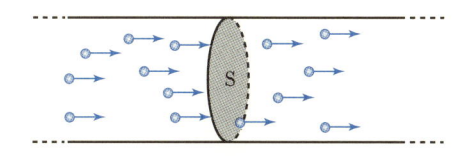

図 8.22 導線中の電流

を考える．時間 t [s] に垂直断面 S を q [C] の電荷が通過するとき，この導線を流れる電流の強さ I は

$$I = \frac{q}{t} \tag{8.36}$$

である．したがって，電流の単位は [C/s] = [A] (アンペア) である．また，電流の向きは正の電荷が流れる向きを正の向きと定める．金属の場合，電流の担い手は自由電子で，負の電気量をもつので，電流の向きと自由電子の流れる向きは反対になることにも注意しよう．また，電流の向きは電位が高い方から低い方に向くということもできる．

特に，一定の大きさと向きをもつ電流を定常電流といい，定常電流が流れている電気回路を直流回路という．ここからは，電池 (直流電源) と抵抗からなる直流回路を考える．

8.7.1 オームの法則

導体中に流れる電流を妨げる作用を電気抵抗または抵抗とよぶ．導体は必ず多少の抵抗をもっているが，電気回路の中では専用の部品を使うことが多い．このような部品を単に抵抗とよぶこともある．この抵抗は電気回路の記号として ─▭─ を用いる．

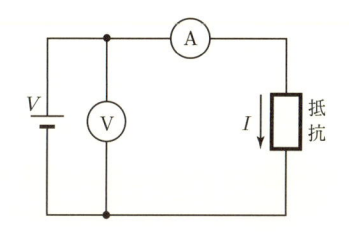

図 8.23 抵抗に流れる電流と両端にかかる電圧の測定

図 8.23 の電気回路のように，抵抗の両端に電源をつなぎ，電源の電圧 V を変化させて抵抗に流れる電流 I を測定する実験をする．ただし，Ⓐ は電流計で，抵抗に流れる電流 I の値を表示する計測器，Ⓥ は電圧計で，抵抗にかかる電圧 V の値を表示する計測器である．この実験により，抵抗に流れる電流 I とかかる電圧 V の間には比例関係

$$V = RI \tag{8.37}$$

があることがわかる．この抵抗に関する電流と電圧の比例関係 (8.37) はオームの法則とよばれる．

> 実際，実験をするときには，抵抗の温度変化が少なくなるようにする必要がある．

ここで，比例定数 R は抵抗固有の値で，電気抵抗または単に抵抗とよぶ．また，抵抗 R の単位は $[\text{V/A}] = [\text{m}^2 \cdot \text{kg} \cdot \text{s}^{-3} \cdot \text{A}^{-2}]$ であり，この単位は誘導単位 $[\Omega]$ (オーム) として用いられる．

図 8.24 のように，電気抵抗 R を流れている電流 I の向きは電位の高い方から低い方へ向いている．この抵抗の両端の電位差は電圧降下とよばれ，オームの法則から RI である．

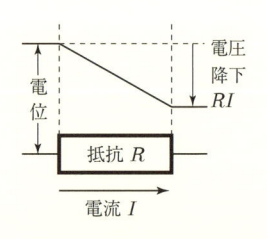

図 8.24 抵抗の電圧降下

8.7.2 電気抵抗率

電気抵抗の値は，導体の材質，長さ，断面積，温度などによって異なる．温度が一定で，同じ材質の導体の電気抵抗 R は，長さ L に比例し，断面積 A に反比例するので

$$R = \rho \frac{L}{A} \tag{8.38}$$

と表せる．ここで，比例定数 ρ は電気抵抗率または抵抗率とよばれ，単位 $[\Omega \cdot \text{m}]$ をもつ量である．

電気抵抗率 ρ の値は抵抗の材質の種類と温度によって変わる．この性質を抵抗の材質を金属材料にした場合についてみてみよう．表 8.2 に室温 ($\sim 20\,[^\circ\text{C}]$) でのおもな金属の電気抵抗率をあげた．

また，金属の電気抵抗率 ρ の値が温度によって変わる原因は次の通りである．図 8.25 のように，金属の結晶中では，規則的に並んだ陽イオンのまわりを自由電子が動き回っている．その両端に電池を接続すると，金属中の自由電子は，プラス側に引っぱられて移動する．このとき，金属の陽イオンはその温

表 8.2 おもな金属の電気抵抗率

金属名	電気抵抗率 $[\Omega \cdot \text{m}]$
銀	1.59×10^{-8}
銅	1.68×10^{-8}
金	2.21×10^{-8}
アルミニウム	2.65×10^{-8}
タングステン	5.29×10^{-8}
亜鉛	6.02×10^{-8}
ニッケル	6.99×10^{-8}
鉄	1.00×10^{-7}

室温 ($\sim 20[^\circ\text{C}]$) での値

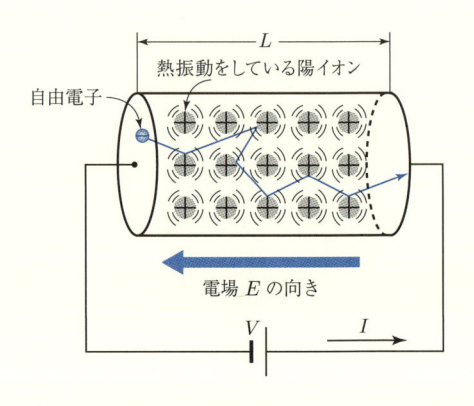

図 8.25 抵抗の中で金属の陽イオンと衝突しながら運動する自由電子

度に対応する無秩序な熱振動をしているため，自由電子の運動が妨げられる．そのため，金属の温度を上げると，金属の陽イオンの熱振動が激しくなり，自由電子の衝突頻度が大きくなるので，電気抵抗が大きくなる．図 8.25 を参考にその様子を想像してみよう．

8.7.3　ジュール熱と電力

図 8.25 のように，長さ L の金属の抵抗線に電圧 V の電池をつなぐと，抵抗線内には大きさ $E = \dfrac{V}{L}$ の一様電場ができ，金属内の自由電子はその一様電場から大きさ $eE = \dfrac{eV}{L}$ の力を受ける．したがって，自由電子は抵抗線内を移動する間に，電場から $eEL = eV$ [J] の仕事を受け，その分の運動エネルギーを得るはずである．しかし，この運動エネルギーは，自由電子が抵抗線内の陽イオンと何度も衝突することで，陽イオンの熱振動に吸収されて抵抗線の熱エネルギーに変わってしまう．その結果，抵抗線の温度が上昇する．このように，電流を流したことにより発生する熱は ジュール熱 とよばれる．その後，このジュール熱は光や熱放射として外部に放出される．この光や熱放射を利用する電気部品として，電球のフィラメントや電熱器の電熱線などがあげられる．

実際に，図 8.25 の電気回路で発生するジュール熱 Q [J] を求めてみよう．この電気回路に流れている定常電流を I とすると，t [s] 間に移動する電荷の電気量 q は $q = It$ [C] である．したがって，t [s] 間に電源が電荷に対してする仕事は

$$Q = qV = VIt \tag{8.39}$$

となり，これがジュール熱になる．また，この抵抗線の抵抗値を R とすると，オームの法則 $V = RI$ より，ジュール熱は

$$Q = I^2 R t = \dfrac{V^2}{R} t \tag{8.40}$$

と表すこともできる．

ここまでは，電気回路の中で電源が電荷に対してする仕事がすべてジュール熱という熱エネルギーに変換される場合を考えてきたが，いろいろな電気製品をみると，電源がする仕事は熱エネルギーだけではなく，力学的な仕事や他のエネルギーに変換されていることがわかる．したがって，一般の電気回路では式 (8.39) で求めた Q は

$$Q = ジュール熱 + 他の仕事 + 他のエネルギー \tag{8.41}$$

と考えられる．そこで，一般に電気回路の電源が単位時間あたりにする仕事（電源の仕事率）P を 電力 とよび，式 (8.39), (8.40) より

$$P = \dfrac{Q}{t} = VI = I^2 R = \dfrac{V^2}{R} \tag{8.42}$$

ジュール熱の単位は，かつて カロリー という単位で表すこともあったが，1948 年の国際度量衡総会 (CGPM) で，できるだけ使用せず，もし使用する場合にはジュール単位の値を併記することと決議された．よって，SI 単位系では，カロリーは併用単位にもなっていない．

1999 年 10 月以降，日本の計量法では，栄養学や生物学分野以外でのカロリーの使用が禁止されている．

と表す．電力 P の単位 [J/s] は誘導単位 [W] (ワット) が使われる．

また，P [W] の電力で時間 t [s] の間に与えられるエネルギーという意味で，電源から供給されるエネルギー

$$Q = Pt \text{ [J]} \tag{8.43}$$

を電力量とよぶ．電力量の単位は [W·s] であるが，日常生活で使う電力量の単位としては小さすぎ，1 [kW] (キロワット) の電力を 1 時間使うときの電力量 1 [kWh] (キロワット時) を単位として用いることが多い．この 1 [kWh] を [J] 単位に換算すると

$$1 \text{ [kWh]} = 1 \times 10^3 \times 60 \times 60 \text{ [J]} = 3.6 \times 10^6 \text{ [J]} \tag{8.44}$$

であることも憶えておくと便利である．

[注意] 日常使われている電気製品の電源は，電力会社によって供給されている．一般に，電力会社が供給している電源は，電圧値が正と負の間で周期的に変化する交流電源である．したがって，この電源につないだ回路にかかる電圧やそこを流れる電流は周期的に変化するが，その値を平均化した実効値としての電圧と電流を考えれば，式 (8.42) は成り立つ．本書では，交流回路は扱わないが，この実効値についての電力は直流回路の場合と同様に扱うことができる．

[例題 8.4] 500 [W] の電熱器を 100 [V] の電源につないで使うとき，次の問いに答えよ．
(1) 電熱器に流れる電流の大きさを求めよ．
(2) 電熱器の抵抗値を求めよ．
(3) 20 [°C] の水 500 [g] を 100 [°C] の水にするには約何分かかるか求めよ．ただし，電熱器の発熱量の 30 % は大気中への散逸などで失われるとし，水の比熱は 4.19 [J·g^{-1}·K^{-1}] とする．

[解] (1) 式 (8.42) の $P = VI$ より

$$I = \frac{P}{V} = \frac{500 \text{ [W]}}{100 \text{ [V]}} = 5.00 \text{ [A]}.$$

(2) オームの法則 $V = RI$ から

$$R = \frac{V}{I} = \frac{100 \text{ [V]}}{5.00 \text{ [A]}} = 20.0 \text{ [Ω]}.$$

(3) かかる時間を T [s] とすると，20 [°C] の水 500 [g] を 100 [°C] の水にするときに必要な熱量は

$$500 \text{ [W]} \times T \times 0.70 = 500 \text{ [g]} \times 4.19 \text{ [J·g}^{-1} \cdot \text{K}^{-1}\text{]} \times (100 - 20) \text{ [K]}$$

である．この方程式を T について解くと，$T = 478.857$ [s] となる．よって，この時間 T を分単位で表すと約 8 分である． □

章末問題 8.9 参照

8.8 直流回路

直流回路の各部分を流れる電流の大きさと向きは，ここで説明するキルヒホッフの法則とオームの法則を使って求めることができる．特に，キルヒホッフの法則は次の 2 つの法則に分けられる．

電荷の保存則から次のキルヒホッフの第 1 法則が導かれる．

> **法則 8.1 キルヒホッフの第 1 法則** 回路中の任意の接続点に流れ込む電流の大きさの和と流れ出る電流の大きさの和は等しい．

この第 1 法則は，例えば電気回路中に図 8.26 の点 P のような接続点があり，その接続点に電流 $I_1, I_2, \cdots, I_k$ が流れ込み，電流 $I_{k+1}, I_{k+2}, \cdots, I_n$ が流れ出るとき

$$I_1 + I_2 + \cdots + I_k = I_{k+1} + I_{k+2} + \cdots + I_n \tag{8.45}$$

と表せる．

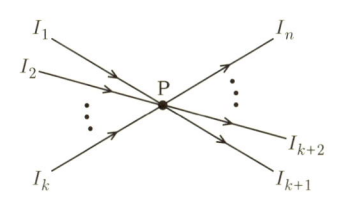

図 8.26 キルヒホッフの第 1 法則

> **法則 8.2 キルヒホッフの第 2 法則** 回路中の任意の閉回路に沿って 1 周するとき，電池による電圧上昇の和と抵抗の電圧降下の和は等しい．

この第 2 法則は，例えば抵抗 R に電流 I が流れているところでは電流が流れる方向に RI の電圧降下が生じ (図 8.24 参照)，これとは逆に，電圧 V の電池があるところでは $-$ 側から $+$ 側に電圧上昇 V があることを意味する．キルヒホッフの法則とオームの法則に従い，回路内の電流と電位についての方程式を立てると，それは電流についての連立方程式になっていて，それらを連立して電流について解くことにより，回路内の各部分を流れる電流が求められる．

8.8.1 抵抗の接続

電気回路の中で 2 個以上の抵抗を接続して，それを 1 つの抵抗とみなすとき，その抵抗を合成抵抗とよぶ．

(1) 直列接続

電気回路の中で 2 個以上の抵抗を一列に並べて接続する方法を直列接続とよぶ。電荷の保存則から，電気回路の中で抵抗が直列接続されている部分に電流を流すとき，各抵抗に流れる電流の大きさは等しくなることがいえる (キルヒホッフの第 1 法則)．

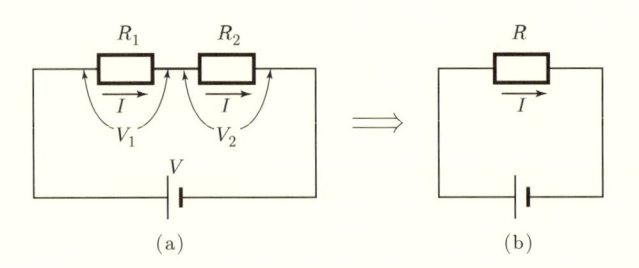

図 8.27 2 個の抵抗の直列接続とその合成抵抗

図 8.27 (a) のように，抵抗値 R_1 と R_2 の 2 個の抵抗を直列接続したときの合成抵抗 R (図 8.27 (b)) を求めてみよう．そのために，両端を電圧 V の電池につなぎ，各抵抗に流れる電流の大きさを I とする．このとき，各抵抗の電圧降下を V_1 と V_2 とすると，オームの法則 (8.37) より

$$V_1 = R_1 I, \quad V_2 = R_2 I \tag{8.46}$$

が成り立ち，また，合成抵抗の両端には電池の電圧 V がかかるので

$$V = RI \tag{8.47}$$

が成り立つ．図 8.27 (a) の回路について，各抵抗での電圧降下の和は電池の起電力の電圧上昇に等しくなるので

$$V = V_1 + V_2 \tag{8.48}$$

が成り立つ (キルヒホッフの第 2 法則)．式 (8.46),(8.47) を式 (8.48) に代入し，両辺共通の電流 I を消去すると，抵抗値 R_1 と R_2 の 2 個の抵抗を直列接続したときの合成抵抗 R を表す式

$$R = R_1 + R_2 \tag{8.49}$$

が得られる．

抵抗の直列接続は，抵抗の個数が 2 個の場合に限らず，一般に n 個の場合でも考えられる．つまり，図 8.28 (a) のように，抵抗値 $R_1, R_2, \cdots, R_n$ の n 個の抵抗を直列接続したときの合成抵抗 R (図 8.28 (b)) は，式 (8.49) と同様に

$$R = R_1 + R_2 + \cdots + R_n \tag{8.50}$$

と表すことができる．

8.8 直流回路

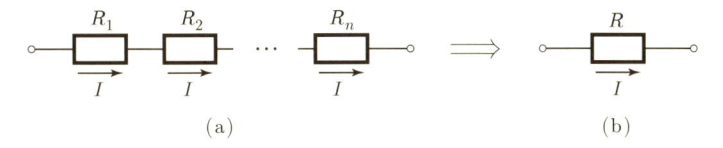

図 8.28 n 個の抵抗の直列接続とその合成抵抗

(2) 並列接続

電気回路の中で 2 個以上の抵抗を並べてそれぞれの両端をまとめて接続する方法を並列接続とよぶ．電気回路の中で抵抗が並列接続されている部分に電圧をかけると各抵抗での電圧降下は等しくなる (キルヒホッフの第 2 法則)．

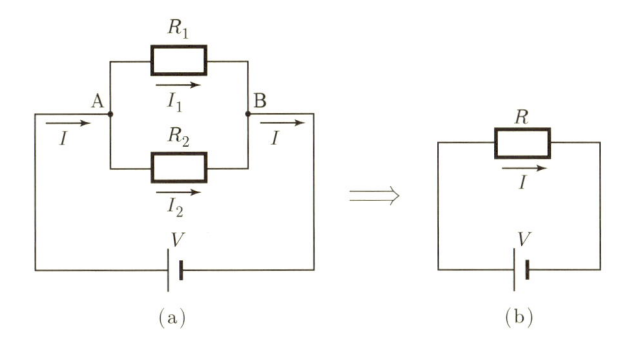

図 8.29 2 個の抵抗の並列接続とその合成抵抗

図 8.29 (a) のように，抵抗値 R_1 と R_2 の 2 個の抵抗を並列接続したときの合成抵抗 R (図 8.29 (b)) を求めてみよう．そのために，点 A, B を電圧 V の電池につなぎ，各抵抗に流れる電流の大きさを I_1, I_2 とする．このとき，各抵抗の電圧降下は電池の電圧 V に等しく，オームの法則 (8.37) より

$$I_1 = \frac{V}{R_1}, \quad I_2 = \frac{V}{R_2} \tag{8.51}$$

が成り立ち，また，合成抵抗の両端には電池の電圧 V がかかるので，流れる電流 I について

$$I = \frac{V}{R} \tag{8.52}$$

が成り立つ．図 8.29 (a) 左の回路中の点 A または点 B において，流れ込む電流の大きさの和と流れ出る電流の大きさの和は等しくなるので

$$I = I_1 + I_2 \tag{8.53}$$

が成り立つ (キルヒホッフの第 1 法則)．式 (8.51), (8.52) を式 (8.53) に代入し，両辺共通の電圧 V を消去すると，抵抗値 R_1 と R_2 の 2 個の抵抗を並列接続したときの合成抵抗 R を表す式

$$\frac{1}{R} = \frac{1}{R_1} + \frac{1}{R_2} \tag{8.54}$$

が得られる．

抵抗の並列接続は，抵抗の個数が 2 個の場合に限らず，一般に n 個の場合でも考えられる．つまり，図 8.30 (a) のように抵抗値 $R_1, R_2, \cdots, R_n$ の n 個の抵抗を並列接続したときの合成抵抗 R (図 8.30 (b)) は，式 (8.54) と同様に

$$\frac{1}{R} = \frac{1}{R_1} + \frac{1}{R_2} + \cdots + \frac{1}{R_n} \tag{8.55}$$

章末問題 8.10 参照　　と表すことができる．

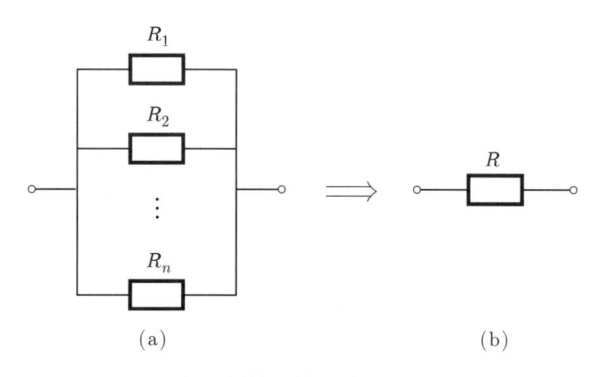

図 8.30　n 個の抵抗の並列接続とその合成抵抗

[例題 8.5]　電圧 V_1, V_2 の 2 個の電池と 3 つの抵抗値 R_1, R_2, R_3 の 3 個の抵抗を，図 8.31 のようにつなげた直流回路中の各抵抗に流れる電流を求めよ．

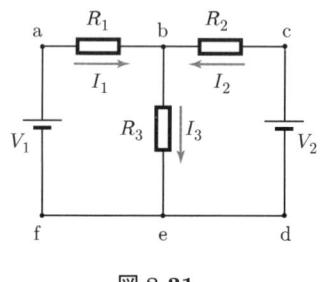

図 8.31

[解]　抵抗 R_1, R_2, R_3 を流れる電流を I_1, I_2, I_3 とおく．接続点 b にキルヒホッフの第 1 法則を適用すると

$$I_1 + I_2 = I_3. \tag{8.56}$$

閉回路 abef にキルヒホッフの第 2 法則を適用すると

$$R_1 I_1 + R_3 I_3 = V_1. \tag{8.57}$$

閉回路 bcde にキルヒホッフの第 2 法則を適用すると

$$R_2 I_2 + R_3 I_3 = V_2. \tag{8.58}$$

式 (8.56)〜(8.58) を連立して，I_1, I_2, I_3 について解くと

8.8 直流回路

$$I_1 = \frac{(R_2+R_3)V_1 - R_3 V_2}{R_1 R_2 + R_1 R_3 + R_2 R_3},$$

$$I_2 = \frac{-R_3 V_1 + (R_1+R_3)V_2}{R_1 R_2 + R_1 R_3 + R_2 R_3},$$

$$I_3 = \frac{R_2 V_1 + R_1 V_2}{R_1 R_2 + R_1 R_3 + R_2 R_3}$$

となる. 　　　　　　　　　　　　　　　　　　　　　　　　□ 章末問題 8.11 参照

例 8.6 ホイートストンブリッジ 図 8.32 のように，抵抗値 R_1, R_2, R_3, R_4 の 4 個の抵抗と検流計を組み合わせてつくった回路を**ホイートストンブリッジ**とよぶ．検流計は，そこに流れる電流を測る計測器であり，それ自身も抵抗 r をもっている (内部抵抗)．また，R_4 の抵抗は可変抵抗になっていて，抵抗値を変えられる．可変抵抗の R_4 を調節し

$$R_1 R_3 = R_2 R_4 \tag{8.59}$$

が成り立つとき，検流計には電流が流れない．　　　　　　　　　　章末問題 8.12 参照

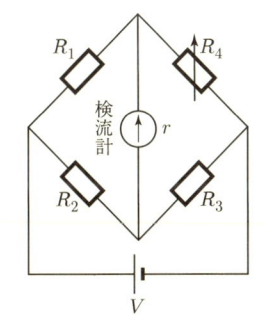

図 8.32 ホイートストンブリッジ

電荷の最小単位

物質を構成する最小単位の粒子を素粒子という．8 章で登場した粒子の中で，現在，素粒子として確認されているのは電子だけであり (**レプトン**という素粒子に分類されている)，陽子と中性子はより小さい素粒子の**クォーク**から構成されていることがわかっている．

このクォークは次の 6 種類

アップクォーク (u)，　チャームクォーク (c)，　トップクォーク (t)，
ダウンクォーク (d)，　ストレンジクォーク (s)，　ボトムクォーク (b)

に分類される．このうち e を電気素量として，上の行の 3 種類 (u, c, t) は $\frac{2}{3}e$ の電気量をもち，下の行の 3 種類 (d, s, b) は $-\frac{1}{3}e$ の電気量をもっていることが知られている.

章末問題 8

8.1 同じ質量 0.20 [kg] の 2 個の小球を 1.0 [m] の 2 本のひもで天井の 1 点から吊し,それぞれの小球にある同じ電気量を与えると図 8.33 のような位置で静止した.このとき,次の問いに答えよ.ただし,重力加速度の大きさは 9.8 [m/s^2],クーロンの法則の比例定数は $\frac{1}{4\pi\varepsilon_0} \fallingdotseq 9.0 \times 10^9$ [C^{-2}·N·m^2] とする.
 (1) 各小球が受ける静電気力の大きさを求めよ.
 (2) 各小球に与えられた電気量を求めよ.

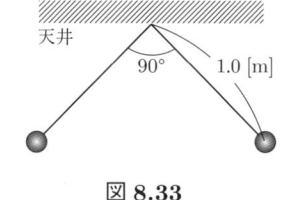

図 8.33

8.2 例題 8.1 で,点電荷 q_2 と q_3 が受ける静電気力の合力をそれぞれ求めよ.

8.3 図 8.4 のように,xyz 座標の原点に -2.0 [C] の点電荷を置いたとき,次の (1),(2) の位置にできる静電場の成分と大きさを求めよ.ただし,各座標はメートル単位で表されているとし,クーロンの法則の比例定数は $\frac{1}{4\pi\varepsilon_0} \fallingdotseq 9.0 \times 10^9$ [C^{-2}·N·m^2] とする.
 (1) 点 $(1,0,0)$ (2) 点 $(1,0,1)$

8.4 半径 5.0 [cm] の 2 枚の薄い金属円板を,1.0 [mm] 隔てて平行に向かい合わせたコンデンサーについて,次の問いに答えよ.ただし,円周率は 3.14 とする.
 (1) 極板間が真空の場合の電気容量を求めよ.ただし,真空の誘電率は 8.85×10^{-12} [C^2·N^{-1}·m^{-2}] とする.
 (2) このコンデンサーの極板間を比誘電率 2.5 のパラフィンで満たしたときの電気容量を求めよ.

8.5 電気容量が 3.0 [μF] と 5.0 [μF] の 2 個のコンデンサーを並列接続するとき,次の問いに答えよ.
 (1) 合成容量を求めよ.
 (2) この並列接続したコンデンサー全体に 1.5 [V] の電池で充電するとき,それぞれのコンデンサーに蓄えられる電気量を求めよ.

8.6 電気容量が 20 [μF] と 30 [μF] の 2 個のコンデンサーを直列接続するとき,次の問いに答えよ.
 (1) 合成容量を求めよ.
 (2) この直列接続したコンデンサー全体に 1.5 [V] の電池で充電するとき,それぞれのコンデンサーにかかる電圧を求めよ.

8.7 問題 8.4 の平行板コンデンサーの極板間を比誘電率 2.0 の紙で満たし,1.5 [V] の電池で充電するとき,次の問いに答えよ.
 (1) この平行板コンデンサーの電気容量を求めよ.
 (2) この充電された平行板コンデンサーに蓄えられる静電エネルギーを求めよ.

8.8 図 8.34 のように,電気容量 C_1, C_2, C_3 [F] の 3 個のコンデンサーを接続し,端点 A,B 間に電圧 V [V] をかけて充電するとき,次の問いに答えよ.ただし,電圧をかける前にはそれぞれのコンデンサーは充電されていないとする.
 (1) 端点 A, B 間の合成容量を求めよ.
 (2) 各コンデンサーに蓄えられる電気量を求めよ.
 (3) 各コンデンサーの極板間の電位差を求めよ.
 (4) 各コンデンサーに蓄えられる静電エネルギーを求めよ.

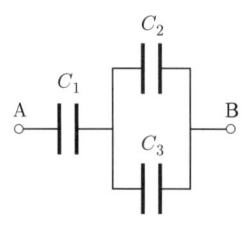

図 8.34

章末問題 8

8.9 ある電気乾燥機を 100 [V] の電源につなぐと 8.00 [A] の電流が流れることになっている．このとき，次の問いに答えよ．
　(1) この電気乾燥機の消費電力を求めよ．
　(2) 1.00 [g] の水を蒸発させるために 2600 [J] の熱量が必要であるとすると，この電気乾燥機で 0.50 [kg] の水を含んだ洗濯物を乾燥させるときに必要な時間を求めよ．

8.10 図 8.35 のように，抵抗値 20 [Ω], 30 [Ω], 40 [Ω] の抵抗と 12 [V] の電池をつないだ直流回路 (a), (b), (c) について，次の問いに答えよ．
　(1) 各直流回路中の合成抵抗をそれぞれ求めよ．
　(2) 各直流回路中の各抵抗に流れる電流の大きさをそれぞれ求めよ．

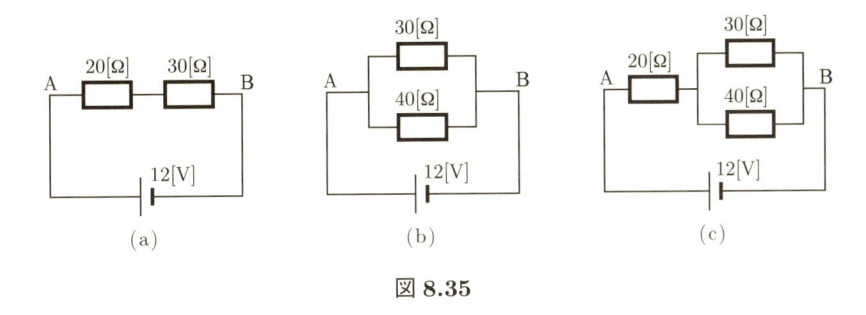

図 8.35

8.11 図 8.36 のように，抵抗値 R_1, R_2, R_3, R_4 [Ω] の 4 個の抵抗と電圧 V_1, V_2 [V] の 2 個の直流電源 (電池) をつないだ回路において，各抵抗に流れる電流の大きさを求めよ．

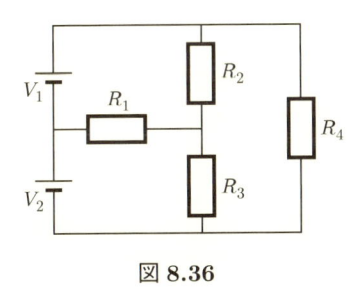

図 8.36

8.12 例 8.6 の図 8.32 のように，ホイートストンブリッジの両端を電圧 V の電池につなぐとき，4 つの抵抗の間に式 (8.59) が成り立つと，検流計には電流が流れないことを示せ．

9

電流と磁場

　磁石が鉄につくことや，磁石どうしがつくことはよく知られている現象であろう．また，電流と磁石の間にも力が働き，モーターなどに利用されている．これらの現象は，磁石のまわりや電流のまわりには磁場が発生することから説明され，電気と磁気は相互作用し合うものであることが知られている．

　本章の目標は，「電場と磁場の相互関係を説明できる」，「電場，磁場の中における荷電粒子の運動を説明できる」ことである．

9.1 磁石による磁場

　磁石と磁石を近づけるとそれらの間に力が働く．その力は磁石の端にある磁極どうしの間に働く力であることが知られている．

　細長い棒磁石では磁性を表す場所が両先端に集中している．それを磁極とよぶ．磁極のもつ磁気的性質には2種類あり，それらは棒磁石や方位磁針の両端に現れるが，地球のもっている磁気(地磁気)で北をさす方をN極，南をさす方をS極とする．磁極のもつ磁気力の大きさを表す量として磁気量や磁荷を使う．このとき，N極の磁気量(磁荷)は正の値に，S極の磁気量(磁荷)は負の値に対応づけられる．正の磁荷と負の磁荷は磁気力により互いに引き合い，正の磁荷どうしまたは負の磁荷どうしは磁気力により互いに反発するという点は電荷の場合とよく似ている．

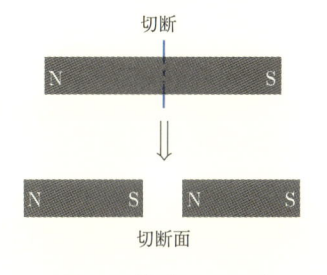

図 9.1 棒磁石の切断

地球を磁石に見立てると，北極がS極に相当し，南極がN極に相当する．これはN極とS極が互いに引き合うという磁石の性質から明らかであるが，意外に間違いやすい．

　しかし，電荷の性質と大きく異なる点は，磁石の正負の極は必ず対をなして現れ，一方の極だけを単独に取り出すことはできないということである．これは図9.1のように棒磁石を切って2つに分けると，必ずそれらの切断面にはN極とS極が対で現れて，それぞれの棒磁石の両端はN極とS極になり，どんなに細かくしてもN極とS極が対で現れるということからも類推できる．磁

N極だけ，またはS極だけをもつ磁荷を単磁荷または磁気単極子とよぶ．単磁荷は現在まで観測されていない．通常の電磁気学では存在しないと考えられている．

荷 $-m$ の S 極と磁荷 m の N 極間の距離を小さくする極限で考えた一対の磁荷を磁気双極子という．この磁気双極子は磁荷の最小単位として考えられる．

9.1.1 磁気力に関するクーロンの法則

前のところで説明したように，磁気には単磁極がないため，両極間に働く磁気力を考えるときには次のような場合を考えざるをえない．図 9.2 のように，できるだけ細長い棒磁石の一方どうしを近づけると，近似的に分離した点磁荷を考えることができる．このようなとき，点電荷の間に働く静電気力と同様に，点磁荷の間に働く静磁気力が考えられ，次の磁気力に関するクーロンの法則 (9.1) が成り立つ．

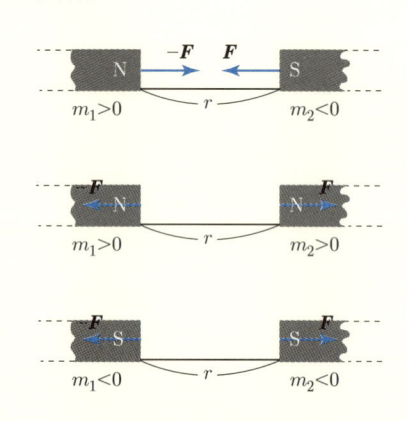

図 9.2 磁極に働く磁気力

図のように，磁気量 (磁荷) m_1, m_2 の磁極が真空中で r の距離を隔てて置かれているとき，そのうちの一方に作用する力 $\boldsymbol{F}$ は

$$\boldsymbol{F} = \frac{1}{4\pi\mu_0}\frac{m_1 m_2}{r^2}\frac{\boldsymbol{r}}{r}\ [\mathrm{N}] \qquad (r = |\boldsymbol{r}|) \tag{9.1}$$

となる．ここで，磁気量の単位は [Wb] (ウェーバー) で，μ_0 は真空の透磁率とよばれる定数で

$$\mu_0 \fallingdotseq 1.257 \times 10^{-6}\ [\mathrm{Wb}^2 \cdot \mathrm{N}^{-1} \cdot \mathrm{m}^{-2}] \tag{9.2}$$

である．また，式 (9.1) の磁気量 (磁荷) m_1, m_2 の正負と図 9.2 の磁気力 $\boldsymbol{F}$ の向きの対応にも注意しよう．また，式 (9.1) の磁気力 $\boldsymbol{F}$ の大きさ F は

$$F = |\boldsymbol{F}| = \frac{1}{4\pi\mu_0}\frac{|m_1 m_2|}{r^2}\ [\mathrm{N}] \tag{9.3}$$

となり，磁極の間の距離 r の 2 乗に反比例し，磁荷の積 $|m_1 m_2|$ に比例する．

磁気量の単位 [Wb] (ウェーバー) は，MKSA 基本単位で $[\mathrm{m}^2 \cdot \mathrm{kg} \cdot \mathrm{s}^{-2} \cdot \mathrm{A}^{-1}]$ となることがわかる (9.3 節参照)．

9.1.2 磁　　場

離れた電荷の間に働く電気力が電場によって仲介されたように，離れた磁石の間に磁気力が働くときにはその間の空間に磁場が存在し，磁気力を仲介している．磁場も電場と同様にベクトル場であり，次のように定義される．磁場がある空間の点 P に磁気量 $m > 0$ の N 極 (試験磁極) を置いたとき，この N 極に磁気力 $\boldsymbol{F}(\mathrm{P})$ が働くならば，その点 P における磁場 $\boldsymbol{H}(\mathrm{P})$ を単位磁気量あたりに働く磁気力として

磁場は磁界とよばれることもある．

9.1 磁石による磁場

$$\bm{H}(\mathrm{P}) = \frac{1}{m}\bm{F}(\mathrm{P}) \tag{9.4}$$

と定義する．この定義からもわかるように，磁場 $\bm{H}(\mathrm{P})$ の単位は [N/Wb] = [A/m] である．磁場の単位に電流の単位 [A] が表れることに注意しよう．

磁場の様子を図の上で表すときには磁力線が用いられる．電気力線の場合と同様，この磁力線の定義は

> 磁場 $\bm{H}$ のある空間内において，その線上の各点における磁場が接線方向を向くベクトル (接ベクトル) になっている線

である (図 9.3)．

磁場は電流と関係がある．このことは 9.2 節で詳しく説明する．

電気力線については 8.3.2 項参照．

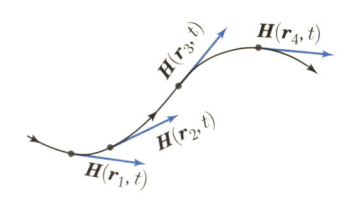

図 9.3 磁力線

磁荷，磁場の性質と磁力線の定義から次のことがいえる．

- 磁力線は磁荷がない点で途切れない．
- 磁力線の向きは N 極から出て，S 極に入る向きである．
- 磁力線どうしは交わらない．
- 磁場の強さが大きいところでは磁力線の本数密度が大きい．

このような磁力線は，電気力線の場合と同様に，空間の中をすべて塗りつぶしてしまうくらい本数が多く存在するが，磁場を視覚的に表すことにはならないので，実際に図の中に記入するときには適当に本数を間引いて描く．

例 9.1 図 9.4 は，棒磁石のまわりにできる磁場の磁力線の様子を表している．図 (a) は実際の棒磁石の上にプラスチック板をのせて，その上に鉄粉をま

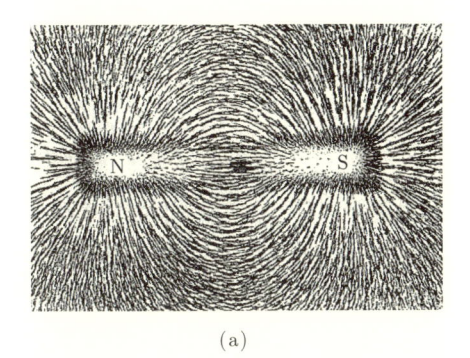

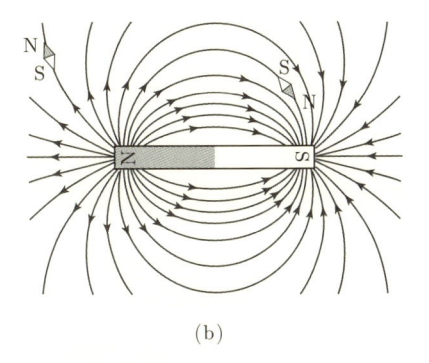

(a) (b)

図 9.4 棒磁石のまわりにできる磁場の磁力線

いて板をゆすったときにできる縞模様で，これが図 (b) に描いた磁力線に相当する．

方位磁針の N 極 (磁北) は概ね北をさすが，厳密には北 (真北) をさしていない．この真北と磁北の角度を偏角といい，時間と場所によって異なる．

偏角が生じる理由は，地球の核 (外核) の主成分は液体の鉄であり，この鉄の流動と関連して電流が生じ，それによって地磁気が生じていると考えられる．その鉄の流動は地球の回転と関連していて，その回転軸はおおよそ地軸の方向を向くが，厳密には一致しないということである．

例 9.2 地磁気 地球上で方位磁針が南北を向くのは，地球がもっている磁気 (地磁気) のためであることが知られている．これは地球が図 9.5 のような球形の磁石になっているからである．方位磁針の N 極は地球の北極に向かって引っぱられるので，北極の近くには地球磁石の S 極があり，その逆に南極の近くには N 極があることがわかる．地球磁場の磁力線は図 9.5 のような形になっている．また，日本付近での地球磁場の水平方向の大きさは約 24 [A/m] であることが知られている．なお，地磁気の大きさは時間とともに変化していて，数十万年に一度程度の頻度で地磁気の向きが逆転することがわかっているが，なぜこのような現象が起こるのかはまだはっきりとわかっていない．

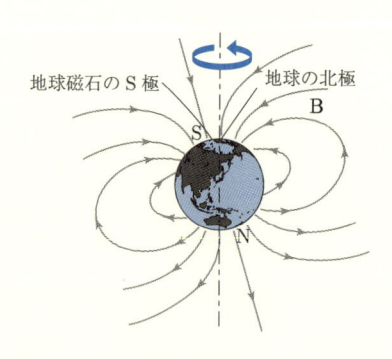

図 9.5 地球磁石とそのまわりの磁場

9.2 電流による磁場

前節では，磁石のまわりにできる磁場を扱ったが，磁場は磁石のまわりだけではなく電流のまわりにもできることが，1820 年にデンマークのハンス・クリスティアン・エルステッドによって発見された．エルステッドは図 9.6 のように，方位磁針のそばに長い導線を南北方向に置き，南から北に向けて電流を流すと，南北方向をさしていた方位磁針が傾くことから，電流のまわりには磁場ができることを発見したとされている．ここでは，電流とそのまわりにできる磁場との関係を考えてみることにする．

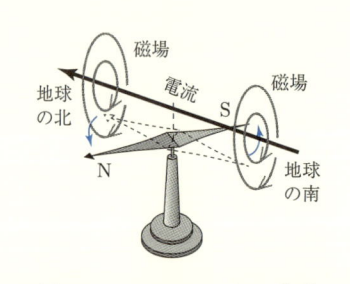

図 9.6 エルステッドの実験

9.2.1 直線電流のまわりの磁場

定常電流の流れているまっすぐな導線に垂直な板を置き鉄粉をまくと，図 9.7(a) のように，導線を中心とした円形の縞模様になる．したがって，直線電流 I [A] のまわりにできる磁場 H [A/m] の磁力線は，図 (b) のように，電流を中心とする円の集まりとして考えられる．この電流 I の向きと磁場 H の向き

9.2 電流による磁場

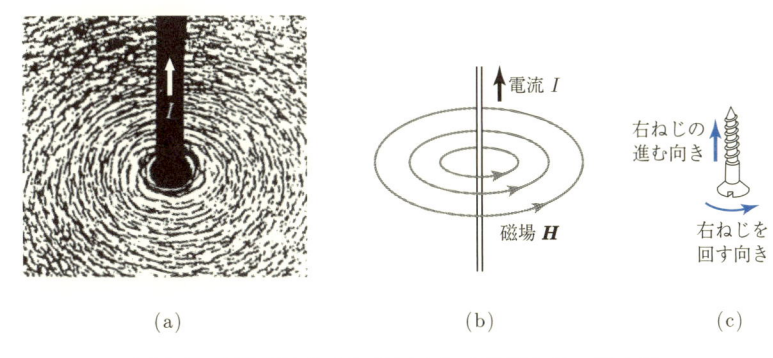

図 9.7 直線電流のまわりにできる磁場とその磁力線

の関係は，図 (c) のように，右ねじの進む向きと回す向きの関係に相当し，この関係は**右ねじの法則**とよばれる．

このときの磁場 $\boldsymbol{H}$ の大きさ H は，電流の大きさ I に比例し，電流からの距離 d [m] に反比例する．詳しい測定により

$$H = \frac{I}{2\pi d} \tag{9.5}$$

となることが知られている．この式からはっきりと磁場の単位は [A/m] であることがわかり，式 (9.4) で与えられた磁石のまわりにできる磁場の単位と確かに一致する．

式 (9.5) は，電流 I が流れている，直線状導線が十分に長い場合に成り立つことにも注意しよう．直線状導線が短い場合には，端点からの影響がありそのまわりの磁場は複雑になる．

[**例題 9.1**] 図 9.6 のように，地球の南北に 0.5 [A] の電流が流れる直線状の導線を方位磁針の上方，1.0 [cm] の距離に近づけたところ，方位磁石の向きが南北方向に対し角 θ 傾いた．地磁気の磁場の水平成分の大きさを 24 [A/m] として，$\tan\theta$ を求めよ．ただし，円周率は 3.14 とし，角 θ はあまり大きくないとする．

[**解**] 地磁気の磁場の水平成分の大きさを H_{E}，電流が 1.0 [cm] の距離のところにつくる磁場の大きさを H_{I}，方位磁石の N 極の先端にある磁気量を m とすると，図 9.8 のように，方位磁石の N 極が受ける力の大きさの比から

$$\tan\theta = \frac{mH_{\mathrm{I}}}{mH_{\mathrm{E}}} = \frac{H_{\mathrm{I}}}{H_{\mathrm{E}}} = \frac{\frac{0.5}{2\times 3.14\times 1.0\times 10^{-2}}}{24} \fallingdotseq 0.3$$

となる．したがって，θ の値にして約 0.3 [rad] (ラジアン) である． □

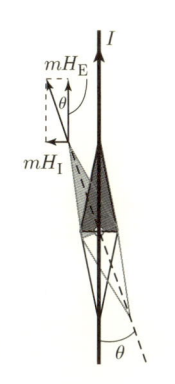

図 9.8

9.2.2 円形電流のまわりの磁場

円形導線 (コイル) を流れる定常電流 I [A] がつくる磁場は，図 9.9 (a) のような形の磁力線で表される．これはコイルの各部分を流れる電流 I が，直線電流がつくる磁場と同様の磁場をつくり，それらを重ね合わせた結果として得られる．コイルの中心点 O における磁場 $\boldsymbol{H}_0$ [A/m] は，次のように表すことが

コイルのまわりの任意の点において，この磁場を具体的な式で表すことはとても複雑で難しいが，コイルの中心点 O に限定すると簡単に表すことができる．

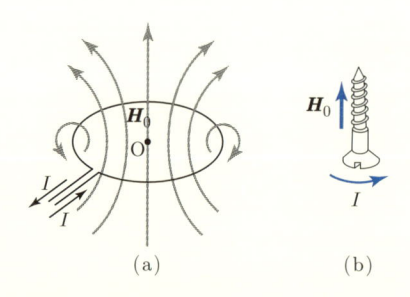

図 9.9 円形電流のまわりにできる磁場

できる．まず，磁場 H_0 の向きは，図 (b) のように，電流 I の向きに右ねじを回すとき，右ねじの進む向きである．この磁場 H_0 の大きさ H_0 は，コイルの半径を R [m] とすると

$$H_0 = \frac{I}{2R} \tag{9.6}$$

と表される．

9.2.3 長いソレノイドを流れる電流のまわりの磁場

図 9.10 (a) のように，絶縁した導線を円筒状に巻いたものを**ソレノイド**または**ソレノイドコイル**とよぶ．ソレノイドに電流を流したときにできる磁場は，図 9.9 の円形電流のまわりにできる磁場を重ね合わせた磁場として，図 9.10 (a) または (c) のような形になる．

ソレノイドは，1 回巻きコイルを複数重ね合わせたコイルの一種とみなせるので，単にコイルとよばれることもある．

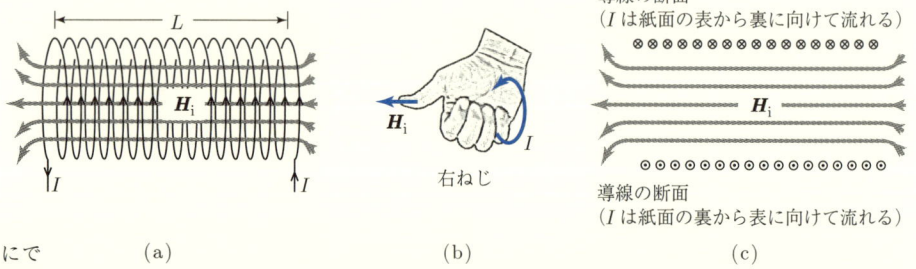

図 9.10 ソレノイドとその内部にできる磁場

円形電流のまわりにできる磁場の場合と同様に，ソレノイドの外にできる磁場は複雑な形になる．しかし，ソレノイドはある種の棒磁石とみなすことができ，ソレノイドの外にできる磁場は，棒磁石のまわりにできる磁場とよく似ている．このように，円形電流と磁石の間にある対応を**等価磁石の法則**とよぶことがある．

ソレノイドの長さ L [m] がソレノイドの半径よりも十分に長いとき，ソレノイド内部の磁場 $\boldsymbol{H}_i$ [A/m] は，両端に近い部分を除いて，ほぼ中心軸と平行で，大きさ $H_i = |\boldsymbol{H}_i|$ は一定になる．このとき，$\boldsymbol{H}_i$ の向きは，円形電流のまわりにできる磁場と同様，右ねじの法則に従う．ソレノイドの場合，図 9.10 (b) のように，右手の親指以外の 4 本指を電流が巻きこむ方に向けて親指を立てたとき，親指の向きが $\boldsymbol{H}_i$ の向きに対応すると考えるとイメージしやすい．ソレノイド内部の磁場の大きさ H_i は，ソレノイドに流す電流の大きさ I [A] とソレノイドの単位長さあたりの巻き数 n に比例することが知られていて

$$H_i = nI \tag{9.7}$$

となる．このとき，ソレノイド内部の磁場はソレノイドの半径とは無関係であることがわかる．また，n は単位長さあたりの巻き数で，単位としては $[m^{-1}]$ をもっていて，H_i の単位は $[A/m]$ となることにも注意しよう．

章末問題 9.1 参照

9.3 電流が磁場から受ける力

前節で学んだように，電流のまわりには磁場ができる．つまり，電流を他の磁場の中に入れると，電流自身が磁場から力を受けることが予想できる．実際，図 9.11 のように，電流 I [A] を流したぶらんこ (電流ぶらんこ) を U 字磁石の N 極と S 極の間にできる一様な磁場 H [A/m] の中に入れると，電流ぶらんこは垂直の位置から傾いて静止する．また，電流を流さない場合この電流ぶらんこは傾かない．このことから，磁場中の電流が力 F [N] を受けることがわかる．

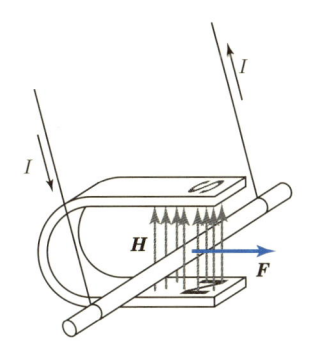

図 9.11 磁場中の電流ぶらんこ

一般に，磁場 H に垂直な方向に電流 I が流れている直線状導線に働く力 F には，次のような法則が成り立つことが知られている．まず，導線に働く力の大きさ $F = |F|$ は，電流 I と磁場の大きさ $H = |H|$ と磁場中にある導線の部分の長さ l に比例する．つまり

$$F = \mu_0 I l H \tag{9.8}$$

と表され，その比例係数 μ_0 は式 (9.2) の真空の透磁率になることが知られている．したがって，式 (9.8) から透磁率 μ_0 の単位は $[N/A^2]$ であり，一方，式 (9.1) から $[Wb^2 \cdot N^{-1} \cdot m^{-2}]$ なので，磁気量の単位 [Wb] (ウェーバー) は MKSA 基本単位で $[m^2 \cdot kg \cdot s^{-2} \cdot A^{-1}]$ となることがわかる．

次に，導線に働く力 F [N] の向きについて，磁場 H [A/m] に垂直方向に電流 I [A] が流れている場合，F は磁場 H と電流 I の両方に垂直で向きは図 9.12 (a) のようになる．このとき，電流はその向きも考慮しなければならないため，ベクトル量 I として考える必要があることにも注意しよう．導線に働く力 F の向きは，電流 I の向きから磁場 H の向きに右ねじを回転させたときに右ねじが進む向きになる (図 (b))．これは左手の人差し指を磁場 H の向きに，中指を電流 I の向きに向け，親指を人差し指と中指の両方に垂直な向きに向けたとき，電流が受ける力 F の向きが親指の向きに対応すると考えることもできる (図 (c))．これは一般にフレミングの左手の法則とよばれている．

(a)　　　　　　　　(b)　　　　　　　　(c)

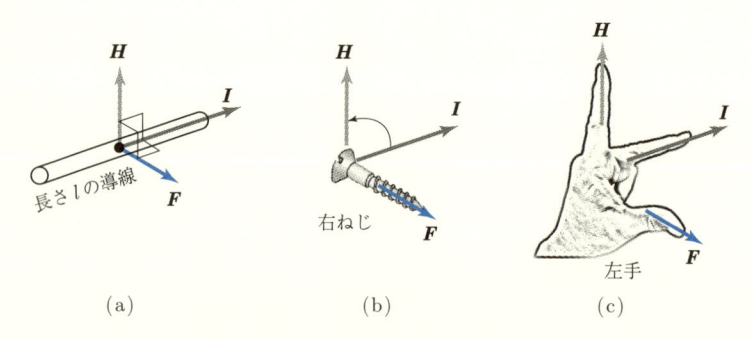

図 9.12　フレミングの左手の法則

また，磁場 H の向きと電流 I の向きが垂直になっていない場合には，次のように考えられる．図 9.13 のように，H と I のなす角を θ とすると，電流が受ける力の大きさ F は，式 (9.8) の I が電流 I の磁場に垂直な成分 $I\sin\theta$ で置き換わり

$$F = \mu_0 I l H \sin\theta \tag{9.9}$$

となる．

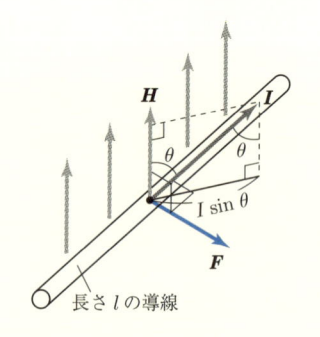

図 9.13　H と I が角 θ をなす場合

[**例題 9.2**]　図 9.14 のように，質量 m [kg] の導体棒を吊してつくった電流ぶらんこを電池につなぎ電流 I [A] を流して，U 字磁石の N 極と S 極の間の一様な大きさ H [A/m] の磁場に導体棒の長さ l [m] の部分を垂直に入れたところ，鉛直方向に対し角 θ 傾いてつり合った．この角 θ の $\tan\theta$ を求めよ．ただし，重力加速度の大きさは g [m/s^2] とする．

[**解**]　導体棒が受ける力は鉛直下向きの重力 mg [N]，磁場から受ける力 $\mu_0 I l H$ [N] であり，吊している導線から受ける張力を T [N] とすると，これらの力のつり合いを真横から見た図として表すと図 9.15 のようになる．したがって，角 θ のタンジェントは

$$\tan\theta = \frac{\mu_0 I l H}{mg} \tag{9.10}$$

章末問題 9.2 参照　　となる．

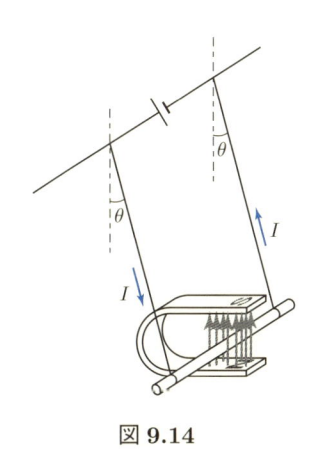

図 9.14

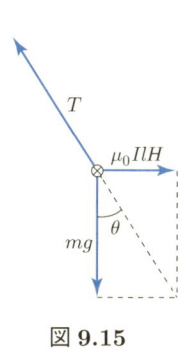

図 9.15

9.3.1 電流間に働く力

これまでにわかったように，電流はそのまわりに磁場をつくり，また，他からの磁場から力を受ける．つまり，電流を 2 本並べると，互いに磁気的な力を及ぼし合うことが想像できる．実際，図 9.16 のように，2 本の導線 A と B を距離 r の間隔で平行に並べ，それぞれに電流 I_A [A] と I_B [A] を同じ向きと逆向きに流すと，各導線に働く磁気的な力はフレミングの左手の法則 (図 9.12) により，図 9.16 の (a) と (b) の向きに，それぞれが向くことがわかる．これは各自確かめてみよう．

このとき，図 9.16 の電流 I_A が電流 I_B の位置につくる磁場の大きさ $H_A = |\boldsymbol{H}_A|$ [A/m] は，式 (9.5) から

$$H_A = \frac{I_A}{2\pi r} \tag{9.11}$$

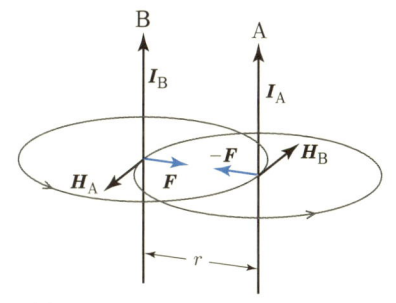

(a) I_A と I_B が平行で同じ向きの場合

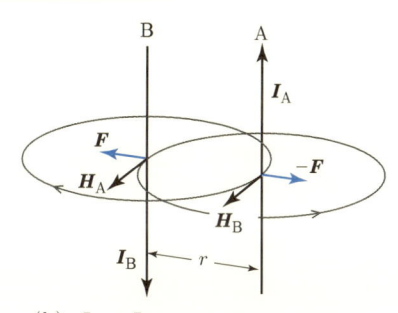

(b) I_A と I_B が平行で逆向きの場合

図 9.16 平行な電流間に働く力

となることがわかる．ここで，$I_A = |\boldsymbol{I}_A|$ である．さらに，式 (9.8) より，導線 B の長さ l の部分が受ける磁気的な力の大きさ $F = |\boldsymbol{F}|$ [N] は

$$F = \mu_0 I_B l H_A = \frac{\mu_0 I_A I_B l}{2\pi r} \tag{9.12}$$

となる．ここで，$I_B = |\boldsymbol{I}_B|$ である．式 (9.12) の結果は，電流 I_B が電流 I_A の位置につくる磁場の大きさ $H_B = |\boldsymbol{H}_B| = \dfrac{I_B}{2\pi r}$ から求めても同じになり，図 9.16 (a), (b) のどちらの場合においても，導線 A と B の相互に働く磁気力について，作用・反作用の法則が成り立っていることがわかる．

9.3.2 磁束密度

電流が磁場から受ける力を表す式 (9.8), (9.9) からわかるように，磁場 H は真空の透磁率 μ_0 との積として関係式に現れることが多い．そこで，この H の μ_0 倍のベクトル量

$$B = \mu_0 H \tag{9.13}$$

を磁束密度とよぶ．この式と式 (9.8) から磁束密度の単位は $[\text{Wb/m}^2]$ であり，この単位は誘導単位 [T] (テスラ) として使われることが多い．

ここまでに登場した電流による磁場をこの磁束密度の大きさで表すと，次のようになる．

長い直線電流のまわりにできる磁場の磁束密度の大きさは $B = \dfrac{\mu_0 I}{2\pi d}$.

円形電流の中心にできる磁場の磁束密度の大きさは $B_0 = \dfrac{\mu_0 I}{2R}$.

長いソレノイドの内側にできる磁場の磁束密度の大きさは $B_\text{i} = n\mu_0 I$.

また，電流 I が流れている直線状導線に働く力を表す式 (9.8), (9.9) は，それぞれ

$$F = IlB, \tag{9.14}$$

$$F = IlB\sin\theta \tag{9.15}$$

章末問題 9.3 参照　　と表すことができる．

9.4 磁場中の荷電粒子が受ける力とその運動

図 9.17 のように，真空放電管の中を流れている陰極線 (電子の流れ) に U 字磁石を近づけると，陰極線が曲げられる現象が観測できる．これは磁場の中を運動する電子に力が働くために起こる現象である．この現象は電子だけに限らず，一般に電荷をもっている粒子 (荷電粒子) が磁場の中を運動すると，磁場から力を受けることが知られていて，この力はローレンツ力とよばれている．8.7 節で考えたように，導線中の電流は電子の流れと考えられるので，9.3 節で考えた電流が磁場から受ける力は電流中の電子が受けるローレンツ力が源になっていると考えられる (図 9.18).

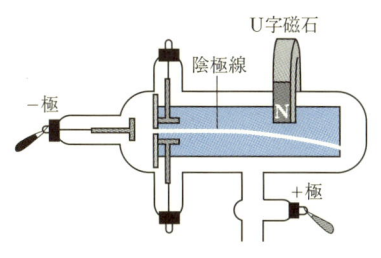

図 9.17 磁場によって曲げられる陰極線

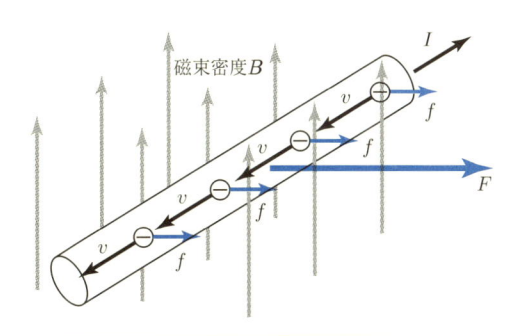

図 9.18 磁場中を流れる電流に働く力と電子に働くローレンツ力

大きさ I [A] の電流が流れる導線の断面積を S [m^2]，単位体積あたりに含まれる電子の個数を n [m^{-3}]，電子の平均の速さを v [m/s] とすると，1 個の電子は $-e$ [C] の電荷をもっているので，$I = nevS$ と表され，式 (9.14) に代入すると，図 9.18 の導線全体が受ける力の大きさ F [N] は

$$F = nevSlB \tag{9.16}$$

となる．ここで，l [m] は磁場中にある導線部分の長さ，B [T] は磁場の磁束密度の大きさである．式 (9.16) の nSl は磁場中にある電子の総数に相当するので，各電子にかかる力が等しいと仮定すると，電子 1 個あたりに働くローレンツ力の大きさ f [N] は

$$f = evB \tag{9.17}$$

となることが推測できる．なお，このときに導線全体が受ける力の向きはフレミングの左手の法則から決まり，導線中の電子が受けるローレンツ力はその向きと一致することが図からわかる．

以上では，導線中を流れる電子に働くローレンツ力を考えたが，一般に電気量 q [C] をもっている荷電粒子が磁場 (磁束密度の大きさ B [T]) と垂直な向き

に速さ v で運動するときには大きさ

$$f = |q|vB \tag{9.18}$$

のローレンツ力が働くことが知られている．このローレンツ力の向きは磁場と荷電粒子の速度の両方に垂直で，図 9.19 のようになる．

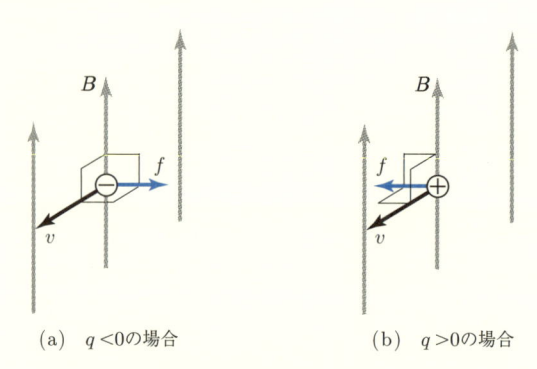

(a) $q<0$ の場合　　(b) $q>0$ の場合

図 9.19 荷電粒子に働くローレンツ力

また，磁場の向きと荷電粒子の速度が角 θ をなす場合には，電流が磁場から受ける力の大きさの式 (9.15) を使って上と同様の考察をすることにより，ローレンツ力の大きさ

$$f = |q|vB\sin\theta \tag{9.19}$$

が得られる．このローレンツ力の向きは図 9.20 のようになる．

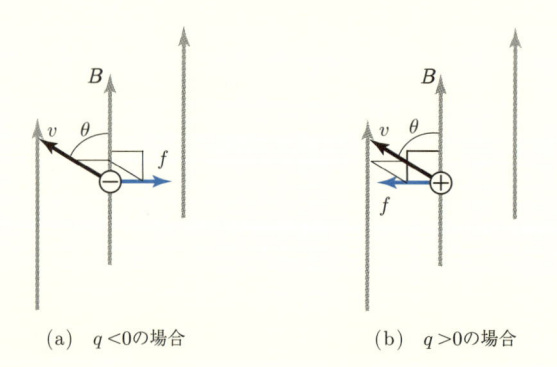

(a) $q<0$ の場合　　(b) $q>0$ の場合

図 9.20 B と v が角 θ をなすときの荷電粒子に働くローレンツ力

例 9.3　サイクロトロン運動

図 9.21 のように，z 軸に沿った，磁束密度 $\boldsymbol{B} = (0, 0, B)$ [T] の一様磁場が存在する空間の中で，時刻 0 [s] に原点から初速度 $\boldsymbol{v}(0) = (0, v_0, 0)$ [m/s] で，質量 m [kg]，電気量 q [C] をもつ荷電粒子を打ち出すと，その後，この荷電粒子は xy 平面上で等速円運動をする．このように，磁場中で荷電粒子が行う等速円運動はサイクロトロン運動とよばれる．このサイクロトロン運動の半径

9.4 磁場中の荷電粒子が受ける力とその運動

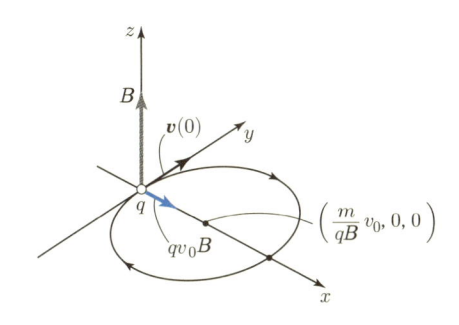

図 9.21 サイクロトロン運動

を r とすると，荷電粒子はその速度 $v(0)$ と磁場に垂直な向きにローレンツ力 $f = qv_0B$ [N] を受けるので，これが等速円運動の向心力と等しいことから

$$qv_0B = m\frac{v_0^2}{r} \tag{9.20}$$

が成り立ち，これからサイクロトロン運動の半径が

$$r = \frac{m}{qB}v_0 \text{ [m]} \tag{9.21}$$

となることがわかる．したがって，サイクロトロン運動の周期は

$$T = \frac{2\pi r}{v_0} = \frac{2\pi m}{qB} \text{ [s]}, \tag{9.22}$$

単位時間あたりの回転数 (周波数) は

$$f = \frac{1}{T} = \frac{qB}{2\pi m} \text{ [Hz]} \tag{9.23}$$

となり，特に，この周波数はサイクロトロン周波数とよばれる．

実際のサイクロトロンは，図 9.22 のように，交流電源でつながれた 2 つの D 字形電極の間で粒子の速度を加速するようにつくられている．このとき，交流電源の周波数をサイクロトロン周波数 (9.23) に同期することで，D 字形電極の間を通過するごとに荷電粒子の速さは，$v_0 < v_1 < v_2 < \cdots$ と加速される．それに伴い，円運動の半径は $\frac{mv_0}{qB} < \frac{mv_1}{qB} < \frac{mv_2}{qB} < \cdots$ と増加するため，図のような渦巻き状の軌跡を描き，最終的に偏向用電極によって外部へ粒子線として取り出される．

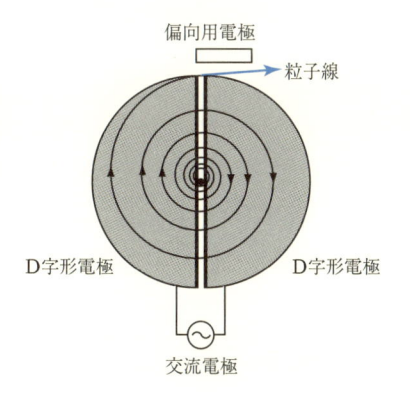

図 9.22 サイクロトロン

最近，小型サイクロトロンは容易に設置できるため，医療用の放射性同位体の製造に用いられるようになってきている．

章末問題 9.4 参照

9.5 磁性体と磁束

9.5.1 磁性体

図9.23のように，ソレノイドの中に鉄，ニッケル，コバルトなどの金属でできた芯を入れると，ソレノイドのまわりにできる磁場が強くなることが知られている．これは一般に電磁石とよばれるものである．一方，銅やアルミのような金属をソレノイドの芯にしても，このような効果は得られない．鉄，ニッケル，コバルトのような金属は，磁気的に特殊な性質をもっていて，強磁性体とよばれる物質に分類される．

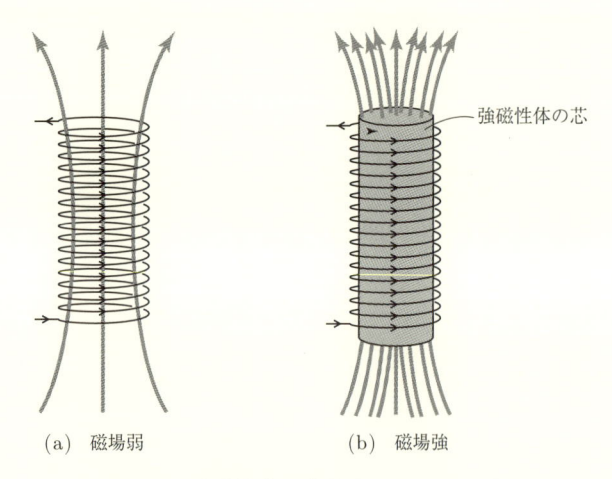

(a) 磁場弱   (b) 磁場強

図 9.23 強磁性体の芯を入れたソレノイド

強磁性体の中の原子は，1つ1つが小さい磁石のような性質をもっている．特に，強磁性体内は，磁区とよばれる小部分にわかれていて，磁区の中では原子の磁石の向きが揃っている．この磁区の中で揃った原子の磁石の向きをベクトル和として表したベクトル量を磁化とよぶ (図9.24)．強磁性体にソレノイドの磁場のような外部磁場がかかっていない場合には，磁区の磁化の向きはばらばらで，強磁性体全体として磁化どうしが打ち消し合い磁性を示さない．しかし，外部磁場をかけ，その磁場を強くするにつれ，磁区の磁化の向きは揃い，強磁性体全体として強い磁石になる．強磁性体に限らず，物質内部の磁化が揃う現象をさして磁化とよぶことがあり，一般に磁化を示す物質を磁性体とよぶ．

磁場の中に強磁性体を置くと，強磁性体中で磁化が生じ，この磁化がもとの磁場に影響を及ぼすので，強磁性体がない場合に比べ，もとの磁場の磁束密度が高くなることが知

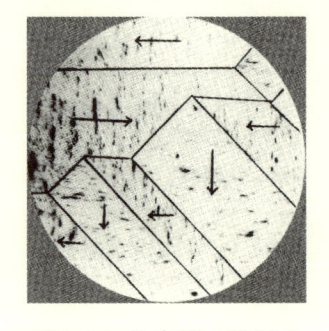

図 9.24 鉄内部の磁区の顕微鏡写真．矢印は磁化の向き

9.5 磁性体と磁束

られている．図 9.23 (a) のような，ソレノイドだけがつくる磁場を $\boldsymbol{H}$ [A/m] とすると，式 (9.13) からその磁束密度は $\boldsymbol{B}_0 = \mu_0 \boldsymbol{H}$ [T] であるが，図 9.23 (b) のように，強磁性体の芯を入れた場合には

$$\boldsymbol{B} = \mu \boldsymbol{H} \text{ [T]} \tag{9.24}$$

となる．ここで，μ は真空の透磁率 μ_0 とは一般に異なる値をとり，磁性体の透磁率とよばれる．また

$$\bar{\mu} = \frac{\mu}{\mu_0} \tag{9.25}$$

をその磁性体の比透磁率とよぶ．強磁性体の場合，$\bar{\mu} \gg 1$ であり，鉄などの強磁性体では $\bar{\mu} \sim 10^3$ である．つまり，鉄などを使って電磁石をつくるとかなり強い磁場を得ることができる．

9.5.2 磁　束

図 9.25 のように，磁束密度 $\boldsymbol{B}$ [T] の磁場に垂直な断面 S を考え，その断面積を A [m²] とするとき

$$\Phi = BA, \quad B = |\boldsymbol{B}| \tag{9.26}$$

を S を貫く磁束とよぶ．磁束の単位は式 (9.26) と [T] = [Wb/m²] より，[Wb]（ウェーバー）であることがわかる．

この磁束という量は，磁束線の本数と考えることもできる．この磁束線は，磁束密度 $\boldsymbol{B}$ を接ベクトルとする有向線として定義され，その単位垂直断面積あたりの本数は $B = |\boldsymbol{B}|$ で定義される．つまり，磁束 Φ は垂直断面 S を貫く磁束線の本数であると考えられる．

図 9.23 でみたように，ソレノイドの磁場中に強磁性体を置くと，磁束密度の大きさが $B_0 = \mu_0 H$ から $B = \mu H$ に増加するので，強磁性体内を通る磁束も増加する．この磁束線は，図 9.26 のように，強磁性体の内と外で連続になっ

図 9.26 の磁束線は，一見，強磁性体から離れたところでは途切れているように思えるが，近くにある磁束線と同様つながっていて，必ずループ状の線になっている．

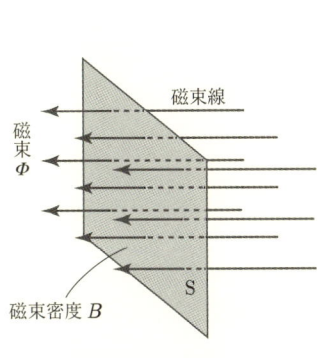

図 9.25　磁束

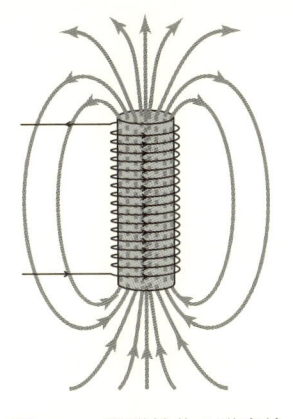

図 9.26　強磁性体の磁束線

ていて，途中で切れることはない．これに対し，9.1.2 項で定義した磁場 H を表す磁力線は，強磁性体の磁極の位置で不連続になり，磁束線とは性質の異なる線であることに注意しよう．

9.6 電磁誘導

前節では，電流のまわりに磁場ができること，電流が磁場から力を受けることを学んだが，1831 年ファラデーは磁場の変化が電流を生みだす現象を発見した．この現象がここで説明する電磁誘導である．

図 9.27 (a) のように，棒磁石の N 極を右にして 1 回巻きコイルに近づける方に動かすと，コイルに接続した電流計の針が振れて，コイルには図のような向きに電流が流れる．図 (b) のように，棒磁石を静止させると電流は流れなくなる．図 (c) のように，棒磁石の N 極を右にして 1 回巻きコイルから遠ざける方に動かすと，図 (a) の場合と反対に電流計の針が振れ，コイルには図のような向きに電流が流れる．この電流は誘導電流とよばれている．

また，この現象は棒磁石を出し入れすることにより，コイルを貫く磁束が変化することによって起こることが知られていて，一般に電磁誘導とよばれている．さらに，コイルを含む回路に誘導電流が流れるということは，そのコイルにある種の起電力が生じていることになり，誘導起電力とよばれる．

> 電磁誘導には，図 9.27 の 1 回巻きコイルの場合だけではなく，後で説明するようにいくつかのバリエーションがある．

> 誘導起電力と一般によばれているが，8.7.1 項で定義した電気抵抗の電力ではなく，コイルに接続された回路の両端に生じる電圧のことを表し，単位は [V] である．

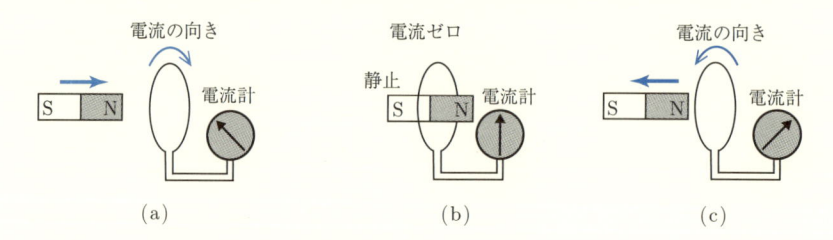

図 9.27 1 回巻きコイルの電磁誘導 I
(a) 棒磁石を右に動かす，(b) 棒磁石は静止，(c) 棒磁石を左に動かす

ファラデーは，この電磁誘導を次のような法則として表した．この法則は電磁誘導の法則とよばれている．

(1) コイルを貫く磁束 Φ [Wb] が時間 Δt [s] の間に $\Delta\Phi$ 変化するとき，コイルの中に生じる誘導起電力 V [V] は

$$V = -\frac{\Delta\Phi}{\Delta t} \tag{9.27}$$

となる．式 (9.27) の右辺のマイナス符号は磁束の変化の向きとコイルを流れる電流の向きの間の関係を表し，次の (2) に起因する．

(2) 誘導起電力は，それによってコイルに流れる誘導電流のつくる磁場が，コイルを貫く磁束の変化を妨げる向きに生じる (図 9.28)．

9.6 電磁誘導

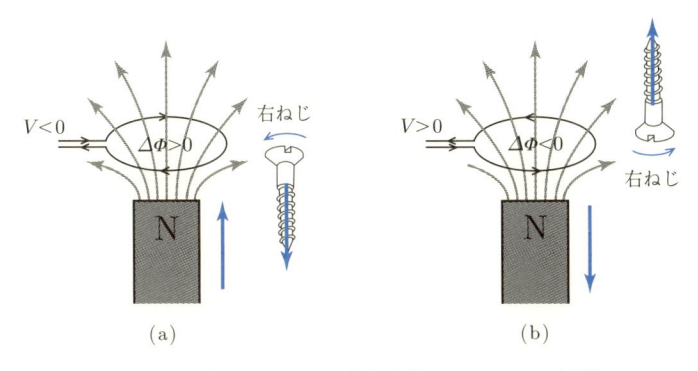

図 9.28 1回巻きコイルの電磁誘導 II (レンツの法則)

(a) コイルを貫く磁束が増加する向き $\dfrac{\Delta \Phi}{\Delta t} > 0$

(b) コイルを貫く磁束が減少する向き $\dfrac{\Delta \Phi}{\Delta t} < 0$

電磁誘導の法則のうち (2) は**レンツの法則**とよばれることがあり，図 9.28 のような右ねじとの対応にも注意しよう．

[**例題 9.3**] 図 9.29 のように，コの字形導線に導体棒をのせて長方形 ABCD をつくり，この長方形と垂直な向きに磁束密度の大きさ B [T] の一様な磁場をかける．この導体棒をこの磁場と辺 AD に垂直な向きに一定の速さ v [m/s] で動かすとき，次の (1),(2) の問いに答えよ．ただし，長方形 ABCD の辺 BC および辺 AD の長さは l [m] とし，この長方形を閉回路とみなすとき，その全体の抵抗は R [Ω] とする．

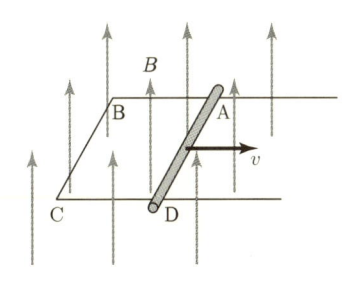

図 9.29

(1) 長方形 ABCD の回路に流れる誘導電流の向きと大きさを答えよ．

(2) 導体棒を一定の速さで動かし続けるために必要な仕事率を求めよ．

[**解**] (1) 誘導電流の向きは，導体棒が右に動くと長方形 ABCD を貫く上向きの磁束が増加するので，レンツの法則より，それを打ち消す向きに磁場をつくる向きに流れるから，A→D→C→B→A の向きである．

Δt 秒間に長方形 ABCD の面積は $lv\Delta t$ 増加するので，長方形 ABCD を貫く磁束は $\Delta \Phi = Blv\Delta t$ 増加する．したがって，長方形 ABCD の回路に生じる誘導起電力の大きさは

$$V = \left| -\frac{\Delta \Phi}{\Delta t} \right| = Blv$$

で，オームの法則より，長方形 ABCD に流れる誘導電流の大きさは

$$I = \frac{V}{R} = \frac{Blv}{R}$$

となる．

(2) 導体棒には (1) で求めた電流が A→D の向きに流れるので，フレミングの左手の法則により，磁場から大きさ

$$F = IlB = \frac{B^2l^2v}{R}$$

の力が左向きに働く．導体棒を右向きに一定の速さで動かすためには，この力と同じ大きさの力で右向きに引っぱり続ける必要があり，その力が Δt [s] 間にする仕事は

$$W = Fv\Delta t = \frac{B^2l^2v^2}{R}\Delta t$$

なので，その仕事率は

$$\frac{W}{\Delta t} = \frac{B^2\ell^2v^2}{R}$$

章末問題 9.5 参照　　である． □

上の電磁誘導の法則は 1 回巻きコイルについて考えたが，これを複数重ね合わせた，N 回巻きコイルや N 回巻きソレノイド (図 9.30) についても成り立つことが知られている．その場合の誘導起電力 V は式 (9.27) の N 倍として

$$V = -N\frac{\Delta \Phi}{\Delta t} \tag{9.28}$$

と表される．

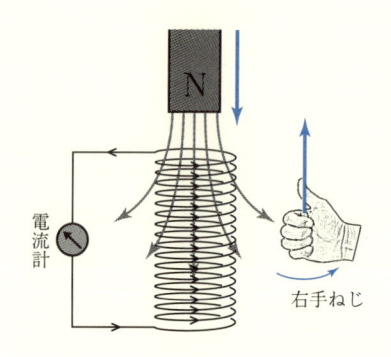

図 9.30 N 回巻きソレノイドの電磁誘導

[**例題 9.4**] 図 9.31 (a) のように，断面積 10 [cm²]，巻き数 400 のソレノイドに，左から右に向かう磁束密度 $\boldsymbol{B}(t)$ [Wb/m²] の磁場をかけ，その大きさ $B(t)$ [Wb/m²] を，図 (b) のグラフのように，時刻 t [s] の関数として変化させるとき，次の問いに答えよ．ただし，図 (a) の左から右に向かう磁束の向きを正とする．

(1) 図 (a) の抵抗 R を流れる電流の向きを示せ．
(2) 端子 AB 間の誘導起電力 V_{AB} の変化の様子をグラフで表せ．

[解]　(1) レンツの法則より
- $0 < t < 2$ [s] では，A ⟶ B.
- $2 < t < 7$ [s] では，流れない．
- $7 < t < 8$ [s] では，B ⟶ A.

9.6 電磁誘導

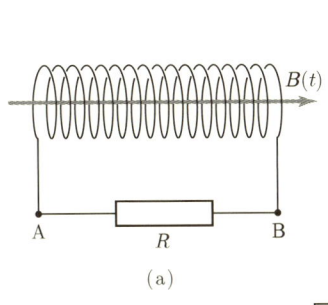

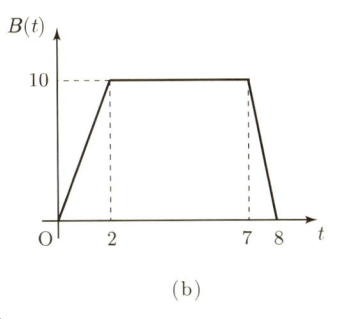

図 9.31

(2) 式 (9.28) より，AB 間の誘導起電力は

$$V_{AB} = -N\frac{\Delta \Phi}{\Delta t}$$

で，この問題では $N = 400$, $\frac{\Delta \Phi}{\Delta t} = 10 \times 10^{-4} \times \frac{\Delta B(t)}{\Delta t}$ であり，$\frac{\Delta B(t)}{\Delta t}$ の値は各時間ごとに図 (b) のグラフから読みとる．

- $0 < t < 2\,[\text{s}]$ では
  $$V_{AB} = -4 \times 10^{-1} \times 5 = -2\,[\text{V}].$$
- $2 < t < 7\,[\text{s}]$ では $V_{AB} = 0$.
- $7 < t < 8\,[\text{s}]$ では
  $$V_{AB} = -4 \times 10^{-1} \times (-10) = 4\,[\text{V}].$$

この結果をグラフに表すと図 9.32 となる．

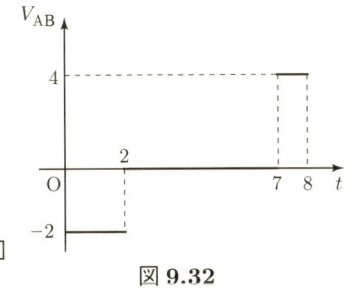

図 9.32

9.6.1 自己誘導

図 9.33 (a) のように，電圧 $V\,[\text{V}]$ の電池，抵抗値 $R\,[\Omega]$ の抵抗とスイッチ S_1, S_2 をつないだ回路と，図 (b) のように，さらにソレノイドを入れた回路において，一定の間隔でスイッチ S_1, S_2 を切り替えて，それぞれの回路に流れる電流 $I\,[\text{A}]$ の時間変化を比較してみることにする．ただし，切替えにかかる時間は無視できるとする．

図 (a) の回路においては，スイッチを S_1 側にするとオームの法則によって抵抗 R に $I = \dfrac{V}{R}$ の電流が流れ，スイッチを S_2 側にすると電流は流れないので，その電流の時間変化はグラフのように矩形になる．

図 (b) の回路においては，スイッチを S_1 側にすると最初急激に回路を流れる電流 I が増加するが，それとともにソレノイドを貫く磁束が増加する．するとソレノイドには，電磁誘導の法則 (9.27) により，その磁束の増加を防げるような電流を流す向きに誘導起電力が発生し，スイッチを S_1 側にした後の I の増加は緩まり，グラフのように I は徐々に増加する．その後，十分に時間がたちソレノイドを貫く磁束の変化が小さくなると，ソレノイドには $I = \dfrac{V}{R}$ の電流が流れるようになる．次に，この状態からスイッチを S_2 側にすると，最初

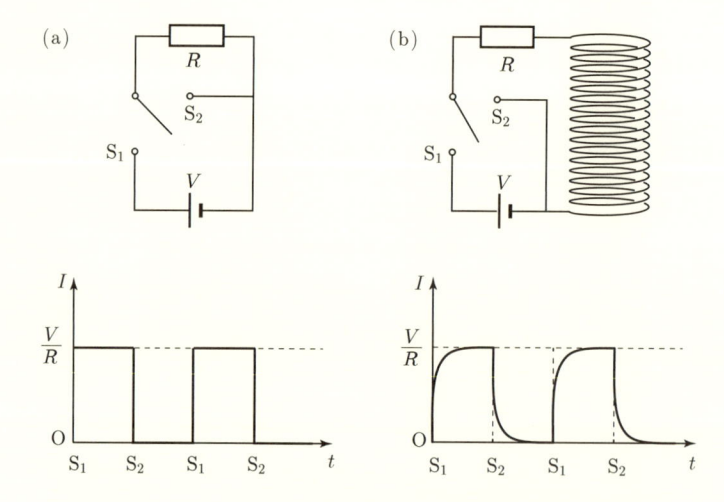

図 9.33 ソレノイドの自己誘導とその電流の時間変化の比較

はソレノイドを貫く磁束が急激に減少する．するとソレノイドは，電磁誘導の法則 (9.27) により，その磁束を減少させまいとするような電流を流す向きに誘導起電力を発生させ，スイッチを S_2 側にした後の I の減少は緩まり，グラフのように I は徐々に減少する．その後，十分に時間がたちソレノイドを貫く磁束の変化が小さくなると，ソレノイドには電流が流れなくなる．

このように，ソレノイドやコイルに流れる電流を変化させるとき，その変化を防げる向きに誘導起電力が生じる現象は，一般に自己誘導とよばれる．ソレノイドの自己誘導によって生じる誘導起電力は，ソレノイドを貫く磁束が変化する割合に比例するので，ソレノイドを流れる電流が変化する割合に比例する（例題 9.5 参照）．ソレノイドを流れる電流 I [A] が Δt [s] 間に ΔI 変化するとき，自己誘導によってソレノイドの両端に生じる誘導起電力 V_L [V] は

$$V_L = -L\frac{\Delta I}{\Delta t} \tag{9.29}$$

と表される．ここで，比例定数 L はソレノイドの自己インダクタンスとよばれる定数であるが，単にインダクタンスとよばれることもある．自己インダクタンスの単位は式 (9.29) から $[\mathrm{V\cdot s\cdot A^{-1}}]$ であるが，これは誘導単位 [H] (ヘンリー) として用いられることが多い．自己インダクタンスの値はソレノイドの大きさや形により異なり，巻き数の 2 乗に比例する（例題 9.5 参照）．また，コイルの中に透磁率の大きい磁性体の芯を入れると，磁束の変化が大きくなり，自己インダクタンスの値を大きくすることができる．

[**例題 9.5**] 垂直断面の半径 r [m]，長さ l [m]，巻き数 N の一様なソレノイドがある．l は r よりも十分に大きい値をとり，磁性体の芯などは入れていないとして，このソレノイドの自己インダクタンスを求めよ．ただし，真空の透磁率は μ_0 とする．

[解] このソレノイドの単位長さあたりの巻き数は $\frac{N}{l}$ で，ソレノイドに I [A] の電流が流れるとすると，l は r よりも十分に大きい値をとり，磁性体の芯を入れていないので，ソレノイド内部には磁束密度の大きさ $B = \mu_0 \frac{N}{l} I$ [T] の一様な磁場ができる．このとき，このソレノイドを貫く磁束 Φ [Wb] は

$$\Phi = \pi r^2 B = \mu_0 \frac{N\pi r^2}{l} I$$

となる．この電流 I が Δt [s] 間に ΔI 変化するとき，このソレノイドを貫く磁束の単位時間あたりの変化量は $\frac{\Delta \Phi}{\Delta t} = \mu_0 \frac{N\pi r^2}{l} \frac{\Delta I}{\Delta t}$ となる．ソレノイドに生じる誘導起電力 V_L [V] は式 (9.28) から

$$V_L = -N \frac{\Delta \Phi}{\Delta t} = -\mu_0 \frac{N^2 \pi r^2}{l} \frac{\Delta I}{\Delta t}$$

となる．また，自己インダクタンス L [H] のソレノイドに生じる誘導起電力 V_L は式 (9.29) で表されるので，$L = \mu_0 \frac{N^2 \pi r^2}{l}$ となる． □

ソレノイドやコイルに流れる電流を増加させるためには，それにつないだ電源が自己誘導起電力による電気力の向きとは逆向きの力を作用して，自由電子にコイルを通過させるための仕事をしなければならない．このとき，電流 I [A] が流れている自己インダクタンス L [H] のソレノイドやコイルには，電源がする仕事

$$W = \frac{1}{2} L I^2 \ [\text{J}] \tag{9.30}$$

と等しい量の磁気的なエネルギー $U = W$ が蓄えられる．

9.6.2 相互誘導

図 9.34 (a) のように，コイル L_1 の近くにコイル L_2 を置き，L_1 に電流 I_1 [A] を流すと，これにより L_2 を貫く磁束 Φ_2 [Wb] が生じる．このとき，I_1 を変化

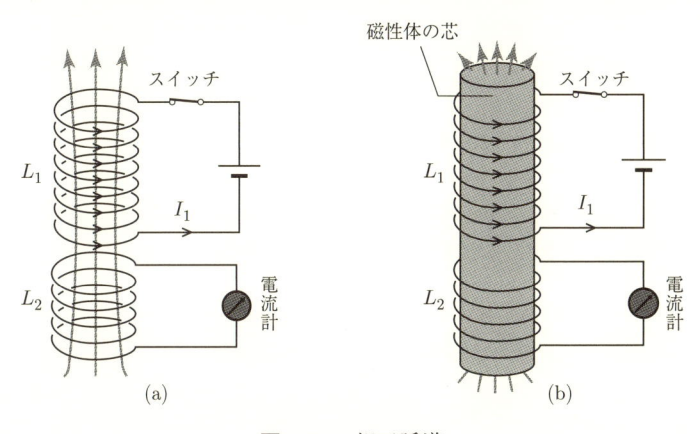

図 9.34 相互誘導

させると，Φ_2 が変化して式 (9.30) により L_2 に誘導起電力が生じる．このように，あるコイルを流れる電流の変化によって，近くに置かれた他のコイルに誘導起電力が発生する現象を相互誘導という．L_1 に流れている I_1 が Δt [s] 間に ΔI_1 [A] だけ変化するとき，L_2 に生じる起電力 V_2 [V] は

$$V_2 = -M \frac{\Delta I_1}{\Delta t} \tag{9.31}$$

と表される．ここで，比例定数 M は相互インダクタンスとよばれる定数で，その単位は自己インダクタンスと同様に [H] (ヘンリー) である．

章末問題 9.6 参照

コイル L_1 と L_2 の中に，図 (b) のように磁性体の芯を通すと，L_2 を貫く磁束が大きくなるので，相互インダクタンス M の値を大きくすることができる．

この相互誘導は，交流電源の電圧を上げたり下げたりするため，変圧器などに利用されている．

9.7　電　磁　波

ここまでに学んだ電磁誘導をもう一度思い出してみよう．

コイルを貫く磁束の変化 $\frac{\Delta \Phi}{\Delta t}$ [Wb/s] が，コイルに誘導起電力 V_L [V] を発生させるという現象であった．この現象はより一般的に起こることが知られていて，磁場の変化 $\frac{\Delta B}{\Delta t}$ が電場 E を発生させる現象と考えることができる (図 9.35(a))．また，電場が時間変化するときにこれとよく似た現象が起こり，電場の変化に伴って磁場が発生することが知られている．図 (b) のように，発生する磁束密度 B の向きは，電場 E が増加する向き $\frac{\Delta |E|}{\Delta t} > 0$ に進む右ねじを考えたとき，右ねじが回転する向きに対応していることが知られている．この現象は，9.2 節で考えた「電流による磁場」の現象とよく似ていて，電場の変化 $\frac{\Delta E}{\Delta t}$ が電流と同じ役割をすると考えられ，電束電流または変位電流とよばれるようになった．

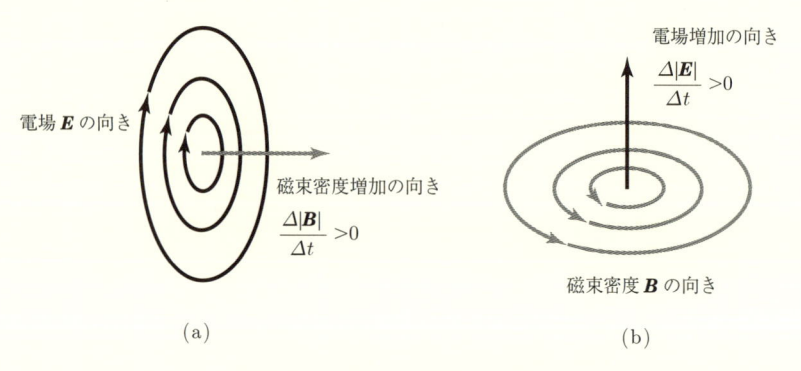

図 9.35　電場と磁場の相互変化

9.7 電磁波

9.7.1 電束電流と電磁波

図9.36のように，電源 V，抵抗 R，平行板コンデンサー AB，スイッチ S からなる回路を考え，AB に充電する過程を考えよう．

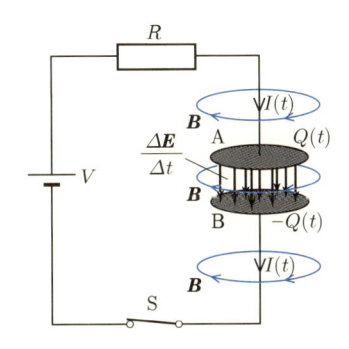

図 9.36 変位電流

S を閉じてから十分に時間がたつと，AB が充電されこの回路には電流が流れなくなってしまうが，それに至るまでの時間は電流が流れ，その大きさは時刻 t [s] の関数として変化するので，$I(t)$ [A] と考えられる．また，極板 A, B に溜まる電荷も充電されるまでの間は，時刻 t [s] の関数として $Q(t)$ [C] と考えられる．このとき，図の導線部分には電流が流れているので，そのまわりには 9.2.1 項で考えた「電流のまわりにできる磁場」ができている．ところで，平行板コンデンサーの極板 A, B 間には電流は流れていないので，極板間の周囲には磁場ができず，そこで磁場は途切れるのであろうか．実際には，平行板コンデンサーの極板 A, B 間の周囲にも磁場が形成されていることが実験で確かめられている．では，極板間に電流がないのになぜ磁場ができるのか．これに対する答えがマクスウェルが考えた変位電流である．つまり，極板 A,B 間には実際の電流は流れないが，極板に溜まっている電荷 $Q(t)$ の変化により極板間の電場が変化して，その電場の単位時間あたりの変化 $\frac{\Delta E}{\Delta t}$ に起因する仮想的な電流が流れるとみなすことができる．

このような現象は，一般に電場の変化 $\frac{\Delta E}{\Delta t}$ が磁場 B を発生させる現象として考えられ，その現象を記述する法則としてマクスウェルの<u>電束電流の法則</u>とよばれることがある．さらに，マクスウェルはこの電束電流の法則と電磁誘導の法則を満たす電場 E と磁場 B の関係について考え，次のような結論に至った．電場 E_1 の変化は磁場 B_1 を発生させ，B_1 が発生するということは B_1 に変化があるということだから，今度はそのまわりに電場 E_2 が発生する．さらに，E_2 の変化は磁場 B_2 を発生させる．これが繰り返し続くと電場 E と磁場 B の相互の変化により，互いに発生し合うという現象，つまり E と B が振動しながら波として空間を伝わっていく現象になる．これが<u>電磁波</u>である．

※この実験は，例えばアンテナを使った電波の送受信であり，これこそがまさに電磁波の存在を示している．

特に，真空中を伝わる電磁波は平面波になっていて，電場の振動方向と磁場の振動方向は垂直で，さらに進行方向はこの両者に垂直な向きになっている (図 9.37)．つまり，電磁波は横波である．マクスウェルはこの電磁波の研究を通して，電磁波が真空中を伝わる速さ c [m/s] は，真空の誘電率 $\varepsilon_0 \fallingdotseq 8.854\times 10^{-12}$ [$C^2 \cdot N^{-1} \cdot m^{-2}$] と透磁率 $\mu_0 \fallingdotseq 1.257\times 10^{-6}$ [$Wb^2 \cdot N^{-1} \cdot m^{-2}$] より

$$c = \frac{1}{\sqrt{\varepsilon_0 \mu_0}} \fallingdotseq 3\times 10^8 \text{ [m/s]} \tag{9.32}$$

となり，真空を伝わる光の速さと等しくなることに気づいた．つまり，光が電磁波の一種であるという結論を得たのである．

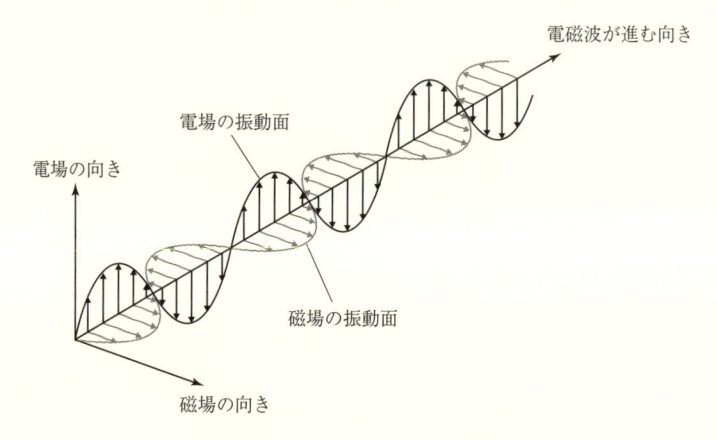

図 9.37 空間を伝わる電磁波

9.7.2 いろいろな電磁波

電磁波はその波長や振動数によって分類され，いろいろな名称でよばれている．表 9.1 に示すように，電波，赤外線，可視光線，紫外線，X 線，γ 線に大きく分類できる．特に，電波はさらに細かく分類され，その用途からもわかるように，現代の通信技術に広く利用されている．

また，前述したように，電磁波は電場や磁場の振動方向と垂直な方向に進む横波であり，光も同じ性質をもっている．太陽光などの自然光では，電場や磁場の振動方向がいろいろな方向を向いた光が混合している．この振動方向を一方向に揃えるために，ニコルプリズムや偏光板などの偏光子が用いられる．この偏光子を通して得られる，電場の振動方向が一方向に偏った光を直線偏光とよぶ．この直線偏光を異方性結晶やブドウ糖溶液の中を通過させると，その偏光面が光の進行方向を軸に回転する現象が知られている．この現象は旋光とよばれ，異方性結晶やブドウ糖溶液のように，旋光を示す物質は旋光性 または光学活性をもつという．この旋光性は溶質の立体構造に依存することが知られていて，日本薬局方で用いられる．

ニコルプリズムは，透明方解石の結晶を自然劈開面に沿って切り出し，それから直角三角柱の 1 つの角を，天然の 71° のところを 68° に研磨してつくった三角柱状のものを 2 枚つくり，カナダバルサムを用いて接合してつくった偏光プリズム．

第十六改正 日本薬局方，「2.49 旋光度測定法」を参照のこと．

9.7 電磁波

表9.1 いろいろな電磁波

	名称	波長	振動数	用途
電波	超長波 (VLF)	$100 \sim 10$ [km]	$3 \sim 30$ [kHz]	
	長波 (LF)	$10 \sim 1$ [km]	$30 \sim 300$ [kHz]	海上無線, 電波時計
	中波 (MF)	$1000 \sim 100$ [m]	$300 \sim 3000$ [kHz]	ラジオのAM放送
	短波 (HF)	$100 \sim 10$ [m]	$3 \sim 30$ [MHz]	ラジオの短波放送
	超短波 (VHF)	$10 \sim 1$ [m]	$30 \sim 300$ [MHz]	テレビのアナログ放送, ラジオのFM放送
	極超短波 (UHF) マイクロ波	$100 \sim 10$ [cm]	$300 \sim 3000$ [MHz]	テレビのデジタル放送, 携帯電話, 電子レンジ
	センチ波 (SHF)	$10 \sim 1$ [cm]	$3 \sim 30$ [GHz]	レーダー, 衛星放送
	ミリ波 (EHF)	$10 \sim 1$ [mm]	$30 \sim 300$ [GHz]	レーダー, 衛星通信, 電波望遠鏡
	サブミリ波	$1 \sim 0.1$ [mm]	$300 \sim 3000$ [GHz]	
赤外線		0.1 [mm] ~ 770 [nm]		赤外線写真, 赤外線リモコン, 乾燥
可視光線		$770 \sim 380$ [nm]		各種光学機器
紫外線		$380 \sim 0.1$ [nm]		殺菌灯
X線		$0.1 \sim 0.001$ [nm]		X線写真, 材料検査, 医療
γ線		0.001 [nm] 未満		材料検査, 医療

医療用サイクロトロン

　最近, サイクロトロンで加速されたイオンを利用し, 医療用の放射性同位体を比較的簡単に製造できるようになってきた. 陽電子検出を利用したコンピューター断層撮影技術である**ポジトロン放射型断層撮影法 (PET)** に使われる, β^+ 核種はいずれも短半減期 (^{11}C: 20分, ^{13}N: 10分, ^{15}O: 2分, ^{18}F: 10分など) である. 一般的に, 放射性同位元素を作成するには原子炉などで中性子を照射するが, 陽電子放出核種は原子核内の陽子数が過多であることにより β^+ 壊変するため, サイクロトロンで陽子や重陽子を照射して作成する. PET で用いられる放射性トレーサは, 上記のように半減期が短いため, 病院内に設置したサイクロトロンで作成するか, 比較的長半減期のものは放射性医薬品会社から供給を受けることもある. 小型サイクロトロンは軽量で設置スペースも小さく, 自己遮蔽型もあり, 容易に設置できるため, 独自に設置する病院も増えてきている.

章末問題 9

9.1 次の (1)〜(3) の磁場の大きさを求めよ。ただし、円周率は 3.14 とする。
(1) 40 [A] の定常電流が流れる、直線状の導線から垂直方向に 1.0 [cm] 離れた点にできる磁場の大きさ。
(2) 30 [A] の定常電流が流れる、半径 3.0 [cm] の円形導線の中心点にできる磁場の大きさ。
(3) 20 [A] の定常電流が流れる、単位長さあたりの巻き数が 5000 の、十分に長いソレノイドコイルの内側にできる磁場の大きさ。

9.2 図 9.38 のように、1 辺の長さ a [m] の正方形のコイル ABCD があり、このコイルは AD の中点と BC の中点を結ぶ軸 OO′ のまわりに回転できるようになっている。このコイルに図のような向きで電流を流し、AB と CD に垂直で、AD および BC と角 θ をなす向きに一様な磁場 (大きさ H) をかけるとき、コイル ABCD の各辺にかかる力を求めよ。

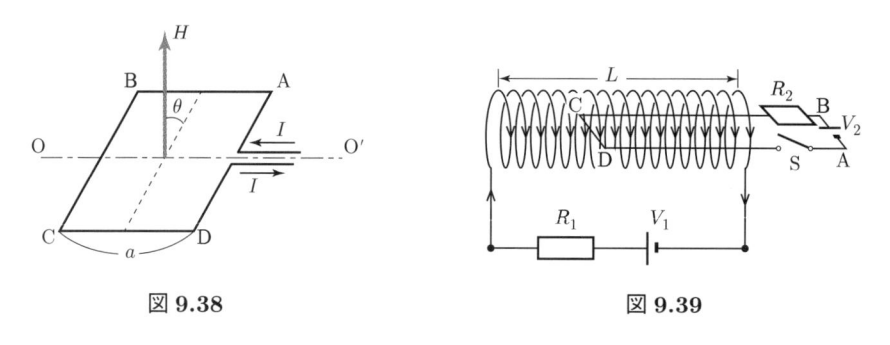

図 9.38   図 9.39

9.3 図 9.39 のように、一様に N 回巻いた長さ L [m] のソレノイドに抵抗値 R_1 [Ω] の抵抗と電圧 V_1 [V] の電池をつないで定常電流を流した。このコイル内に導線を長方形にした回路 ABCD を、辺 CD が水平でコイルの軸と垂直になるように置いた。回路 ABCD には、抵抗値 R_2 [Ω] の抵抗、電圧 V_2 [V] の電池、スイッチ S がつながれていて、辺 CD の長さは l [m] である。真空の透磁率を μ_0 [N·A^2] として次の問いに答えよ。
(1) ソレノイド内部の磁束密度を求めよ。
(2) 回路 ABCD のスイッチ S を閉じて定常電流が流れるとき、辺 CD が受ける力を求めよ。

9.4 図 9.40 のように、磁束密度の大きさ B [T] の一様な磁場が x 軸の正の向きにかかった空間の中で、質量 m [kg]、正の電荷 q [C] の荷電粒子を、x 軸の点 O から速さ v [m/s] で x 軸となす角 θ の方向へ打ち出すとき、次の問いに答えよ。
(1) 打ち出した後に荷電粒子が描く運動の軌跡を説明せよ。
(2) 荷電粒子が点 O を出てから再び x 軸上の点を通過するまでの時間を求めよ。
(3) 荷電粒子が点 O を出てから再び x 軸上を通過する点の点 O からの距離を求めよ。

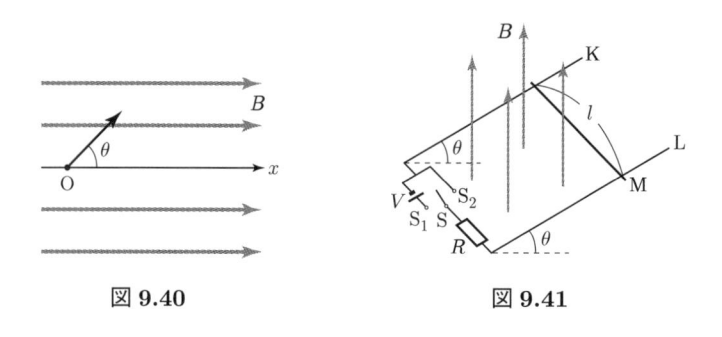

図 9.40   図 9.41

9.5 図 9.41 のように，鉛直上向きの，磁束密度の大きさ B の一様な磁場の中で，間隔 l [m] の 2 本の平行導線 K,L を水平面から角 θ をなすように固定し，電圧 V [V] の電池，抵抗値 R [Ω] の抵抗，スイッチ S をつなぐ．以下で考える回路全体の抵抗値は R とし，重力加速度の大きさを g [m/s^2] として次の問いに答えよ．

(1) S を S$_1$ 側につなぎ，さらに，質量 m [kg] の導体棒 M を平行導線 K,L に沿って水平に保ちながら自由に動けるように静かに置いたところ，M は静止した．このときの電池の電圧 V を B, g, l, m, R, θ を用いて表せ．ただし，導線 K, L と導体棒 M との間の摩擦は無視できるとする．

(2) スイッチ S を S$_2$ 側につなぎ変えたところ，導体棒 M は下方に向かって滑りはじめ，しばらくして，M の速さは一定になり，抵抗 R には定常電流が流れた．この定常電流の大きさをを B, g, l, m, θ を用いて表せ．

(3) (2) の状態において，導体棒 M が滑り降りる一定の速さを B, g, l, m, R, θ を用いて表せ．

9.6 図 9.42 (a) のように，コイル L_1 とコイル L_2 が鉄芯に巻き付けてある．L_1 と L_2 の相互インダクタンスの値を 3.0×10^{-2} [H] とし，L_1 に図 (b) のグラフのように，時間変化する電流 $I(t)$ [A] を流すとき，次の問いに答えよ．ただし，L_1 の自己誘導は無視できるとする．

(1) $0 < t < 2$ [s] のとき，コイル L_1 に流れる電流 $I(t)$ の向きが図 (a) の矢印の向きであった．コイル L_2 に流れる電流の向きは (ア), (イ) の矢印のうちどちらの向きになるか答えよ．

(2) 図 (a) の (ア) の矢印の向きに電流が流れるときの L_2 に生じている起電力の値を負として，L_2 に生じる起電力 $V_2(t)$ [V] のグラフを描け．

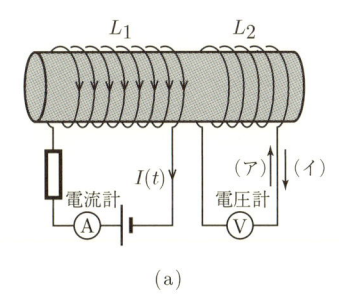

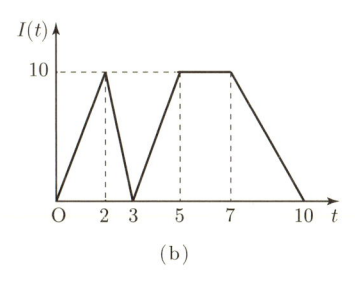

図 **9.42**

10
前期量子論

　見て触れることができるマクロの世界の常識が，見ることも触ることもできないミクロの世界では通用しないことがある．例えば，マクロの世界ではかたまりである粒子と広がりをもつ波は互いに相容れないものであるが，ミクロの世界では例えば電子は粒子の性質だけでなく，波の性質も同時にもつ．これを物質の二重性という．もう1つの例は不確定性原理である．私たちはミクロの世界を調べるとき，物質の二重性や不確定性原理を受け入れなければならない．ミクロの世界の現象を理解するためには，新しい力学，つまり，量子力学は不可欠である．ここでは，はじめに古典物理学では説明できない代表的な現象を紹介し，次にミクロの世界を理解するためには不可欠である量子力学の簡単な導入を説明する．

10.1　古典物理学の破綻

　18世紀にはニュートン力学が確立され，19世紀にはマクスウェルの電磁気学が完成されたことにより，古典物理学の確固とした基礎が築かれ，大きな成功を収めた．これらの理論により，この世のすべての現象は説明可能であり，予言可能であると考えられていた．しかし，19世紀の終わりから20世紀の初頭にかけて，黒体放射，光電効果，コンプトン散乱，水素原子の構造とスペクトルなどの古典物理学では説明できないミクロの世界の現象が次々に明らかになり，古典論が行き詰まってしまった．黒体放射を完全に説明するためにはエネルギー量子という概念が必要であり，光電効果やコンプトン散乱を理解するためには光は波としてではなく，粒子として振る舞うと考えることが必要である．本章では，古典物理学では説明できない現象を理解するために導入された新しい概念を説明する．

10.1.1 プランクの黒体放射の理論

鉄を加熱すると，はじめは赤色で，温度が高くなると白っぽくなる．これは，鉄の中の原子は温度の増加とともに激しく振動するようになり，より高い振動数の光を多く出すからである．高温の物質が電磁波(光)を放射する現象を熱放射といい，熱放射による光を放射光という．19世紀末の製鉄産業において，溶鉱炉内の光のスペクトルから溶鉄の温度を推定することは重要な問題であった．そのため，温度による炉の色の変化は実験的に詳しく調べられ，その結果，放射光のエネルギー密度と振動数の関係，つまり放射光のスペクトル分布は図10.1のようになることがわかった．

図10.1に示す放射光のスペクトル分布の理論的な研究は黒体放射の問題として研究された．現実の物体の表面では光は選択的に特定の波長の光のみが吸収されるが，あらゆる波長の光を吸収し，あらゆる波長の光を放射する仮想的な物体を考える必要がある．これを黒体という．黒体は理想的なものであるが，光を通さない壁によってつくられた空洞を一定の温度に保ち，その空洞の壁にある小さな穴から出てくる放射光のスペクトルは近似的に黒体放射と同じものである．

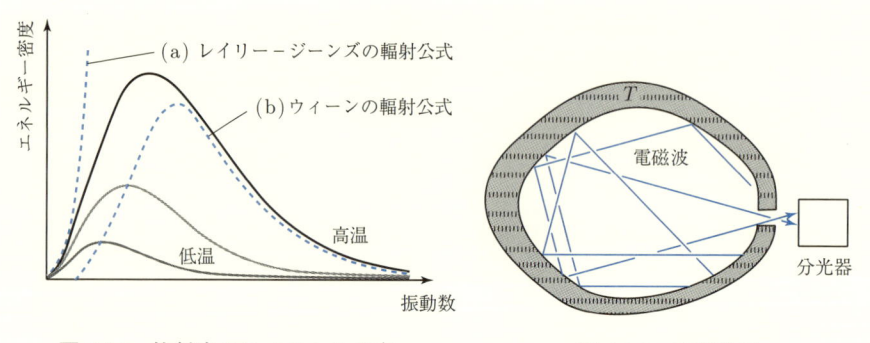

図 10.1 放射光のスペクトル分布 **図 10.2** 空洞放射

図10.2のように，温度Tの壁で囲まれた空洞があり，壁から放射される電磁波のエネルギーと壁に吸収される電磁波のエネルギーが等しくなった状態になっているとする．このとき，空洞内の電磁波のエネルギーはどうなっているのであろうか．それには空洞の壁にある小さな穴から出てくる放射光を分光器で調べればよい．これは溶鉱炉ののぞき窓から出てくる光と同じものである．

図10.1から，炉内の放射光は，物体の温度が上がるとともに強くなり，エネルギー密度のピークの振動数(極大振動数$\nu_{\max}$)が高い方にシフトすることがわかる．熱放射のスペクトルは炉内の温度のみで決まり，その極大振動数$\nu_{\max}$は温度Tの増加とともに増加する．ウィーンは実験結果を解析して，極大波長$\lambda_{\max}$と絶対温度Tの積$\lambda_{\max}T$が

$$\lambda_{\max} T \fallingdotseq 2.9 \times 10^{-3} \; [\text{mK}] \tag{10.1}$$

光速をcとすると，極大波長λ_{max}と極大振動数$\nu_{\max}$は
$$\lambda_{\max} = \frac{c}{\nu_{\max}}$$
の関係にある．

になることを見いだした．これをウィーンの変位則という．

空洞内の電磁波のエネルギーはその体積に比例する．単位体積あたりのエネルギーを考え，そのうち振動数が ν と $\nu + d\nu$ の間にあるものを $\rho(\nu)\,d\nu$ とする．この $\rho(\nu)$ をエネルギー密度関数という．エネルギー等分配の法則を用いて得られたエネルギー密度関数に対するレイリー-ジーンズの輻射公式は，低振動数側では実測値によく合っているが，高振動数側では合わなかった (図 10.1 (a))．つまり，振動数が高くなるにつれて放射エネルギー密度 $\rho(\nu)$ は単調に増大し，極大値をもたない．その後，気体分子運動論から得られたウィーンの輻射公式は高振動数側のスペクトル分布を説明できたが，スペクトルの全体を説明することには成功しなかった (図 10.1 (b))．

プランクは，これら 2 つの公式から，振動数のすべての領域にわたって実験値に合う式を得た．それは絶対温度を T，ボルツマン定数を k_B，光速を c，光の振動数を ν とすると

$$\rho(\nu) = \frac{8\pi h \nu^3}{c^3 \left[\exp\left(\frac{h\nu}{k_B T}\right) - 1\right]} \tag{10.2}$$

である．これをプランクの輻射公式という．h は

$$h = 6.62607015 \times 10^{-34} \text{ [J·s]} \tag{10.3}$$

であり，プランク定数という．さらに，プランクは，この成功の理由は次のような革新的な仮説によるものであることを明らかにした．それは，電磁波のエネルギー ε は連続的なものではなく，プランク定数 h に振動数 ν を掛けた $h\nu$ という基本的な単位の整数倍の量のみをとりうる

$$\varepsilon = nh\nu \tag{10.4}$$

というものである．これをプランクの量子仮説という．電磁波を古典的な波であると考える場合にはそのエネルギーは連続的なものであるが，プランクは電磁波のエネルギーは不連続的なものであると考えることにより，熱放射の説明に成功した．

10.1.2 光電効果と光の粒子説

金属結晶内に束縛されている電子を金属外部へ放出するためにはエネルギー W (これを仕事関数という) が必要である．図 10.3 のように，金属に光を照射

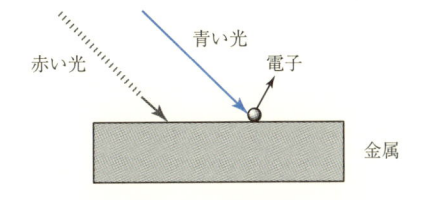

図 10.3 光電効果

して，電子にエネルギーを与えると，金属から電子が放出されることがある．この現象は光電効果とよばれている．放出される電子を光電子という．ただし，どのような光でも生じるわけではなく，赤い光を当てても金属から電子が飛び出さないが，青い光の場合には電子が飛び出す．

光電効果の実験結果は次の通りである．
(1) 光電効果の起こり得る最小の振動数 (限界振動数 ν_t) があり，限界振動数 ν_t 以下の振動数の光では，どんなに強い光 (どんなに多くの光子) でも光電効果は起こらない．
(2) 光電子のもつ最大の運動エネルギー K は，光の強さに依存しない．
(3) 光電子のもつ最大の運動エネルギー K は，光の振動数によって決まり，$K = h\nu - W$ で与えられる．
(4) 放出される光電子の量は，光の強さ (光子の多さ) に比例して多くなる．

光が波であるという従来の考え方では，これらの実験結果を説明できない．光は波であると考えると，光のエネルギーは波の振幅の 2 乗に比例するため，振動数の小さな光でもその振幅を大きくして，仕事関数 W よりも大きなエネルギーをもつ光を照射すれば，金属から電子が放出されるはずである．しかし，これは実験事実 (1) に矛盾している．

アインシュタインは光を粒子 (光子) とみなし

「振動数 ν の光のエネルギーは $h\nu$ である」

という光の粒子性を提唱し，1 つの光子が電子にエネルギーを与えることにより，光電効果が起こるとして，光電効果を説明することに成功した．この光量子仮説を使えば，実験事実 (1) と (3) は次のように説明できる．物質から電子を取り去るためには，光のエネルギー $h\nu$ が仕事関数 W よりも大きくなければならない．したがって，限界振動数 $\nu_t = W/h$ 以上の振動数の光でないと光電効果は起こらない．そして，エネルギー保存則から，放出された電子の運動エネルギー K は $K = h\nu - W$ で与えられる．図 10.4 に光電子のもつ最大の運動エネルギー K と光の振動数の関係を示した．

光量子仮説に基づいて光電効果を説明できたことにより，光はエネルギー $h\nu$ をもった「粒子」であることが確実になった．

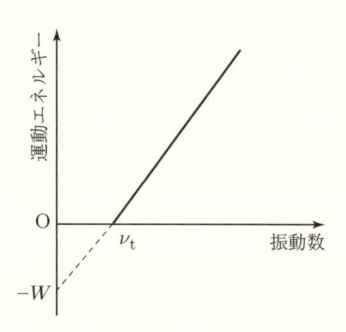

図 10.4 光電子の運動エネルギーと振動数の関係

10.1.3 コンプトン効果

7章で示したように,光は電磁波であり,結晶に照射すると,回折,干渉,反射などの現象が起こるが,光の波長は変化しない.ところが,1923年,コンプトンは,単色の (波長が一定の) X 線を黒鉛 (炭素の結晶) に照射したとき,散乱角が大きくなると物質中の電子によって散乱された X 線の波長が長くなることを見いだした.これをコンプトン効果という.

これは X 線を単なる波であるとしたのでは説明できない.なぜなら,波は,粒子とエネルギーのやり取りをせず,入射波と散乱波の波長は等しいからである.コンプトンは,粒子どうしの衝突,つまり,光の粒子と電子が衝突し,散乱されると考えることによって,コンプトン効果を見事に説明した.

光量子のエネルギー E は波長 λ で表すと

$$E = h\nu = \frac{hc}{\lambda} \tag{10.5}$$

ここで,c は光速度である.アインシュタインの相対性理論によると,質量が 0 である光子も運動量をもち,波長 λ の光子の運動量の大きさ p は

$$p = \frac{h}{\lambda} \tag{10.6}$$

である.

図 10.5 のように,X 線の散乱前後の波長をそれぞれ λ, λ',散乱後の X 線の進行方向は入射方向から角度 ϕ だけずれ,質量 m_e の電子は角 θ の方向に跳ね飛ばされたときの速さを v とし,式 (10.5), (10.6) を用いると,エネルギー保存則から

$$\frac{hc}{\lambda} = \frac{hc}{\lambda'} + \frac{1}{2}m_e v^2 \tag{10.7}$$

運動量保存則から

入射方向成分 $\quad \dfrac{h}{\lambda} = \dfrac{h}{\lambda'}\cos\phi + m_e v \cos\theta,$ (10.8)

入射方向に垂直な方向成分 $\quad 0 = \dfrac{h}{\lambda'}\sin\phi - m_e v \sin\theta$ (10.9)

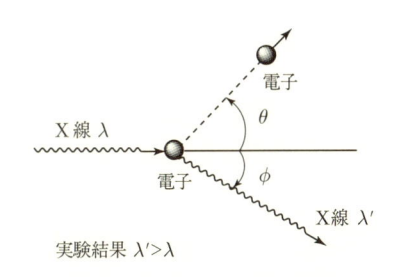

図 10.5 コンプトン効果

これらの式から，散乱前後の波長の変化の式

$$\Delta\lambda = \lambda' - \lambda = \frac{h}{m_e c}(1 - \cos\phi) \tag{10.10}$$

章末問題 10.1 参照

が得られる．この式を用いて，コンプトンの実験結果を説明できる．

10.2 原子模型とボーアの量子化説

α 粒子は ^{4}He の原子核であり，+2 の電荷をもつ．

原子核の大きさは $10^{-14} \sim 10^{-15}$ [m] であり，原子の大きさは 10^{-10} [m] である．

ラザフォードは原子の構造を調べるために，原子に α 粒子を衝突させて α 粒子の散乱の様子を観測した．その結果は，散乱 α 粒子の大部分は小さな角度で曲げられ，ごく一部の α 粒子が非常に大きな角度で曲げられるというものであった．これは原子の中はほとんど真空で，正電荷をもつ重い粒子 (原子核) は 1 点に集中しており，そのまわりを負の電荷を帯びた軽い粒子が取り巻いていることを示すものであった．

ラザフォードは，図 10.6 (a) のように，この実験から電子は原子核のまわりを円運動をするという原子の惑星モデルを提案した．しかし，この惑星モデルには難点があった．電磁気学によると，加速度運動している荷電粒子は電磁波を放出する．このモデルにおける電子は円運動という加速度運動をしているので，電子は電磁波を放出して，エネルギーを失い，半径が次第に減少し，図 (b) のように，ついには原子核の中に落ち込んでしまう．なぜ，原子は安定に存在しうるのであろうか．なぜ原子が放出する光のスペクトルは，とびとびの輝線スペクトルになるのであろうか．ボーアはこれらの疑問に答えるために，次の 2 つの仮説を提案した．

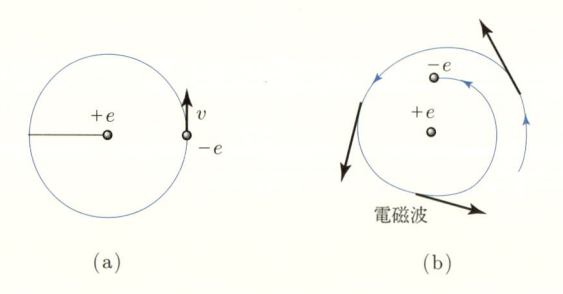

図 10.6 原子の惑星モデルとその難点

ボーアの仮説 I 原子はとびとびの安定した一定のエネルギー E_n ($n = 1, 2, \cdots$) をもつ状態にある．この状態を定常状態，n を量子数という．原子が定常状態にあるときは，原子は電磁波を放出しない．このように，物理量がとびとびの値しか許されないとき，この物理量は量子化されているという．

ボーアの仮説 II 電子がエネルギー E_n の定常状態から，それより低いエネルギー E_m の定常状態に遷移するとき，原子はそのエネルギー差に等しいエネルギーをもつ光を放出する．放出される光の振動数 ν は

10.2 原子模型とボーアの量子化説

$$h\nu = E_n - E_m \tag{10.11}$$

で与えられる．これを図示すると図 10.7 のようになる．光の放出前後の原子のエネルギー差は放出される光のエネルギーに等しい（これはエネルギー保存則の一例である）．

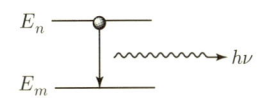

図 10.7 遷移による光子の放出

ボーアはこれらの仮説を用いて，ラザフォードの惑星モデルに基づき，水素原子の構造とエネルギーレベルを計算し，発光スペクトルの規則性を次のように見事に説明した．

ボーアは，原子がとびとびのエネルギーしか許されないのは，次のような量子化条件を満足しなければならないからであると考えた．

> **量子化条件** 定常状態にある電子は次の運動のみが許される．
> 運動量の大きさ × 軌道の周囲の長さ $= nh$ （n は正の整数） (10.12)

水素原子の原子核のまわりを半径 r の円周上を，質量 m_e の電子が速さ v の等速円運動をしているとする．このとき，ボーアの量子条件は

$$m_\mathrm{e} v \times 2\pi r = nh \qquad (n \text{ は正の整数}) \tag{10.13}$$

となる．上式とクーロンの法則から，電子の軌道半径 r は

$$r_n = \frac{\varepsilon_0 h^2 n^2}{\pi m_\mathrm{e} e^2} \tag{10.14}$$

クーロンの法則は 8 章の式 (8.2) 参照．

と計算され，半径 r は自然数 n のみで決まり，とびとびの値のみである．すなわち，軌道半径は量子化されている．$n=1$ のときの最小の軌道半径を**ボーア半径** a_0 という．電子のエネルギーも量子化され

$$E_n = \frac{m_\mathrm{e} v^2}{2} - \frac{e^2}{4\pi\varepsilon_0 r} = -\frac{m_\mathrm{e} e^4}{8\varepsilon_0^2 h^2 n^2} \tag{10.15}$$

となる．図 10.8 にボーアの水素原子のエネルギー準位を示す．ただし，この図は $\dfrac{m_\mathrm{e} e^4}{8\varepsilon_0^2 h^2}$ を単位にして表してある．量子数 n は正の整数の値のみをとるので，エネルギーは量子化されている．

章末問題 10.2 参照

電子がエネルギー E_n の定常状態から，それより低いエネルギー E_m の定常状態に遷移するとき，式 (10.11) に従い，原子はその差 $E_n - E_m$ に比例した振動数の光を放出する．式 (10.15) に示すように，水素原子のエネルギー準位は量子化されているので，差 $E_n - E_m$ もとびとびの値しかとりえない．すなわ

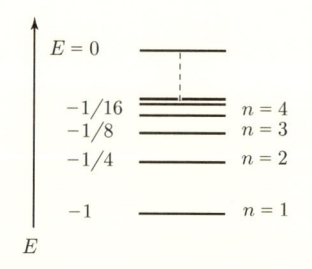

```
        E = 0 ─────────
        −1/16 ═════      n = 4
        −1/8  ─────      n = 3

        −1/4  ─────      n = 2


        −1    ─────      n = 1
     E
```

図 10.8 ボーアの水素原子のエネルギー準位

ち，放出される光もとびとびなものになり，原子のスペクトルは連続的なものではなく，線スペクトルとなる．ライマン系列やバルマー系列などの水素のスペクトル系列などが知られているが，例えば，バルマー系列は，量子数 n が 3, 4, 5 などの軌道にあった電子が，$m = 2$ の軌道に遷移するとき放出されるスペクトル線の一群の系列である．

ボーアの仮説によって，水素原子のスペクトルを説明することができたが，この仮説は古典物理学からは類推できないものであり，間違った概念を含むものである．例えば，原子中の電子は原子核のまわりを回転しているというボーアの原子の惑星モデルは，量子力学では間違いである．ボーアの仮説は，古典論から量子論に移行する過程で出された過渡的な考え方であり，次章で学ぶ量子力学の成立により，その役割を終えたものといえる．

10.3　ド・ブロイの電子波動説

ド・ブロイは，光が粒子としての性質を示すなら，逆に，粒子と考えられていた電子が波動としての性質をもつと考え，電子の波動性を示す波長 λ_d は運動量 p と次の関係

$$\lambda_\mathrm{d} = \frac{h}{p} \tag{10.16}$$

にあるとした．こうして定義された波長 λ_d を<u>ド・ブロイ波長</u>という．この関係は電子以外の粒子にも適用でき，粒子の波動を<u>物質波</u>という．

この物質波を原子内の電子に適用してみる．水素原子の原子核を中心とした半径 a の円周上を，質量 m の電子が運動量 p で運動しているとする．このとき，図 10.9 のように，波が打ち消し合わないためには，ド・ブロイ波長の整数倍が円周の長さに等しくなければならない．つまり，ド・ブロイ波長は次の条件

$$2\pi a = n\lambda_\mathrm{d} \tag{10.17}$$

を満たさなければならない．

10.4 不確定性原理

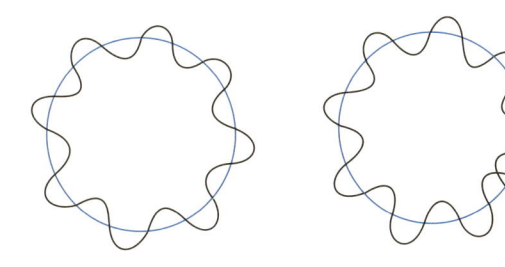

図 10.9 ド・ブロイ波が打ち消し合わないための条件

式 (10.17) にド・ブロイ波長 $\lambda_\mathrm{d} = h/p$ を代入すると

$$pa = \frac{nh}{2\pi} \tag{10.18}$$

が得られる．これは，角運動量 $L = pa$ が量子化されていることを示していて，ボーアの量子条件 $pa = nh/(2\pi)$ と同じものである．

電子の波動性は，ダビソンとジャーマーによるニッケルの単結晶の表面で反射された電子によるラウエ斑点の観測により証明された．また，現在盛んに使用されている電子顕微鏡は電子の波動性を利用したものである．

10.4 不確定性原理

ニュートン力学では，技術を向上させれば，マクロの世界の物体の位置と運動量はいくらでも正確に測定できると考えられている．しかし，ミクロの世界では同様に考えることはできない．

粒子の位置をより正確に観測するためには，波長の短い光を粒子に当てることが必要である．しかし，波長の短い (エネルギーの大きい) 光をミクロな粒子に当てると，ミクロな粒子の慣性は小さいため，ミクロな粒子はもとの位置から動いてしまい，位置を正確に決めることができなくなる．逆に，小さな運動量をもつ光は波長が長いので，シャープな像が得られない．ハイゼンベルクは，このような思考実験から，次のような結論を得た．

位置と運動量の測定値を同時に確定することはできず，位置 x の不確定さ Δx と運動量の x 成分 p_x の不確定さ Δp_x には，次の関係

$$\Delta x \Delta p_x \geq \frac{1}{2}\hbar \quad \left(\text{ただし，} \hbar = \frac{h}{2\pi}\right) \tag{10.19}$$

がある．この式は位置を正確に決めると，運動量の測定値はばらついて不正確になり，逆に，運動量を決めると，位置が不確定になるということを意味している．これをハイゼンベルクの不確定性原理という．

不確定性はエネルギーと時間の間にもある．例えば，原子や分子の電子遷移スペクトルにみられるスペクトルの幅 $\Delta \nu$ はエネルギーと時間の不確定性によるものである．つまり，スペクトルの幅に応じたエネルギー幅 $\Delta E = h\Delta \nu$ と

遷移が起こるために必要な時間 Δt は

$$\Delta E \Delta t \geq \frac{1}{2}\hbar \tag{10.20}$$

を満たす．これをエネルギーと時間の不確定性という．

章末問題 10

10.1 式 (10.10) を証明せよ．

10.2 ボーアの水素原子模型によると，水素原子は 1 個の電子が原子核のまわりを速さ v で等速円運動をしている．この運動に，ボーアの量子条件を適用すると，角運動量，半径，エネルギーが量子化される．このとき，以下の問いに答えよ．ただし，電子の質量は m_e，電子と原子核の電荷はそれぞれ $-e, e$，n は整数，真空の誘電率は ε_0，h はプランク定数とする．

(1) 量子化された角運動量を書け．

(2) 量子化された半径 r_n は $r_n = \dfrac{\varepsilon_0 h^2 n^2}{\pi m_e e^2}$ であることを示せ．

(3) 量子化された全エネルギー E_n は $E_n = -\dfrac{m_e e^4}{8\varepsilon_0^2 h^2 n^2}$ であることを示せ．ただし，電子が原子核から無限に離れているときの位置エネルギーを 0 とする．

11 シュレーディンガー方程式

10章で述べたように，前期量子論はさまざまな問題に対して，一応の解答を与えた．しかし，そこにおいては，対症療法的な仮説を設けていた．さらに，前期量子論の適用可能な範囲は水素原子に限られ，普遍性に欠けたものである．このような理由から，前期量子論は過渡的なものであるといえる．より基本的かつ一般的な理論が待たれた．それはいろいろな事象に適用でき，新しい性質を予言できるものでなければならない．この問題に解答を与えたのがシュレーディンガーである．

彼が見いだした微分方程式は，シュレーディンガー方程式といわれる．これにより，量子力学の基礎が築かれた．シュレーディンガー方程式の解である波動関数は粒子の存在確率についての情報を与え，物質の二重性(粒子性と波動性)の問題を解決した．さらに，前期量子論では水素原子の電子の角運動量の量子化(ボーアの量子仮説)は仮定されたものであったが，シュレーディンガー方程式を用いると，角運動量の量子化は1つの結果として導出できる．このように，シュレーディンガー方程式は前期量子論にはない普遍性をもつものである．

量子力学は，ミクロの世界(原子，分子)のみならず，マクロの世界(固体，液体，気体)までにも及ぶ多くの現象に適用され，大きな成功を収めた．現在では，物理学のみならず，化学，生物，工学などの分野にも応用されている．すなわち，量子力学は自然科学の基本であるといえる．

本章では，シュレーディンガー方程式の意義，解の解釈などについて数学的な厳密さは最小限にとどめて説明する．

11.1 量子力学の基本原理

11.1.1 シュレーディンガー方程式とは何か

ポテンシャル V の中を運動する質量 m の粒子の状態を表す波動関数 $\Phi(x,y,z,t)$ は次の方程式

$$\left\{-\frac{\hbar^2}{2m}\left(\frac{\partial^2}{\partial x^2}+\frac{\partial^2}{\partial y^2}+\frac{\partial^2}{\partial z^2}\right)+V(r)\right\}\Phi(x,y,z,t)$$
$$=i\hbar\frac{\partial}{\partial t}\Phi(x,y,z,t) \tag{11.1}$$

の解として与えられる．ここで，$\hbar$ は $\hbar=h/2\pi$ である．この方程式は**時間を含むシュレーディンガー方程式**とよばれる．

式 (11.1) の左辺の { } の中を普通 $\widehat{H}$ と表す．すなわち

$$\widehat{H}=-\frac{\hbar^2}{2m}\left(\frac{\partial^2}{\partial x^2}+\frac{\partial^2}{\partial y^2}+\frac{\partial^2}{\partial z^2}\right)+\widehat{V}(r) \tag{11.2}$$

である．ここで，$\widehat{H}$ は演算子であり，**ハミルトニアン**といわれる．^ は演算子であることを示す記号である．この $\widehat{H}$ を用いると，式 (11.1) は

$$\widehat{H}\Phi(x,y,z,t)=i\hbar\frac{\partial}{\partial t}\Phi(x,y,z,t) \tag{11.3}$$

と書ける．

ハミルトニアンが時間に依存しないときは，波動関数 $\Phi(x,y,z,t)$ は

$$\Phi(x,y,z,t)=\Psi(x,y,z)e^{-iEt/\hbar} \tag{11.4}$$

とおける．実際，式 (11.3) の左辺は

$$\widehat{H}\Phi(x,y,z,t)=\left\{\widehat{H}\Psi(x,y,z)\right\}e^{-iEt/\hbar} \tag{11.5}$$

であり，式 (11.3) の右辺は

$$i\hbar\frac{\partial}{\partial t}\Phi(x,y,z,t)=\Psi(x,y,z)i\hbar\frac{\partial}{\partial t}e^{-iEt/\hbar}$$
$$=E\Psi(x,y,z)e^{-iEt/\hbar} \tag{11.6}$$

となるので，これらを式 (11.3) に代入して，両辺を $e^{-iEt/\hbar}$ で割れば

$$\widehat{H}\Psi(x,y,z)=E\Psi(x,y,z) \tag{11.7}$$

すなわち

$$\left\{-\frac{\hbar^2}{2m}\left(\frac{\partial^2}{\partial x^2}+\frac{\partial^2}{\partial y^2}+\frac{\partial^2}{\partial z^2}\right)+\widehat{V}(r)\right\}\Psi(x,y,z)$$
$$=E\Psi(x,y,z) \tag{11.8}$$

となる．この方程式は**時間を含まないシュレーディンガー方程式**とよばれる．

シュレーディンガー方程式の解である波動関数から，時間的に変化しない系についてのあらゆる力学的な情報を得ることができる．波動関数が与える粒子の位置についての解釈は次のようになる．

11.1 量子力学の基本原理

粒子がある点 (x, y, z) の近傍の体積要素 $dv = dxdydz$ の中に見いだされる確率は

$$|\Psi(x,y,z)|^2 \, dv = \Psi^*(x,y,z)\Psi(x,y,z) \, dv \tag{11.9}$$

で与えられる．ここで，Ψ^* は Ψ の複素共役を表す．このとき，$\Psi^*\Psi$ を確率密度という．

粒子はその存在が許される全領域中には必ずあるはずであるから，確率密度を全領域中で積分したものは 1 でなければならない．すなわち

$$\int_{-\infty}^{\infty}\int_{-\infty}^{\infty}\int_{-\infty}^{\infty} |\Psi(x,y,z)|^2 \, dv = 1 \tag{11.10}$$

である．このとき，波動関数は規格化されているという．本章では，特に断らないかぎり波動関数は規格化されたものとする．

Ψ が負の値をもったとしても，その絶対値の大きいところは粒子を見いだす確率が大きく，Ψ の値が 0 であるところは粒子を見いだす確率は 0 である．波動関数は電子の存在確率を与え，それが予言することは同じ実験の多数回の測定の統計的な結果である．

波動関数 Ψ が物理的意味をもつためには，満たさなければならないいくつかの条件がある．それは，Ψ およびその 1 階微分は 1 価，連続であり，有限であることである．

化学者が興味をもつほとんどの場合，ハミルトニアンは時間に依存していないときである．このときには，波動関数は式 (11.4) の形をとり

$$\begin{aligned}|\Phi(x,y,z,t)|^2 &= \Psi^*(x,y,z)e^{iEt/\hbar} \times \Psi(x,y,z)e^{-iEt/\hbar} \\ &= |\Psi(x,y,z)|^2\end{aligned} \tag{11.11}$$

となるので，粒子の存在確率は時間に無関係であることがわかる．したがって，このような粒子は定常状態にあるという．

> 波動関数 Ψ にマイナスを掛けた $-\Psi$ はもとの波動関数 Ψ と存在確率については同一の情報を与え，Ψ と区別する理由はない．そして，確率の値は正でなければならないが，$\Psi^*\Psi$ は負になることはない．

[例題 11.1] $0 \leq x \leq a$ の範囲に閉じ込められている粒子の 1 つの波動関数は $\Psi(x) = \sqrt{\dfrac{2}{a}} \sin \dfrac{2\pi x}{a}$ である．このとき，粒子の存在確率が最大である位置はどこかを答えよ．また，粒子が $0 \leq x \leq a$ の範囲にある確率は 1 であることを示せ．

[解] この波動関数は $x = \dfrac{a}{4}$ と $x = \dfrac{3a}{4}$ で極値をとり，$\Psi\left(\dfrac{a}{4}\right) = \sqrt{\dfrac{2}{a}}$，$\Psi\left(\dfrac{3a}{4}\right) = -\sqrt{\dfrac{2}{a}}$ である．粒子の存在確率を表す確率密度は

$$|\Psi(x)|^2 = \Psi^2(x) = \dfrac{2}{a}\left(\sin \dfrac{2\pi x}{a}\right)^2$$

である．したがって，粒子の存在確率が最大である位置は $x = \dfrac{a}{4}$ と $x = \dfrac{3a}{4}$ である.

> $\sqrt{\dfrac{2}{a}}$ のように，規格化するための定数を規格化定数という．

積分範囲は $0 \leq x \leq a$ であるので

$$\int_0^a \Psi^2(x)\,dx = \frac{2}{a}\int_0^a \left(\sin\frac{2\pi x}{a}\right)^2 dx = \frac{2}{a}\int_0^a \frac{\left(1-\cos\frac{4\pi x}{a}\right)}{2}\,dx = \frac{2}{a}\frac{a}{2} = 1$$

となり，確かにこの範囲の中に確率 1 で粒子は存在する． □

11.1.2 演算子

量子力学においては，すべての物理量は演算子である．ただし，時間はパラメータである．演算子とは，関数に作用し，何らかの演算をすることを指定するものである．例えば，微分操作を表すものを微分演算子という．

ポテンシャル V の中を速度 (v_x, v_y, v_z) で運動している質量 m の古典的粒子の全エネルギーは

$$E = \frac{m}{2}\left(v_x^2 + v_y^2 + v_z^2\right) + V \tag{11.12}$$

である．これを運動量 (p_x, p_y, p_z) で表すと

$$E = \frac{1}{2m}\left(p_x^2 + p_y^2 + p_z^2\right) + V \tag{11.13}$$

となる．これを古典力学のハミルトン関数という．式 (11.2) のハミルトニアンは運動量で表されたエネルギーを表す演算子であると考えられる．

式 (11.2) と式 (11.13) を比べると，ハミルトニアンはハミルトン関数における運動量の各成分を

> ハミルトニアンという名前は，古典力学におけるハミルトン関数に由来している．

$$\widehat{p}_x = \frac{\hbar}{i}\frac{\partial}{\partial x}, \qquad \widehat{p}_y = \frac{\hbar}{i}\frac{\partial}{\partial y}, \qquad \widehat{p}_z = \frac{\hbar}{i}\frac{\partial}{\partial z} \tag{11.14}$$

の微分演算子に置き換えたものであることがわかる．ただし

$$\widehat{p}_x\widehat{p}_x = \left(\frac{\hbar}{i}\frac{\partial}{\partial x}\right)\left(\frac{\hbar}{i}\frac{\partial}{\partial x}\right) = -\hbar^2\frac{\partial^2}{\partial x^2} \tag{11.15}$$

であることに注意すること．座標の各成分 (x, y, z) は単に各成分の値を波動関数に掛けるという演算子である．すなわち

$$\widehat{x} = x, \qquad \widehat{y} = y, \qquad \widehat{z} = z \tag{11.16}$$

である．したがって，ポテンシャル V が r の関数であるときには，そのままである．

11.1.3 固有値と固有関数

一般に，演算子をある関数に作用させると別の関数が得られるが，特に演算子 $\widehat{\alpha}$ を関数 f に作用させたものが，f の定数倍になるとき，つまり

$$\widehat{\alpha}f = af \tag{11.17}$$

が成り立つとき，定数 a を演算子 $\widehat{\alpha}$ の固有値，関数 f を固有関数という．式 (11.17) は演算子 $\widehat{\alpha}$ に対する固有方程式とよばれる．例えば，シュレーディンガー方程式 $\widehat{H}\Psi = E\Psi$ はハミルトニアン $\widehat{H}$ の固有方程式，Ψ は固有関数，E は固有値であるということになる．

物理量 A が観測可能であるためには，演算子 $\widehat{A}$ の固有値は実数であることが必要である．任意の波動関数 Ψ と Φ に対して

$$\int_{-\infty}^{\infty}\int_{-\infty}^{\infty}\int_{-\infty}^{\infty} \Psi^* \widehat{A}\Phi\, dxdydz = \int_{-\infty}^{\infty}\int_{-\infty}^{\infty}\int_{-\infty}^{\infty} \Phi\left(\widehat{A}\Psi\right)^* dxdydz \tag{11.18}$$

を演算子 $\widehat{A}$ が満たすとき，その固有値は実数であることが保証される．演算子 $\widehat{A}$ がこの条件を満足するとき，演算子 $\widehat{A}$ はエルミート演算子であるという．

[例題 11.2] 関数 $\Psi(x) = e^{ikx}$ に運動量 $\widehat{p}_x$ を作用させて，運動量の固有値を求めよ．また，関数 $\Psi^*(x)$ についてはどうか述べよ．

[解]
$$\widehat{p}_x e^{ikx} = -i\hbar\frac{\partial}{\partial x}e^{ikx} = \hbar k e^{ikx}$$

これは $\widehat{p}_x$ に対する固有方程式であり，運動量演算子の固有値は $\hbar k$ である．
関数 $\Psi^*(x) = e^{-ikx}$ であるので

$$\widehat{p}_x e^{-ikx} = -i\hbar\frac{\partial}{\partial x}e^{-ikx} = -\hbar k e^{-ikx}$$

これは固有方程式であり，運動量演算子の固有値は $-\hbar k$ である．これらの結果から，$\Psi(x) = e^{ikx}$ は粒子が運動量 $\hbar k$ で，x の正の向きに進む状態を表し，$\Psi^*(x) = e^{-ikx}$ は粒子が運動量 $-\hbar k$ で，x の負の向きに進む状態を表していることがわかる． □

11.1.4 期 待 値

系が一定のエネルギー E をもつ定常状態にあるならば，いつ測定してもエネルギーの測定値は E に等しい．しかし，他の物理量については，常に同一の測定値が得られるとは限らない．ある状態 Ψ について，物理量 $\widehat{\alpha}$ を測定したときに得られる値の平均値は

$$\langle \alpha \rangle = \int_{-\infty}^{\infty}\int_{-\infty}^{\infty}\int_{-\infty}^{\infty} \Psi^* \widehat{\alpha}\Psi\, dxdydz \tag{11.19}$$

で与えられる．これを物理量 $\widehat{\alpha}$ の期待値という．ここで，波動関数は規格化されているとした．

[例題 11.3] ハミルトニアン $\widehat{H}$ の期待値はエネルギー E であることを示せ．ただし，波動関数は規格化されているとする．

[解] シュレーディンガー方程式はハミルトニアンの固有方程式，Ψ は固有関数，E は固有値であるので

$$\langle H \rangle = \int_{-\infty}^{\infty}\int_{-\infty}^{\infty}\int_{-\infty}^{\infty} \Psi^* \widehat{H} \Psi \, dxdydz$$

$$= \int_{-\infty}^{\infty}\int_{-\infty}^{\infty}\int_{-\infty}^{\infty} \Psi^* E \Psi \, dxdydz$$

$$= E \int_{-\infty}^{\infty}\int_{-\infty}^{\infty}\int_{-\infty}^{\infty} \Psi^* \Psi \, dxdydz = E$$

である．つまり，波動関数はハミルトニアン $\widehat{H}$ の固有関数であるので，ハミルトニアン $\widehat{H}$ の期待値は常に固有値 E に等しい．一般に，波動関数が物理量 $\widehat{\alpha}$ の固有関数であるとき，その期待値は固有値 a に等しい． □

11.1.5 物理量の交換可能性と不確定性原理

2つの演算子 $\widehat{F}$ と $\widehat{G}$ を関数 f に順番を変えて作用させたとき，$\widehat{F}\widehat{G}f = \widehat{G}\widehat{F}f$ が成り立つとは限らない．例えば，$\widehat{x}$ と $\widehat{p}_x$ を順番を変えて，任意の関数 $\Psi(x)$ に作用させると

$$\widehat{x}\widehat{p}_x \Psi(x) = -i\hbar x \frac{\partial \Psi}{\partial x}, \tag{11.20}$$

$$\widehat{p}_x \widehat{x} \Psi(x) = -i\hbar \frac{\partial}{\partial x}(x\Psi) = -i\hbar\Psi - i\hbar x \frac{\partial \Psi}{\partial x} \tag{11.21}$$

となるので，次式が得られる．

$$(\widehat{x}\widehat{p}_x - \widehat{p}_x\widehat{x}_x)\Psi(x) = i\hbar \Psi(x) \tag{11.22}$$

したがって，$\Psi(x)$ は任意の関数であるから，位置座標の演算子と運動量の演算子の間には次の交換関係

$$\widehat{x\widehat{p}_x} - \widehat{p\widehat{x}_x} = i\hbar \tag{11.23}$$

が成り立つ．ここで，$\widehat{F}$ と $\widehat{G}$ の交換子 $[\widehat{F},\widehat{G}]$ を

$$[\widehat{F},\widehat{G}] = \widehat{F}\widehat{G} - \widehat{G}\widehat{F} \tag{11.24}$$

で定義する．これを用いると，式 (11.23) は

$$[\widehat{x},\widehat{p}_x] = i\hbar \tag{11.25a}$$

と書ける．同様にして

$$[\widehat{y},\widehat{p}_y] = i\hbar, \tag{11.25b}$$

$$[\widehat{z},\widehat{p}_z] = i\hbar \tag{11.25c}$$

であることが容易にわかる．

2つの演算子 $\widehat{F}$ と $\widehat{G}$ の作用の順番が異なっても同一の結果を与えるとき，つまり

$$[\widehat{F},\widehat{G}] = 0 \tag{11.26}$$

の関係が成り立つとき，2つの演算子 $\hat{F}$ と $\hat{G}$ は交換可能 (可換) であるという．2つの物理量 F と G が同時に確定できるかどうかは，対応する2つの演算子 $\hat{F}$ と $\hat{G}$ が交換可能かどうかによって決まる．交換可能ならば，2つの演算子は同時に確定でき，交換可能ではない2つの演算子 $\hat{F}$ と $\hat{G}$ は同時に確定できないことがわかっている．例えば，$\hat{x}$ と $\hat{p}_x$ は交換可能ではないので，x と p_x の間には不確定性があり，$\hat{x}$ と $\hat{p}_y$，$\hat{x}$ と $\hat{p}_z$ はそれぞれ交換可能なので，x と p_y の間や x と p_z の間には不確定性はない．

11.2 箱の中の粒子

ポテンシャルエネルギーが 0 である空間の中の粒子は自由に動き回ることができる．このような粒子を自由粒子という．粒子が有限の空間の中に閉じ込められると粒子の運動の様子が変わる．動き回れる空間の大きさが無限大のときには，粒子の運動量やエネルギーは量子化されず，あらゆる値をとりうる．しかし，粒子を狭い空間の中に閉じ込めたときには，粒子の運動量やエネルギーは量子化され，許された値のみをとりうる．

11.2.1　1 次元の箱の中の粒子

x 軸上のある領域 ($0 \leq x \leq a$) では自由に動き回るが，この区間の外には出られない粒子，いわゆる1次元の箱の中の粒子を考える．この制限を課すには，図 11.1 のように，ポテンシャル $V(x)$ を箱の中では 0，壁では無限大とすればよい．

$$0 \leq x \leq a \text{ で}, \quad V(x) = 0, \tag{11.27a}$$
$$x < 0, \; x > a \text{ で}, \quad V(x) = \infty \tag{11.27b}$$

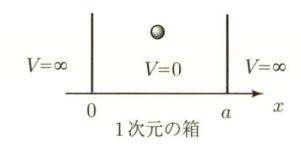

図 11.1　1 次元の箱型ポテンシャル

1 次元の箱の中では，ポテンシャル $V(x)$ は 0 なので，シュレーディンガー方程式は

$$-\frac{\hbar^2}{2m}\frac{d^2}{dx^2}\Psi(x) = E\Psi(x) \tag{11.28}$$

である．この微分方程式の一般解は

$$\Psi(x) = A\sin kx + B\cos kx \tag{11.29}$$

で与えられる．ここで，A と B は未定である．式 (11.29) を式 (11.28) に代入すると，左辺は

$$-\frac{\hbar^2}{2m}\frac{d^2}{dx^2}\Psi(x) = -\frac{\hbar^2}{2m}\frac{d^2}{dx^2}(A\sin kx + B\cos kx)$$
$$= -\frac{\hbar^2}{2m}\frac{d}{dx}(kA\cos kx - kB\sin kx)$$
$$= \frac{\hbar^2}{2m}k^2\Psi(x) \tag{11.30}$$

となり，式 (11.29) が式 (11.28) を満たす解であることが確かめられる．式 (11.30) から，エネルギーは

$$E = \frac{\hbar^2}{2m}k^2 \tag{11.31}$$

と書ける．ポテンシャル $V(x)$ が無限大である箱の外では粒子は存在せず，その波動関数は 0 であり，波動関数は連続でなければならないので，壁の位置 $x=0$ と $x=a$ では，波動関数は 0 である．つまり

$$\Psi(0) = 0, \qquad \Psi(a) = 0 \tag{11.32}$$

これを境界条件という．

一般解 (11.29) は境界条件 (11.32) を満たさなければならないので

$$\Psi(0) = A\sin 0 + B\cos 0 = B = 0 \tag{11.33}$$

したがって，$B = 0$ である．また

$$\Psi(a) = A\sin ak = 0 \tag{11.34}$$

より，$ak = n\pi$，すなわち

$$k_n = \frac{n\pi}{a} \qquad (n = 1, 2, 3, \cdots) \tag{11.35}$$

でなければならない．したがって，許された波動関数は

$$\Psi_n(x) = A_n \sin k_n x = A_n \sin \frac{n\pi}{a}x \tag{11.36}$$

と書ける．ただし，添字 n は n の値ごとに，k の値と波動関数が決まることを表している．規格化定数は

$$\int_0^a \Psi_n^2 \, dx = A_n^2 \int_0^a \left(\sin \frac{n\pi}{a}x\right)^2 dx = A_n^2 \frac{a}{2} = 1 \tag{11.37}$$

から求まり

$$A_n = \sqrt{\frac{2}{a}} \tag{11.38}$$

> 量子数 n は 0 を含まない．なぜなら，n が 0 のときの波動関数はいたるところで，0 になってしまうから．

11.2 箱の中の粒子

となる．したがって，求める規格化された波動関数は

$$\Psi_n(x) = \sqrt{\frac{2}{a}} \sin \frac{n\pi x}{a} \tag{11.39}$$

となる．$n = 1, 2, 3$ についての波動関数と確率密度を図 11.2 に示す．

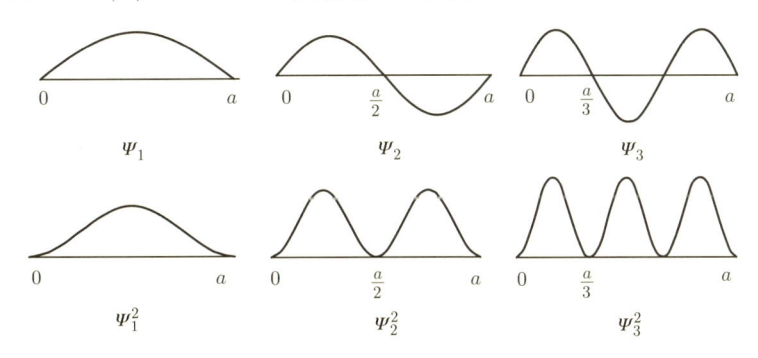

図 11.2 1 次元の箱の中の粒子の波動関数および確率密度

固有エネルギーは，式 (11.31) に式 (11.35) を代入すると

$$E_n = \frac{\hbar^2}{2m} k_n^2 = \frac{\hbar^2}{2m} \left(\frac{\pi}{a}\right)^2 n^2 \tag{11.40}$$

となる．

式 (11.40) からわかるように，1 次元の箱の中の粒子のエネルギーは量子化されていて，n の 2 乗に比例して増大する．すなわち，エネルギー準位の間隔は n の増加とともに増大する．式 (11.39) から，例えば，$n = 2$ の場合，$x = 2/a$ で，波動関数 Ψ_2 の符号がプラスからマイナスに変化し，Ψ_2 が 0 になる．このような位置を節という．式 (11.39) と図 11.2 から，Ψ_1 には節がなく，Ψ_n の節の数は $n - 1$ であることがわかる．したがって，エネルギーは波動関数の節の数とともに増大する．量子数 n は 0 をとらないので，最低エネルギーは $n = 1$ のときであり，$E_1 = \frac{\hbar^2}{2m}\left(\frac{\pi}{a}\right)^2$ である．この最低の 0 ではないエネルギーのことを零点エネルギーという．エネルギーが 0 の状態は古典力学では許されて，静止した粒子に相当する．しかし，量子力学では，粒子の静止した状態は許されない．

この零点エネルギーは次に述べるように，不確定性原理に密接に関係している．式 (11.40) から，エネルギーは箱の長さの 2 乗に反比例しているので，箱の長さを短くすると，最低エネルギーは増大することがわかる．一方，不確定性原理によれば，閉じ込められる箱が小さいほど，つまり位置がさらに確定するほど，運動量の不確定性 (運動量の大きさそのもの) が増す．この場合，粒子のエネルギーは運動エネルギーに等しいので，粒子のエネルギーが増す．また，古典力学のように，粒子の静止した状態はない．仮に粒子が静止しているとすると，粒子の位置と運動量が同時に確定することになり，不確定性原理に反することになる．

3 次元の波動関数の符号がプラスからマイナスに変化し，波動関数が 0 になる位置の連続は面を形成する．このときの節を節面という．

11.2.2 3次元の箱の中の粒子

各辺の長さが a, b, c である 3 次元の箱の中に閉じ込められている粒子を考える．ポテンシャルは箱の外では ∞，内部 $(0 \leq x \leq a, 0 \leq y \leq b, 0 \leq z \leq c)$ では $V = 0$ である．箱の中の粒子のシュレーディンガー方程式は

$$\left\{-\frac{\hbar^2}{2m}\left(\frac{\partial^2}{\partial x^2} + \frac{\partial^2}{\partial y^2} + \frac{\partial^2}{\partial z^2}\right)\right\}\Psi(x,y,z) = E\Psi(x,y,z) \tag{11.41}$$

である．箱の中では $V(x,y,z) = 0$ なので，ハミルトニアンは

$$\widehat{H} = \widehat{H}_x + \widehat{H}_y + \widehat{H}_z \tag{11.42}$$

と成分ごとに分けられる．ここで

$$\widehat{H}_x = -\frac{\hbar^2}{2m}\frac{\partial^2}{\partial x^2}, \quad \widehat{H}_y = -\frac{\hbar^2}{2m}\frac{\partial^2}{\partial y^2}, \quad \widehat{H}_z = -\frac{\hbar^2}{2m}\frac{\partial^2}{\partial z^2} \tag{11.43}$$

である．また，座標成分ごとの運動が独立であれば，波動関数は変数分離でき

$$\Psi(x,y,z) = X(x)Y(y)Z(z) \tag{11.44}$$

とおける．これを，式 (11.41) に代入し，両辺を XYZ で割ると

$$\frac{1}{X}\frac{d^2X}{dx^2} + \frac{1}{Y}\frac{d^2Y}{dy^2} + \frac{1}{Z}\frac{d^2Z}{dz^2} = -\frac{2m}{\hbar^2}E \tag{11.45}$$

となる．ここで，上式の左辺の 2 項と 3 項を右辺に移項すると

$$\frac{1}{X}\frac{d^2X}{dx^2} = -\frac{2m}{\hbar^2}E - \frac{1}{Y}\frac{d^2Y}{dy^2} - \frac{1}{Z}\frac{d^2Z}{dz^2} \tag{11.46}$$

となる．上式の左辺は x のみの関数であり，右辺は y と z のみの関数であるので，これが常に成り立つためには，左辺と右辺が同じ定数でなければならない．そこで，この定数を $-\frac{2m}{\hbar^2}E_x$ とすると

$$-\frac{\hbar^2}{2m}\frac{d^2X(x)}{dx^2} = E_x X(x) \tag{11.47a}$$

を得る．同様にして

$$-\frac{\hbar^2}{2m}\frac{d^2Y(y)}{dy^2} = E_y Y(y), \tag{11.47b}$$

$$-\frac{\hbar^2}{2m}\frac{d^2Z(z)}{dz^2} = E_z Z(z) \tag{11.47c}$$

が得られる．系のエネルギー E は

$$E = E_x + E_y + E_z \tag{11.48}$$

である．

11.2 箱の中の粒子

箱の壁の位置で，$\Psi(x,y,z) = 0$ という境界条件をおくと，式 (11.47a-c) の 3 つの方程式は，1 次元の箱の中の粒子のシュレーディンガー方程式と同じものなので，3 次元の箱の中の粒子の波動関数は

$$\Psi_{n_x,n_y,n_z}(x,y,z) = \left(\frac{8}{abc}\right)^{1/2} \sin\frac{n_x\pi x}{a} \sin\frac{n_y\pi y}{b} \sin\frac{n_z\pi z}{c} \quad (11.49)$$

となり，固有エネルギーは

$$E_{n_x,n_y,n_z} = \frac{\hbar^2}{2m}\left\{\left(\frac{\pi}{a}\right)^2 n_x^2 + \left(\frac{\pi}{b}\right)^2 n_y^2 + \left(\frac{\pi}{c}\right)^2 n_z^2\right\} \quad (11.50)$$

となる．ただし，$n_x, n_y, n_z = 1, 2, 3, \cdots$ である．

箱の 3 辺の長さが等しいときは，固有エネルギーは

$$E_{n_x,n_y,n_z} = \frac{\hbar^2}{2m}\left\{\left(\frac{\pi}{a}\right)^2 n_x^2 + \left(\frac{\pi}{a}\right)^2 n_y^2 + \left(\frac{\pi}{a}\right)^2 n_z^2\right\} \quad (11.51)$$

となる．このとき，3 次元の箱の中の粒子のエネルギー準位を図 11.3 に示す．

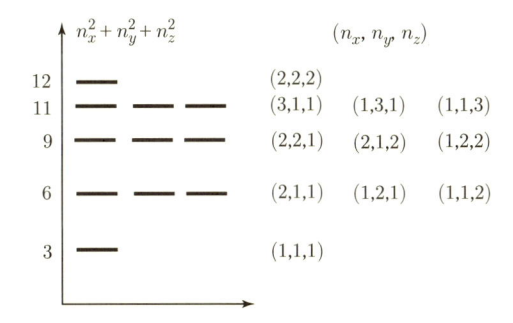

図 11.3 3 次元の箱の中の粒子のエネルギー準位
エネルギーは $\frac{\hbar^2}{2m}\left(\frac{\pi}{a}\right)^2$ を単位としている．

$(n_x, n_y, n_z) = (1, 1, 1)$ の状態が最低エネルギーをもつ基底状態である．n 個の異なる状態が同じエネルギーをもつとき，n 重に縮退しているという．つまり，$(2,1,1), (1,2,1), (1,1,2)$ の 3 つの状態は同じエネルギーをもち，3 重に縮退している．

[**例題 11.4**] 3 次元の箱の x, y, z 方向の長さが $b = a, c = \dfrac{3a}{2}$ であるとき，第 2 励起状態は何重に縮退しているか述べよ．

[**解**] 式 (11.50) から，箱の長さが $b = a, c = \dfrac{3a}{2}$ であるとき，固有エネルギーは

$$E_{n_x,n_y,n_z} = \frac{\hbar^2}{2m}\left\{\left(\frac{\pi}{a}\right)^2 n_x^2 + \left(\frac{\pi}{a}\right)^2 n_y^2 + \left(\frac{2\pi}{3a}\right)^2 n_z^2\right\}$$

であるので，エネルギーの低い順に

$$E_{1,1,1} = \frac{\hbar^2}{2m}\left(\frac{\pi}{a}\right)^2\left\{1^2 + 1^2 + \left(\frac{2}{3}\right)^2 1^2\right\} = \frac{\hbar^2}{2m}\left(\frac{\pi}{a}\right)^2 \frac{22}{9},$$

$$E_{1,1,2} = \frac{\hbar^2}{2m}\left(\frac{\pi}{a}\right)^2\left\{1^2+1^2+\left(\frac{2}{3}\right)^2 2^2\right\} = \frac{\hbar^2}{2m}\left(\frac{\pi}{a}\right)^2 \frac{34}{9},$$

$$E_{2,1,1} = \frac{\hbar^2}{2m}\left(\frac{\pi}{a}\right)^2\left\{2^2+1^2+\left(\frac{2}{3}\right)^2 1^2\right\} = \frac{\hbar^2}{2m}\left(\frac{\pi}{a}\right)^2 \frac{49}{9},$$

$$E_{1,2,1} = \frac{\hbar^2}{2m}\left(\frac{\pi}{a}\right)^2\left\{1^2+2^2+\left(\frac{2}{3}\right)^2 1^2\right\} = \frac{\hbar^2}{2m}\left(\frac{\pi}{a}\right)^2 \frac{49}{9}$$

となるので，第2励起状態は2重に縮退している．3辺の長さが等しいときには，$(n_x, n_y, n_z) = (2,1,1), (1,2,1), (1,1,2)$ の3つの状態が3重に縮退していた (この理由は x, y, z の3方向の対称性による) が，長さを変えると，上のように不完全であるが縮退が解ける (この理由は x, y の2方向と z 方向の対称性がないからである). □

11.3 水素類似原子

原子核と1つの電子からなる系を**水素類似原子**という (図11.4). H, He$^+$, Li^{2+} などがその例である．水素類似原子は，シュレーディンガー方程式の解を初等関数で表すことができる唯一の原子である．水素類似原子についての概念は，水素以外の原子や分子の性質を理解するために使われている．

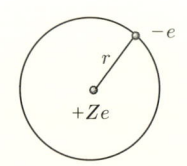

図 11.4 水素類似原子

5.5節で学んだように，2粒子系の相対運動は換算質量 μ で記述される．しかし，一番軽い水素原子の場合でも原子核の質量 M は電子の質量 m_e の1800倍であるので，$\frac{1}{\mu} = \frac{1}{m_e} + \frac{1}{M} \fallingdotseq \frac{1}{m_e}$ となり，特別の場合を除いて，$\mu \fallingdotseq m_e$ とみなせる．

水素類似原子の構成要素は原子核と電子であり，2粒子系である．原子核の質量 M は電子の質量 m_e に比べて非常に重いので，原子核の運動は電子の運動に比べて非常に遅い．したがって，電子の運動を考えるときに，原子核は静止しているとすることができる．これを**ボルン-オッペンハイマー近似**という．このボルン-オッペンハイマー近似を用いると，ハミルトニアンの中の原子核の運動エネルギーの項は無視される．原点に $+Ze$ の電荷をもつ原子核をおいたとき，中心から距離 r だけ離れた位置におけるクーロンポテンシャルは

$$V(r) = -\frac{Ze^2}{4\pi\varepsilon_0 r} \tag{11.52}$$

である．ここで，ε_0 は真空の誘電率である．したがって，シュレーディンガー方程式は

$$\left\{-\frac{\hbar^2}{2m_e}\left(\frac{\partial^2}{\partial x^2}+\frac{\partial^2}{\partial y^2}+\frac{\partial^2}{\partial z^2}\right) - \frac{Ze^2}{4\pi\varepsilon_0 r}\right\}\Psi(x,y,z) = E\Psi(x,y,z) \tag{11.53}$$

となる．ポテンシャルエネルギー V は距離 r のみに依存している (角度に依存していない) ので，デカルト座標 (x, y, z) の代わりに極座標 (r, θ, ϕ) を用いる

極座標については付録参照．

11.3 水素類似原子

方がよい．このとき，波動関数は動径 r のみの関数 R と角度 θ, ϕ のみの関数 Y の積として

$$\Psi(r,\theta,\phi) = R(r)Y(\theta,\phi) \tag{11.54}$$

で与えられる．つまり，シュレーディンガー方程式は動径部分 R と角度部分 Y に分離される．このように，変数分離されたシュレーディンガー方程式は解析的に解くことができ，固有エネルギーと固有関数は

$$E_n = -\frac{Z^2 m_e e^4}{2(4\pi\varepsilon_0)^2 \hbar^2} \frac{1}{n^2}, \tag{11.55}$$

$$\Psi_{nlm}(r,\theta,\phi) = R_{n,l}(r) Y_{l,m}(\theta,\phi) \tag{11.56}$$

となる．ここで，3 つの量子数 n, l, m は，それぞれ主量子数，方位量子数，磁気量子数という．

極座標表示においては，体積要素は $dv = r^2 \sin\theta\, dr d\theta d\phi$ であり，全空間での積分における積分範囲は $0 \leq r < \infty, 0 \leq \theta < \pi, 0 \leq \phi < 2\pi$ であるので，水素類似原子の波動関数の規格化条件は

$$\int_0^{2\pi} \int_0^{\pi} \int_0^{\infty} |\Psi_{nlm}(r,\theta,\phi)|^2 \, r^2 \sin\theta \, dr d\theta d\phi = 1 \tag{11.57}$$

である．この積分は r の積分と角度の積分に分けることができ

$$\int_0^{\infty} |R_{n,l}(r)|^2 \, r^2 \, dr \times \int_0^{2\pi} \int_0^{\pi} |Y_{l,m}(\theta,\phi)|^2 \sin\theta \, d\theta d\phi = 1 \tag{11.58}$$

となる．したがって，$R_{n,l}(r)$ と $Y_{l,m}(\theta,\phi)$ は，それぞれ

$$\int_0^{\infty} R_{n,l}^2 r^2 \, dr = 1, \tag{11.59}$$

$$\int_0^{2\pi} \int_0^{\pi} |Y_{l,m}(\theta,\phi)|^2 \sin\theta \, d\theta d\phi = 1 \tag{11.60}$$

と規格化されている．

3 つの量子数のとりうる値には次のような制限がある．主量子数 n のとりうる値は正の整数 $1, 2, 3, 4, \cdots$ であり，n の値が指定されると，方位量子数 l のとりうる値は $0, 1, 2, \cdots, n-1$ の n 個であり，l の値が指定されると，磁気量子数のとりうる値は $m = -l, -l+1, \cdots, 0, \cdots, l-1, l$ であり，$2l+1$ 通りある．例えば，$n=2$ のとき，とりうる量子数 l の値は $0, 1$ で，$l=0$ のとき，とりうる量子数 m の値は $m=0$，$l=1$ のとき，$m=-1, 0, 1$ である．原子軌道関数は量子数 l の値に応じて

$$\begin{array}{cccccccc} l = & 0, & 1, & 2, & 3, & 4, & 5, & \cdots \\ & s, & p, & d, & f, & g, & h, & \cdots \end{array} \quad \text{(以下，アルファベット順)} \tag{11.61}$$

とよばれる．

水素類似原子のエネルギー準位の模式図を図 11.5 に示す．エネルギーは主量子数 n のみによって決まり，$-\dfrac{Z^2 m_e e^4}{2(4\pi\varepsilon_0)^2 \hbar^2}$ の $\dfrac{1}{n^2}$ 倍のとびとびの値をとり，量子化されている．エネルギーは，n が小さいときは，エネルギー差は大きいが，n が大きいときは，ほとんど連続的であるとみなせる．これは，n が小さいときは，電子はより核の近くにあり，より狭い領域にあることによるものである．これらのエネルギーはすべて負である．これは電子が原子核に束縛されていることを意味している．

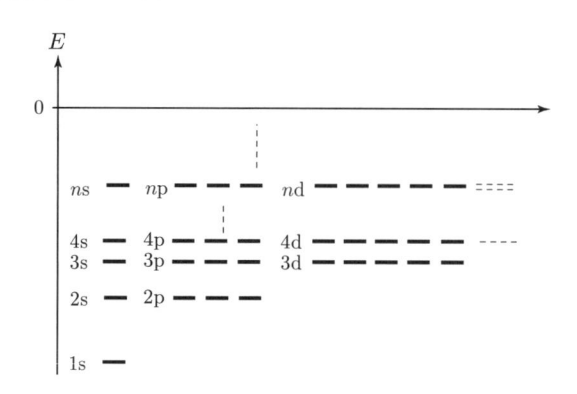

図 11.5 水素類似原子のエネルギー準位の模式図

11.3.1 軌道エネルギーの縮退

最低エネルギー状態は $n=1$ のときである．このとき，許される l と m の値は $l=0, m=0$ である．$n=2$ のとき，許される l と m の値の組は $l=1$, $m=1, 0, -1$ と $l=0, m=0$ である．$n=2$ のとき，エネルギーは 2 番目に低く，これらの 4 つの原子軌道は同じエネルギーをもつ．よって，$n=2$ のときの原子軌道は 4 重に縮退している．一般に，主量子数が n の状態は，n^2 重に縮退している．

11.3.2 イオン化エネルギー

原子内の電子のエネルギーは負であり，電子は原子内に束縛されている．このような電子を自由にするためにはエネルギーを電子に与える必要がある．このエネルギーをイオン化エネルギー I_p という．核から無限に遠い位置にある電子のエネルギーが 0 であるので，例えば，1s 軌道にある電子のイオン化エネルギーは E_{1s} の絶対値をとった値

$$I_p = |E_{1s}| \tag{11.62}$$

である．

11.3.3 原子軌道関数

原子の電子の波動関数 Ψ は原子軌道関数とよばれる．原子軌道関数 Ψ_{nlm} の動径部分 $R_{n,l}(r)$ は，主量子数 n と方位量子数 l により指定される．水素類似原子の原子軌道関数のいくつかの動径部分 $R_{n,l}(r)$ を表 11.1 に示す．ただし，これらの式は r の代わりに $\rho = \dfrac{2Zr}{a_0}$ で表されていて，$a_0 = \dfrac{4\pi\varepsilon_0 \hbar^2}{m_e e^2}$ はボーア半径である．図 11.6 に 1s, 2s, 2p の動径部分を示す．

表 11.1 動径部分 $R_{n,l}(r)$

1s	$R_{1,0}(r) = 2\left(\dfrac{Z}{a_0}\right)^{3/2} e^{-\rho/2}$
2s	$R_{2,0}(r) = \dfrac{1}{2\sqrt{2}}\left(\dfrac{Z}{a_0}\right)^{3/2}\left(2 - \dfrac{1}{2}\rho\right) e^{-\rho/4}$
2p	$R_{2,1}(r) = \dfrac{1}{4\sqrt{6}}\left(\dfrac{Z}{a_0}\right)^{3/2} \rho e^{-\rho/4}$

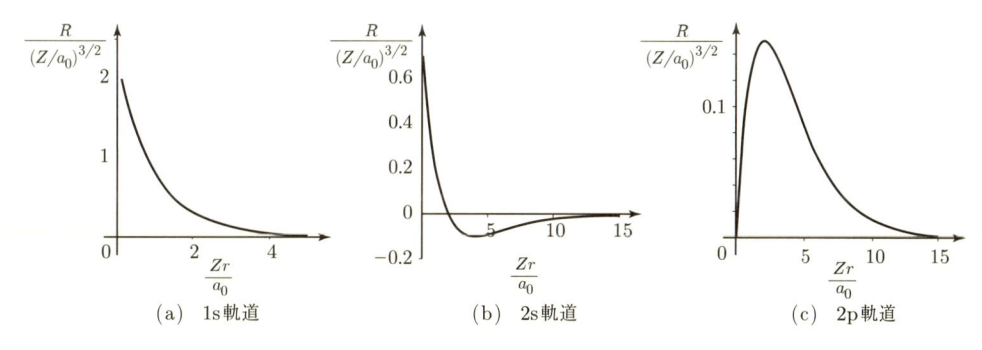

(a) 1s 軌道　　(b) 2s 軌道　　(c) 2p 軌道

図 11.6　1s, 2s, 2p の動径部分

表 11.1 からわかるように，動径部分は 2 つの関数の積の形

$$R(r) = f(r) \times (r \text{ の減衰指数関数}) \tag{11.63}$$

である．ここで，$f(r)$ は r の多項式であり，正や負の値をとり，波動関数の振動する振舞いを記述する．この $f(r) = 0$ の解は原子軌道の節面の位置を与える．例えば，$n = 1$ のときの $f(r)$ は定数で，節面はない．$n = 2, l = 0$ のときの $f(r)$ は $2 - \dfrac{Zr}{a_0}$ に比例しているので，$r = \dfrac{2a_0}{Z}$ に節面が 1 つある．$n = 2, l = 1$ のときの $f(r)$ は $\dfrac{2Zr}{a_0}$ に比例しているので，節面はない．r の減衰指数関数は r の増加とともに単調に減少し，r の有限の範囲内で実質的に 0 になる．

原子軌道関数の角度部分 $Y_{l,m}(\theta, \phi)$ は球面調和関数で，方位量子数 l，磁気量子数 m の値によって決まる．いくつかの角度部分 $Y_{l,m}(\theta, \phi)$ の式を表 11.2 に示す．

表 11.2 角度部分 $Y_{l,m}(\theta,\phi)$

$$Y_{0,0}(\theta,\phi) = \sqrt{\frac{1}{4\pi}}$$

$$Y_{1,0}(\theta,\phi) = \left(\sqrt{\frac{3}{4\pi}}\right)\cos\theta$$

$$Y_{1,1}(\theta,\phi) = \left(-\sqrt{\frac{3}{8\pi}}\right)\sin\theta e^{i\phi}$$

$$Y_{1,-1}(\theta,\phi) = \left(\sqrt{\frac{3}{8\pi}}\right)\sin\theta e^{-i\phi}$$

角度部分 $Y_{l,m}(\theta,\phi)$ は電子の存在確率の角度依存性を決める。$Y_{0,0}(\theta,\phi)$ は角度に依存せず,定数である。$Y_{1,0}(\theta,\phi)$ は θ のみに依存し,$0 < \theta < \pi/2$ では正,$\pi/2 < \theta < \pi$ では負である。$Y_{1,1}(\theta,\phi)$ と $Y_{1,-1}(\theta,\phi)$ は複素数であるため,取扱いにくい。原子軌道関数の実数化によって,原子軌道関数の形を見やすくする。p 軌道については,以下に示すような実関数表示を使うことが多い。$(e^{-i\phi})^* = e^{i\phi}$ であるので,$Y_{1,1}$ と $Y_{1,-1}$ は $Y_{1,1}^* = -Y_{1,-1}$ という関係がある。これらの和と差をとり,実数化すると p_x 原子軌道,p_y 原子軌道が得られる。$Y_{1,0}$ は p_z 原子軌道という。それぞれ式で表すと

付録のオイラー公式参照。

$$p_x = -\frac{1}{\sqrt{2}}(Y_{1,1} - Y_{1,-1}) = \sqrt{\frac{3}{4\pi}}\sin\theta\cos\phi = \sqrt{\frac{3}{4\pi}}\frac{x}{r}, \tag{11.64a}$$

$$p_y = \frac{i}{\sqrt{2}}(Y_{1,1} + Y_{1,-1}) = \sqrt{\frac{3}{4\pi}}\sin\theta\sin\phi = \sqrt{\frac{3}{4\pi}}\frac{y}{r}, \tag{11.64b}$$

$$p_z = \sqrt{\frac{3}{4\pi}}\cos\theta = \sqrt{\frac{3}{4\pi}}\frac{z}{r} \tag{11.64c}$$

となる。ここで

$$e^{i\phi} + e^{-i\phi} = 2\cos\phi, \quad e^{i\phi} - e^{-i\phi} = 2i\sin\phi \tag{11.65}$$

を用いた。

表 11.1 と式 (11.64a-c) から,原子軌道関数の形について次のことがわかる。

1s 軌道関数は方向に依存せず (球対称),核の位置に最大値をもち,核から離れるに従い,指数関数的に減衰する。2s 軌道も原子核の位置に最大密度をもつ球対称の分布をしているが,動径方向に振動していて,1 個の球面状の節面をもつ。一般に,ns 原子軌道関数は r のみの関数で,球対称で,その等値面の形は球面である。

np 原子軌道関数は r だけでなく,角度 θ, ϕ の関数である。例えば,図 11.7 からわかるように,$2p_z$ 原子軌道の値は z 軸方向に伸びていて,$z > 0$ の領域では正,$z < 0$ の領域では負である。$2p_x$ と $2p_y$ 原子軌道も方向は違うが,$2p_z$

原子軌道と同じ形をしている．波動関数の符号が変わり，0になる面を節面という．$n=1,2,3$の原子軌道の節面の数は，それぞれ$0,1,2$である．水素類似原子の原子軌道関数の節面の数は$n-1$で，その内訳は，動径波動関数の節面の数は$n-1-l$，角度部分の節面の数はlである．一般に，水素類似原子に限らず，エネルギーの高い波動関数は，より多くの節面をもつ．

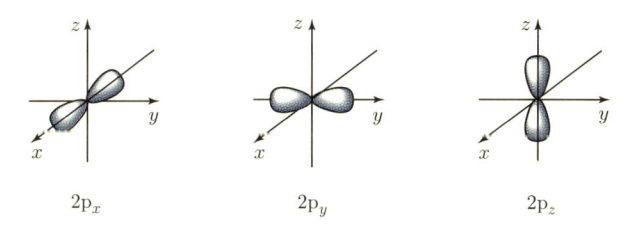

図 11.7 2p 原子軌道関数

[例題 11.5] $2p_x$原子軌道の節面は何かを答えよ．また，$2p_y$, $2p_z$についてはどうか答えよ．

[解] $2p_x$, $2p_y$, $2p_z$原子軌道の節面は，yz平面，xz平面，xy平面である． □

11.3.4 電子の動径分布と位置の期待値

水素類似原子の波動関数の2乗に体積要素を掛けて，これを角度について積分すると，半径がrと$r+dr$の2つの球面の間の空間(図11.8)に電子が存在する確率$D(r)\,dr$が得られる．この$D(r)$を動径分布関数という．水素類似原子の波動関数は$\Psi = RY$であるので，動径分布関数$D(r)$は

$$\begin{aligned} D(r) &= \int_0^{2\pi}\int_0^{\pi} |\Psi(r,\theta,\phi)|^2\, r^2 \sin\theta\, d\theta d\phi \\ &= r^2 R(r)^2 \int_0^{2\pi}\int_0^{\pi} |Y_{l,m}(\theta,\phi)|^2 \sin\theta\, d\theta d\phi \\ &= r^2 R(r)^2 \end{aligned} \tag{11.66}$$

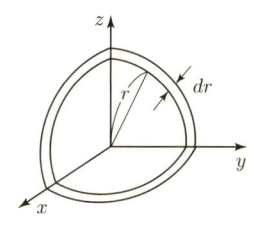

図 11.8 半径がrと$r+dr$の2つの球面からなる球殻

となる．ここで，球面調和関数が規格化されていること，つまり

$$\int_0^{2\pi}\int_0^{\pi}|Y_{l,m}(\theta,\phi)|^2\sin\theta\,d\theta d\phi=1 \tag{11.67}$$

を用いた．したがって，水素類似原子の動径分布関数 $D(r)$ は動径部分 R のみに依存し

$$D(r)=|R(r)|^2\,r^2 \tag{11.68}$$

と書ける．

表 11.1 から，1s 原子軌道関数の動径分布関数 D_{1s} は

$$D_{1s}=|R_{1s}|^2\,r^2=4\left(\frac{Z}{a_0}\right)^3 r^2 e^{-2Zr/a_0} \tag{11.69}$$

である．図 11.9 (a) からわかるように，r が 0 と ∞ で D_{1s} は 0 であり，その中間のある半径 $r_{\max}=\dfrac{a_0}{Z}$ のところで極大値をもち，層状の形をしている．2s と 2p 原子軌道関数の動径分布関数も図 (b) に示されているように，ある半径のところで極大値をもち，層状の形をしている．ただし，2s と 2p の場合，動径分布関数の最大値を与える半径は 1s の半径 $r_{\max}$ よりも大きい．その他の原子軌道関数の動径分布も同じように，ある半径のところで極大値をもち，層状の形をしている．ただし，主量子数 n の値が大きいほど，その動径分布関数は核から遠く離れた位置に極大値をもつ．

章末問題 11.5 参照

したがって，電子の分布は主量子数 n ごとに，異なる位置に最大値をもち，層状の電子殻に分かれて分布しているといえる．この殻は主量子数 n の値 1,2,3,4 に対して，K 殻，L 殻，M 殻，N 殻とよばれる．主量子数 n が同じ値で異なる方位量子数 l をもつすべての原子軌道関数は，副殻を形成する．K 殻の副殻は s のみであり，L 殻の副殻は s と p の 2 つである．

電子と原子核からの距離 r の期待値 $\langle r\rangle$ は

$$\langle r\rangle=\int_0^{2\pi}\int_0^{\pi}\int_0^{\infty}r|\Psi(r,\theta,\phi)|^2 r^2\sin\theta\,drd\theta d\phi \tag{11.70}$$

である．水素類似原子の 1s 軌道における電子の距離の期待値 $\langle r\rangle_{1s}$ は

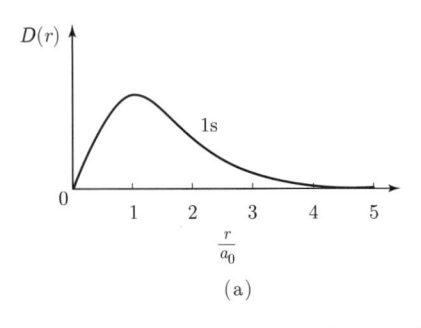

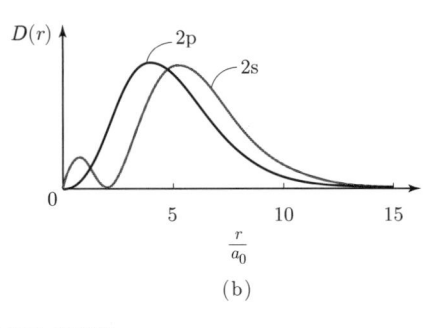

図 11.9 動径分布関数

11.3 水素類似原子

$$\langle r \rangle_{1s} = \int_0^{2\pi} \int_0^{\pi} \int_0^{\infty} r|\Psi_{1s}(r,\theta,\phi)|^2 r^2 \sin\theta \, dr d\theta d\phi \tag{11.71}$$

で与えられ，これを計算すると   章末問題11.6 参照

$$\langle r \rangle_{1s} = \frac{1}{\pi}\left(\frac{Z}{a_0}\right)^3 \frac{6}{\left(\frac{2Z}{a_0}\right)^4} \cdot 4\pi = \frac{3a_0}{2Z} \tag{11.72}$$

となる．上式より水素原子の場合は，1s 状態の原子核から平均的にみて，ボーア半径 a_0 の 1.5 倍のところにいることになる．これは存在密度 $D(r)$ の最大値をとる距離 $r = a_0$ とは異なる．

原子軌道 Ψ_{nlm} における期待値 $\langle r \rangle$ の一般的な式

$$\langle r \rangle_{nl} = n^2 \left\{ 1 + \frac{1}{2}\left(1 - \frac{l(l+1)}{n^2}\right) \right\} \frac{a_0}{Z} \tag{11.73}$$

が得られている．これから，原子核からの距離 r の期待値の順序は

$$\langle r \rangle_{n=1} < \langle r \rangle_{n=2} < \langle r \rangle_{n=3} < \langle r \rangle_{n=4} \tag{11.74}$$

となることがわかる．主量子数 n の大きな殻ほど，すなわち，K 殻，L 殻，M 殻，N 殻の順に，原子核からの距離 r の期待値は大きい．同じ主量子数 n の場合，方位量子数 l が小さい軌道ほど，すなわち，d, p, s の順に，その軌道における距離 r の期待値は大きい．

11.3.5 軌道角運動量

古典力学における角運動量は，位置ベクトル $\boldsymbol{r}$ と運動量ベクトル $\boldsymbol{p}$ の外積

$$\boldsymbol{l} = \boldsymbol{r} \times \boldsymbol{p} \tag{11.75}$$

で与えられる．これを成分で書くと

$$l_x = yp_z - zp_y, \quad l_y = zp_x - xp_z, \quad l_z = xp_y - yp_x \tag{11.76}$$

となる．したがって，角運動量演算子 $\widehat{l} = (\widehat{l}_x, \widehat{l}_y, \widehat{l}_z)$ は

$$\widehat{l}_x = \widehat{y}\widehat{p}_z - \widehat{z}\widehat{p}_y, \quad \widehat{l}_y = \widehat{z}\widehat{p}_x - \widehat{x}\widehat{p}_z, \quad \widehat{l}_z = \widehat{x}\widehat{p}_y - \widehat{y}\widehat{p}_x \tag{11.77}$$

となる．軌道角運動量の 2 乗に対応する演算子 $\widehat{l}^2$ は

$$\widehat{l}^2 = \widehat{l}_x^2 + \widehat{l}_y^2 + \widehat{l}_z^2 \tag{11.78}$$

である．

原子軌道関数の角度部分である球面調和関数 $Y_{l,m}(\theta,\phi)$ は

$$\widehat{l}^2 Y_{l,m} = l(l+1)\hbar^2 Y_{l,m}, \tag{11.79}$$

$$\hat{l}_z Y_{l,m} = m\hbar Y_{l,m} \tag{11.80}$$

を満たす．これから，$Y_{l,m}$ は $\hat{l}^2$ と $\hat{l}_z$ の同時固有関数であり，固有値はそれぞれ $l(l+1)\hbar^2$ と $m\hbar$ であること示している．したがって，波動関数を指定する方位量子数 l と磁気量子数 m の物理的な意味が明らかになった．すなわち，量子数 l と m は角度部分の解から生じるもので，原子核のまわりの電子の角運動量を指定する．ゆえに，方位量子数 l と磁気量子数 m をもつ軌道にある電子は大きさ $\sqrt{l(l+1)}\hbar$ で，z 成分が $m\hbar$ の角運動量をもっている．エネルギー同様，角運動量の大きさやその z 成分も勝手な値はとれずに量子化されている．

$Y_{l,m}$ は $\hat{l}^2$ と $\hat{l}_z$ の同時固有関数である．これは，2つの演算子 $\hat{l}^2$ と $\hat{l}_z$ が互いに交換可能であることによる．したがって，角運動量の大きさとその角運動量 z 成分は同時に観測できる．しかし，角運動量の異なる成分は互いに交換可能ではないので，角運動量の複数の成分が同時に確定値をもつ状態は存在しない．さらに，水素類似原子のポテンシャルは中心力であるので，そのハミルトニアン $\hat{H}$ は角運動量の2つの演算子 $\hat{l}^2$ と $\hat{l}_z$ のいずれとも可換である．したがって，水素類似原子では，エネルギー，角運動量の大きさ，角運動量 z 成分が同時に観測できる．

[例題 11.6] 演算子 $\hat{l}_z$ を極座標で表示すると $\hat{l}_z = \dfrac{\hbar}{i}\dfrac{\partial}{\partial \phi}$ である．これを作用させて，$Y_{0,0}$ と $Y_{1,1}$ の固有値を求めよ．

[解] 表 11.2 にある $Y_{0,0}$ と $Y_{1,1}$ より

$$\hat{l}_z Y_{0,0} = \frac{\hbar}{i}\frac{\partial}{\partial \phi}\sqrt{\frac{1}{4\pi}} = 0,$$

$$\hat{l}_z Y_{1,1} = \frac{\hbar}{i}\frac{\partial}{\partial \phi}\left(-\sqrt{\frac{3}{8\pi}}\right)\sin\theta e^{i\phi} = \frac{\hbar}{i}\left(-\sqrt{\frac{3}{8\pi}}\right)\sin\theta i e^{i\phi} = \hbar Y_{1,1}$$

となるので，$Y_{0,0}$ と $Y_{1,1}$ の固有値は，それぞれ $0, \hbar$ である．同様にして，$Y_{1,0}$ と $Y_{1,-1}$ の固有値 $0, -\hbar$ も求めておくこと． □

11.4 電子のスピン

シュテルン-ゲルラッハは，原子の最外殻に1個の電子をもつ銀原子線が，不均一磁場中で2つに分裂することを見いだした．その概略図を図 11.10 に示す．磁場がないときは，原子線は分裂せず，ガラス板 G に1本の像を結ぶ．磁気モーメントをもつ粒子が空間的に均一でない磁場の中にあるとき，その粒子には磁場の向きを z 方向とすると，磁気モーメントの z 成分と磁場の勾配の積 $\mu_z (dB/dz)$ に比例した力が働く．銀原子は磁気モーメントをもつので，原子線は直線からずれる．銀原子の磁気モーメントが電子の軌道角運動量 l によるものであれば，l は整数のみであるので，原子線は $2l+1$ の奇数個に分裂するはずである．しかし，シュテルン-ゲルラッハの実験結果は分裂数が2であり，

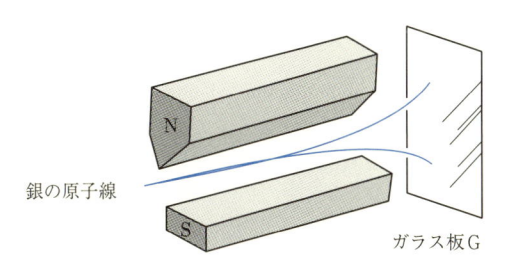

図 11.10 シュテルン-ゲルラッハの実験

電子が軌道角運動量とは別に，内在的に角運動量をもっていることを示している．この角運動量をスピンという．

電子のスピン量子数が s であるとき，z 成分に対する量子数 m_s の取りうる値は $2s+1$ 通りである．シュテルン-ゲルラッハの実験結果から，電子の磁気モーメント μ_s が 2 種類あるので，電子のスピンの向きも 2 種類ある．つまり，スピン量子数 s は $2s+1 = 2$ を満たす．したがって，電子のスピン量子数 s は 1/2 で，スピン磁気量子数 m_s は 1/2 あるいは $-1/2$ であることがわかる．$m_s = 1/2$ のスピンを α スピン または上向き，$m_s = -1/2$ のスピンを β スピンまたは下向きという．

11.5 多電子原子

水素原子以外の原子は複数個の電子をもつ．これらの電子は互いにクーロン相互作用を及ぼし合い，電子を個々に取り扱えず，多電子系においてはシュレーディンガー方程式を解くことができない．そこで，次に説明する 1 電子近似という方法を用いて，多電子原子のハミルトニアンを個々の電子のハミルトニアンを和として書き，シュレーディンガー方程式の近似的な解を求めることにする．この 1 電子近似を用いて得られた波動関数 (1 電子波動関数) を原子軌道関数 (あるいは原子軌道) という．

原子番号 Z，電子数 N の一般の原子のハミルトニアンは近似的に

$$\widehat{H} = \sum_{k=1}^{N}\left\{-\frac{\hbar^2}{2m_e}\left(\frac{\partial^2}{\partial x_k^2} + \frac{\partial^2}{\partial y_k^2} + \frac{\partial^2}{\partial z_k^2}\right) - \frac{Ze^2}{4\pi\varepsilon_0 r_k}\right\} + \sum_{i<j}\frac{e^2}{4\pi\varepsilon_0|r_i - r_j|} \tag{11.81}$$

と表される．$-\dfrac{Ze^2}{4\pi\varepsilon_0 r_k}$ は電子と原子核との相互作用 (引力)，$\dfrac{e^2}{4\pi\varepsilon_0|r_i - r_j|}$ は電子どうしのクーロン相互作用 (斥力) である．電子間の相互作用があるので，多電子原子のハミルトニアンを個々の電子のハミルトニアンを和として書けない．多電子系では，電子間反発により電子が互いに影響し合い，シュレーディンガー方程式を解けない．そこで，ある特定の電子 k に着目して，その他の電子の影響を平均化して，電子 k はこの平均化されたポテンシャル $V(r_k)$ のもと

で運動すると仮定する．この近似では，電子系のハミルトニアンは個々の電子のハミルトニアンの和

$$\widehat{H}_0 = \sum_{k=1}^{N} \widehat{h}_k \tag{11.82}$$

となる．これを **1 電子近似** という．1 電子ハミルトニアン $\widehat{h}_k$ に対するシュレーディンガー方程式 $\widehat{h}_k \phi = \varepsilon \phi$ を解いて得られる固有関数と固有値を，それぞれ電子軌道関数，軌道エネルギーとよぶ．

原子は近似的には球対称であるので，平均化されたポテンシャル $V(r)$ は 1 つの中心力場であると考えられる．したがって，水素原子の場合と同様に，多電子原子の原子軌道関数は主量子数 n，方位量子数 l，磁気量子数 m を用いて

$$\phi_{nlm} = R'_{n,l}(r) Y_{l,m}(\theta, \phi) \tag{11.83}$$

と表される．ここで，$R'_{n,l}(r)$ は水素原子の $R_{n,l}(r)$ とは若干異なるが，軌道の形は水素原子の軌道の形に似ている．

軌道エネルギーは，水素類似原子とは異なり，主量子数 n と方位量子数 l で決まる．方位量子数 l に対して，軌道関数は $2l+1$ 重に縮退している．多電子原子のエネルギー準位を図 11.11 に示す．一般に，軌道エネルギーは次のような順番

$$1\mathrm{s} < 2\mathrm{s} < 2\mathrm{p} < 3\mathrm{s} < 3\mathrm{p} < (4\mathrm{s}, 3\mathrm{d}) < 4\mathrm{p} \tag{11.84}$$

になることが知られている．この順番は定性的には次のように説明できる．原子核から r の距離にある電子は，原子核の電荷 Ze そのものではなく，r よりも内部にある複数の電子により遮蔽された電荷を感じる．主量子数 n が大きな軌道にある電子ほど，その内側により多くの電子があるので，遮蔽の度合いが大きくなり，より弱い原子核の電荷を感じる．したがって，軌道エネルギーは，主量子数 n が大きな軌道ほど高くなる．多電子原子では同一の主量子数 n の状態において，s 電子の方が p 電子よりもエネルギーが低く，p 電子の方が d 電子よりもエネルギーが低い．この理由は図 11.9 からわかるように，s 軌道は p 軌道よりも核に近いところに見いだす確率が大きいため，他の電子による遮蔽も小さく，より強く核に引かれるのでエネルギーが低くなるからである．

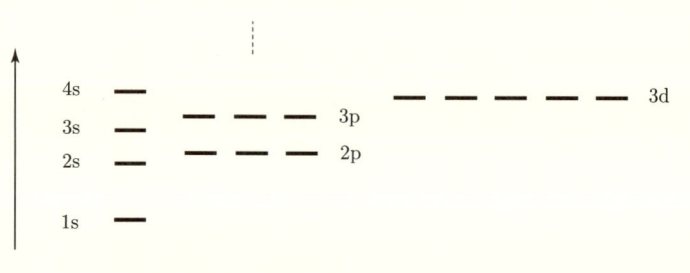

図 11.11 多電子原子のエネルギー準位

多電子原子の基底状態の電子配置を次の規則に従って決める．

(ⅰ) エネルギーの低い軌道から順序に入れる．

(ⅱ) 1つの軌道には逆向きスピンをもつ電子を2個まで配置できる (パウリの原理)．

(ⅲ) 量子数 l の等しい軌道に対しては，できるだけ同じ軌道に入らないようにして，電子スピンが平行になるように配置する (フントの規則)．

章末問題 11

11.1 関数 $f(x) = A\sin kx$ は，運動量 $\hat{p}_x$ の固有関数であるかどうかを述べよ．また，演算子 $\hat{p}_x^2$ に対してはどうかを述べよ．

11.2 2つの関数 X_1 と X_2 がともに演算子 $\hat{\alpha}$ の固有関数であり，同じ固有値 a をもつとき，関数 $X = c_1 X_1 + c_2 X_2$ は $\hat{\alpha}$ の固有関数かどうかを調べよ．また，固有関数ならばその固有値を求めよ．ただし，c_1 と c_2 は定数とする．

11.3 1次元の箱の中の粒子の固有状態 $\Psi_n(x) = \sqrt{\dfrac{2}{a}} \sin \dfrac{n\pi x}{a}$ について，次の問いに答えよ．

(1) $\hat{x}, \hat{x}^2, \hat{p}_x, \hat{p}_x^2$ の期待値を求めよ．

(2) 位置の不確かさ Δx は $(\Delta x)^2 = \langle \hat{x}^2 \rangle - \langle \hat{x} \rangle^2$，運動量の不確かさ Δp_x は $(\Delta p_x)^2 = \langle \hat{p}_x^2 \rangle - \langle \hat{p}_x \rangle^2$ で求められる．このとき，$(\Delta x)^2$ と $(\Delta p_x)^2$ を計算せよ．また，これらの積 $\Delta x \Delta p_x$ は $\Delta x \Delta p_x > \dfrac{\hbar}{2}$ となることを示し，この結果の物理的な意味を述べよ．

(3) 運動エネルギー $\hat{K}$ とハミルトニアン $\hat{H}$ の期待値を求めよ．

11.4 1s 原子軌道の動径部分 $R_{1,0}(r) = 2\left(\dfrac{Z}{a_0}\right)^{3/2} e^{-\rho/2}$ が規格化されていることを示せ．ただし，$\rho = \dfrac{2Zr}{a_0}$ とする．

11.5 式 (11.69) の動径分布関数 D_{1s} が極大値をもつ半径 $r_{\max}$ を求めよ．

11.6 水素類似原子の 1s 軌道における電子の距離の期待値 $\langle r \rangle_{1s}$ を求めよ．

11.7 1s 軌道におけるポテンシャルの期待値 $\langle V \rangle_{1s}$ を求めよ．ただし，1s 原子軌道は $\Psi_{1s}(r, \theta, \phi) = \sqrt{\dfrac{1}{\pi}}\left(\dfrac{Z}{a_0}\right)^{3/2} e^{-\rho/2}$，$\rho = \dfrac{2Zr}{a_0}$ とする．

11.8 $\hat{l}^2$ および $\hat{l}_z$ に対する関数 $Y_{2,2}$ の固有値をそれぞれ求めよ．

11.9 $Y(\theta, \phi) = N \sin\theta e^{i\phi}$ が角運動量の z 成分の演算子 $\hat{l}_z$ の固有関数であることを示し，その固有値を求めよ．ただし，$\hat{l}_z = \dfrac{\hbar}{i}\dfrac{\partial}{\partial \phi}$ とする．

11.10 エルミート演算子 $\hat{A}$ の固有値 a は実数であることを示せ．

付録A 数学公式集

A.1 ベクトル

A.1.1 成　分

1. 基本ベクトル i, j, k
   各軸方向の単位ベクトル
2. $A = (A_x,\ A_y,\ A_z) = A_x i + A_y j + A_z k$
   A_x, A_y, A_z を A の成分という．
3. ベクトルの大きさ (長さ)
   $|A| = \sqrt{A_x^2 + A_y^2 + A_z^2}$
   基本ベクトル i, j, k の大きさは 1
   $|i| = |j| = |k| = 1$

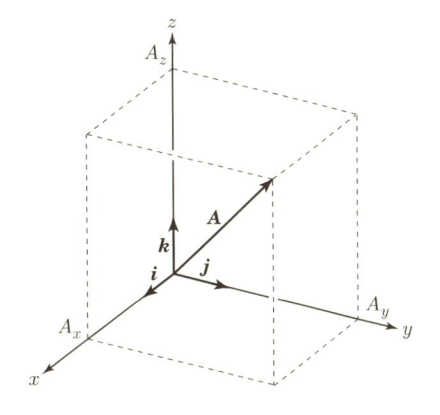

A.1.2 内　積

1. A と B の内積 $A \cdot B$ は，次のスカラーとして定義される．
   ただし，θ は A と B のなす角で，$0 \leq \theta \leq \pi$ とする．
   $$A \cdot B = |A||B|\cos\theta$$
2. $A = (A_x,\ A_y,\ A_z)$, $B = (B_x,\ B_y,\ B_z)$ のとき
   $$A \cdot B = A_x B_x + A_y B_y + A_z B_z$$
3. 基本ベクトルの内積
   $i \cdot i = j \cdot j = k \cdot k = 1$,
   $i \cdot j = j \cdot k = k \cdot i = 0$

A.1.3 外　積

1. A と B の外積 $A \times B$ は，次のベクトルとして定義される．ただし，θ は A と B のなす角で，$0 \leq \theta \leq \pi$ とする．
   (1) 大きさ $|A \times B| = |A||B|\sin\theta$
       （平行四辺形の面積）
   $A = O$ または $B = O$ のとき
   $$A \times B = O$$
   (2) 方向 A, B の両方に垂直
   (3) 向き A を B に重ねるように回転するとき，右ねじの進む向き

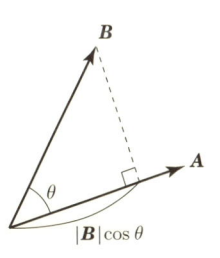

2. 基本ベクトルの外積
   $$i \times j = k, \quad j \times k = i, \quad k \times i = j$$
   3. 成分による計算
   $$A \times B = (A_y B_z - A_z B_y,\ A_z B_x - A_x B_z,\ A_x B_y - A_y B_x)$$
   4. 外積の性質
   (1) $(kA) \times B = A \times (kB) = k(A \times B)$ (k はスカラー)
   (2) $B \times A = -A \times B$
   (3) $A \times (B + C) = A \times B + A \times C$
   (4) A と B が平行 ($\theta = 0,\ \pi$) のとき
   $$A \times B = O \quad 特に \quad A \times A = O$$

A.2 微分積分

A.2.1 対数の記法

本書では，自然対数を $\ln x$, 常用対数 (底が 10 の対数) を $\log x$ と表す．

$$y = \ln x \iff e^y = x$$
$$y = \log x \iff 10^y = x$$

A.2.2 微分

1. 微分の性質 ($a,\ b,\ c$ は定数とする)
   (1) $\dfrac{d}{dt}(f + g) = \dfrac{df}{dt} + \dfrac{dg}{dt}, \quad \dfrac{d}{dt}(cf) = c\dfrac{df}{dt}$
   (2) 積の微分
   $$\dfrac{d}{dt}(fg) = \dfrac{df}{dt}g + f\dfrac{dg}{dt}$$
   (3) 商の微分
   $$\dfrac{d}{dt}\left(\dfrac{f}{g}\right) = \dfrac{\dfrac{df}{dt}g - f\dfrac{dg}{dt}}{g^2} \quad (g \neq 0)$$
   (4) 合成関数の微分　$z = f(g(t))$ のとき，$g(t) = u$ とおくと
   $$\dfrac{dz}{dt} = \dfrac{dz}{du}\dfrac{du}{dt} = \dfrac{d}{du}f(u)\dfrac{d}{dt}g(t)$$
   特に　$\dfrac{d}{dt}f(at + b) = a\dfrac{d}{du}f(u) \quad (g(t) = u)$

2. 微分公式
   (1) $\dfrac{d}{dt}(t^n) = nt^{n-1}$
   (2) $\dfrac{d}{dt}(e^{at}) = a\,e^{at}$

付　録

(3) $\dfrac{d}{dt}(\ln|at|) = \dfrac{1}{t}$

(4) $\dfrac{d}{dt}\sin\omega t = \omega\cos\omega t, \qquad \dfrac{d}{dt}\cos\omega t = -\omega\sin\omega t$

(5) $\dfrac{d}{dt}\tan\omega t = \omega\sec^2\omega t, \qquad \dfrac{d}{dt}\cot t = -\omega\,\text{cosec}^2\omega t$

A.2.3　不定積分

1. 不定積分の性質

   (1) $\displaystyle\int\{f(t)+g(t)\}\,dt = \int f(t)\,dt + \int g(t)\,dt$

   $\displaystyle\int c\,f(t)\,dt = c\int f(t)\,dt$

   (2) **部分積分法**　$G(t) = \displaystyle\int g(t)\,dt$ とおくと

   $\displaystyle\int f(t)g(t)\,dt = f(t)G(t) - \int f'(t)G(t)\,dt$

   (積の微分から求められる)

   (3) **置換積分法**　$u = g(t)$ とおくと

   $\displaystyle\int f(g(t))\dfrac{dg}{dt}\,dt = \int f(u)\dfrac{du}{dt}\,dt = \int f(u)\,du$

   (合成関数の微分から求められる)

2. 積分公式 (積分定数を C とおく．また，a, ω は0でない定数とする)

   (1) $\displaystyle\int t^n\,dt = \dfrac{1}{n+1}t^{n+1} + C \quad (n \neq -1)$

   (2) $\displaystyle\int \dfrac{1}{t}\,dt = \ln|t| + C$

   (3) $\displaystyle\int e^{at}\,dt = \dfrac{1}{a}e^{at} + C$

   (4) $\displaystyle\int \sin\omega t\,dt = -\dfrac{1}{\omega}\cos\omega t + C, \qquad \int \cos\omega t\,dt = \dfrac{1}{\omega}\sin\omega t + C$

A.2.4　スカラー場とベクトル場

1. スカラーの値をとる関数の偏微分

   x, y, z の関数 w について，x だけを変数と考えて微分したものを $\dfrac{\partial w}{\partial x}$ で表す．$\dfrac{\partial w}{\partial y}, \dfrac{\partial w}{\partial z}$ も同様に定義される．

2. $\boldsymbol{A} = (A_x, A_y, A_z)$ が x, y, z の関数のとき

   $$\dfrac{\partial \boldsymbol{A}}{\partial x} = \left(\dfrac{\partial A_x}{\partial x}, \dfrac{\partial A_y}{\partial x}, \dfrac{\partial A_z}{\partial x}\right)$$

   $\dfrac{\partial \boldsymbol{A}}{\partial y}, \dfrac{\partial \boldsymbol{A}}{\partial z}$ も同様に定義される．

3. 空間の各点 $(x,\ y,\ z)$ にスカラー $\varphi(x,\ y,\ z)$ が対応しているとき，φ をスカラー場，ベクトル $\boldsymbol{A}(x,\ y,\ z)$ が対応しているとき，$\boldsymbol{A}$ をベクトル場という．

4. ナブラ (nabla)
$$\nabla = \left(\frac{\partial}{\partial x},\ \frac{\partial}{\partial y},\ \frac{\partial}{\partial z}\right) = \boldsymbol{i}\frac{\partial}{\partial x} + \boldsymbol{j}\frac{\partial}{\partial y} + \boldsymbol{k}\frac{\partial}{\partial z}$$

5. スカラー場の勾配 (gradient)
$$\nabla\varphi = \left(\frac{\partial}{\partial x},\ \frac{\partial}{\partial y},\ \frac{\partial}{\partial z}\right)\varphi = \left(\frac{\partial\varphi}{\partial x},\ \frac{\partial\varphi}{\partial y},\ \frac{\partial\varphi}{\partial z}\right)$$

grad φ とも書く．

6. ベクトル場の発散 (divergence)
$$\nabla\cdot\boldsymbol{A} = \left(\frac{\partial}{\partial x},\ \frac{\partial}{\partial y},\ \frac{\partial}{\partial z}\right)\cdot\boldsymbol{A} = \frac{\partial A_x}{\partial x} + \frac{\partial A_y}{\partial y} + \frac{\partial A_z}{\partial z}$$

div $\boldsymbol{A}$ とも書く．

7. ベクトル場の回転 (rotation)
$$\nabla\times\boldsymbol{A} = \left(\frac{\partial}{\partial x},\ \frac{\partial}{\partial y},\ \frac{\partial}{\partial z}\right)\times\boldsymbol{A}$$
$$= \left(\frac{\partial A_z}{\partial y} - \frac{\partial A_y}{\partial z},\ \frac{\partial A_x}{\partial z} - \frac{\partial A_z}{\partial x},\ \frac{\partial A_y}{\partial x} - \frac{\partial A_x}{\partial y}\right)$$

rot $\boldsymbol{A}$ とも書く．

8. 勾配・発散・回転の性質

(1) $\nabla(\varphi + \psi) = \nabla\varphi + \nabla\psi$ （発散・勾配も同様）

(2) $\nabla(\varphi\psi) = (\nabla\varphi)\psi + \varphi(\nabla\psi)$

$\nabla\cdot(\varphi\boldsymbol{A}) = (\nabla\varphi)\cdot\boldsymbol{A} + \varphi(\nabla\cdot\boldsymbol{A})$

$\nabla\times(\varphi\boldsymbol{A}) = (\nabla\varphi)\times\boldsymbol{A} + \varphi(\nabla\times\boldsymbol{A})$

(3) $\nabla\{f(\varphi)\} = f'(\varphi)\nabla\varphi$

(4) $\nabla\times(\nabla\varphi) = \boldsymbol{O},\quad \nabla\cdot(\nabla\times\boldsymbol{A}) = 0$

(5) $\boldsymbol{r} = (x,\ y,\ z),\ r = |\boldsymbol{r}| = \sqrt{x^2 + y^2 + z^2}$ について
$$\nabla r = \frac{\boldsymbol{r}}{r},\quad \nabla\cdot\boldsymbol{r} = 3,\quad \nabla\times\boldsymbol{r} = \boldsymbol{O}$$
$$\nabla\left(\frac{1}{r}\right) = -\frac{\boldsymbol{r}}{r^3},\quad \nabla\cdot\left(\frac{\boldsymbol{r}}{r}\right) = \frac{2}{r},\quad \nabla\times\left(\frac{\boldsymbol{r}}{r}\right) = \boldsymbol{O}$$

(6) ラプラシアン ∇^2
$$\nabla\cdot\nabla\varphi = \frac{\partial^2\varphi}{\partial x^2} + \frac{\partial^2\varphi}{\partial y^2} + \frac{\partial^2\varphi}{\partial z^2}$$

次の微分演算をラプラシアンという．
$$\nabla^2 = \frac{\partial^2}{\partial x^2} + \frac{\partial^2}{\partial y^2} + \frac{\partial^2}{\partial z^2}$$

付　録

A.3　極座標

A.3.1　平面の極座標

平面上の点 $P(x, y)$ について，図のように r, θ をとるとき

$$x = r\cos\theta,$$
$$y = r\sin\theta$$

(r, θ) を点 P の極座標という．

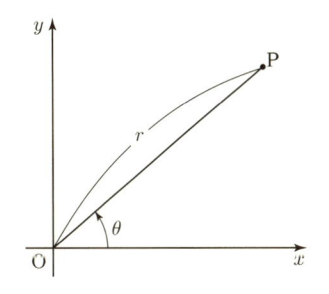

A.3.2　空間の極座標

点 $P(x, y, z)$ から xy 平面に下ろした垂線の足を H とする．OP の長さを r，OP と z 軸の正の向きとなす角を θ，OH と x 軸の正の向きとなす角を φ とすると

$$x = r\sin\theta\cos\varphi,$$
$$y = r\sin\theta\sin\varphi,$$
$$z = r\cos\theta$$

(r, θ, φ) を空間の極座標という．

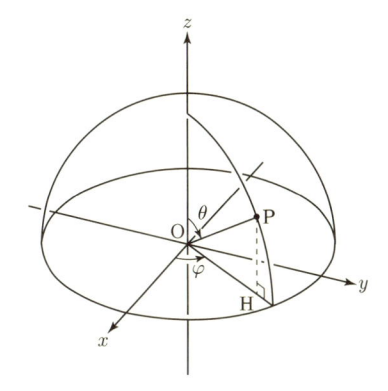

A.3.3　空間の円柱座標

点 $P(x, y, z)$ から xy 平面に下ろした垂線の足を H とする．OP の長さを r，OH と x 軸の正の向きとなす角を θ とすると

$$x = r\cos\theta,$$
$$y = r\sin\theta,$$
$$z = z$$

(r, θ, z) を空間の円柱座標という．

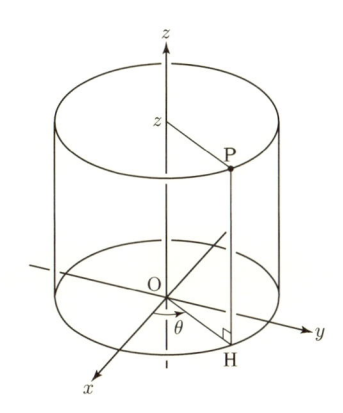

A.4　複素数

A.4.1　複素平面

1. 複素数
$$z = x + yi \quad (x, y \text{ は実数}, i \text{ は虚数単位})$$

について，x を z の実部，y を z の虚部といい，それぞれ $\operatorname{Re} z$, $\operatorname{Im} z$ と表す．

2. z に座標平面上の点 (x, y) を対応させる．この座標平面を**複素平面**といい，x 軸を**実軸**，y 軸を**虚軸**という．
3. 原点を O とするとき，Oz の長さを z の**絶対値** $|z|$，Oz と実軸の正の向きとなす角を z の**偏角** $\arg z$ という．
$$|z| = \sqrt{x^2 + y^2},$$
$$\arg z = \tan^{-1} \frac{y}{x}$$
4. $|z|$, $\arg z$ をそれぞれ r, θ とおくと
$$z = r(\cos\theta + i\sin\theta)$$
と表される．これを**極形式**という．

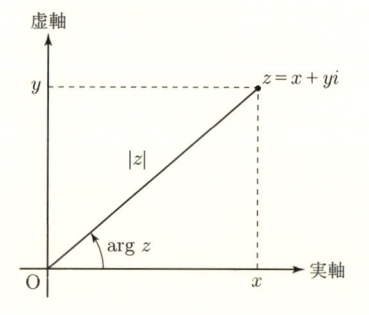

A.4.2 オイラーの公式

1. **オイラーの公式** $\quad e^{i\theta} = \cos\theta + i\sin\theta$
2. オイラーの公式を用いると，極形式は次のように表される．
$$z = re^{i\theta}$$
3. $z_1 = r_1 e^{i\theta_1}$, $z_2 = r_2 e^{i\theta_2}$ のとき
$$z_1 z_2 = r_1 r_2 e^{i(\theta_1 + \theta_2)}$$
したがって，積 $z_1 z_2$ の絶対値と偏角は次のようになる．
$$|z_1 z_2| = |z_1||z_2|,$$
$$\arg z_1 z_2 = \arg z_1 + \arg z_2$$

付録 B　ギリシア文字

大文字	小文字	英語名	大文字	小文字	英語名
A	α	alpha	N	ν	nu
B	β	beta	Ξ	ξ	xi
Γ	γ	gamma	O	o	omicron
Δ	δ	delta	Π	π	pi
E	ε, ϵ	epsilon	P	ρ	rho
Z	ζ	zeta	Σ	σ, ς	sigma
H	η	eta	T	τ	tau
Θ	θ, ϑ	theta	Υ	υ	upsilon
I	ι	iota	Φ	ϕ, φ	phi
K	κ	kappa	X	χ	chi
Λ	λ	lambda	Ψ	ψ	psi
M	μ	mu	Ω	ω	omega

付録C　物理定数表

名　　称	記号・関係式	値
真空中の光速度	c	299 792 458 [m/s]
プランク定数	h	$6.626\,070\,15 \times 10^{-34}$ [J·s] (or [J/Hz])
換算プランク定数	$\hbar = h/(2\pi)$	$1.054\,571\,817\cdots \times 10^{-34}$ [J·s]
素電荷	e	$1.602\,176\,634 \times 10^{-19}$ [C]
電子質量	m_e	$0.510\,998\,950\,00(15)$ [MeV/c^2]
陽子質量	m_p	$938.272\,088\,16(29)$ [MeV/c^2]
真空の誘電率	$\varepsilon_0 = 1/(\mu_0 c^2)$	$8.854\,187\,812\,8(13) \times 10^{-12}$ [F/m]
真空の透磁率	$\mu_0/(4\pi \times 10^{-7})$	$1.000\,000\,000\,55(15)$ [N/A^2]
微細構造定数	$\alpha = e^2/(4\pi\varepsilon_0 \hbar c)$	$7.297\,352\,569\,3(11) \times 10^{-3}$
微細構造定数の逆数	$\alpha^{-1} = 4\pi\varepsilon_0 \hbar c/e^2$	$137.035\,999\,084(21)$
電子の古典半径	$r_e = e^2/(4\pi\varepsilon_0 m_e c^2)$	$2.817\,940\,326\,2(13) \times 10^{-15}$ [m]
電子の換算コンプトン波長	$\lambda_e = \hbar/(m_e c) = r_e \alpha^{-1}$	$3.861\,592\,679\,6(12) \times 10^{-13}$ [m]
ボーア半径	$a_\infty = 4\pi\varepsilon_0 \hbar^2/(m_e e^2) = r_e \alpha^{-2}$	$0.529\,177\,210\,903(80) \times 10^{-10}$ [m]
リュードベリエネルギー	$hcR_\infty = m_e c^2 \alpha^2/2$	$13.605\,693\,122\,994(26)$ [eV]
重力定数	G_N	$6.674\,30(15) \times 10^{-11}$ [m^3/(kg·s^2)]
標準重力加速度	g_N	$9.806\,65$ [m/s^2]
アボガドロ定数	N_A	$6.022\,140\,76 \times 10^{23}$ [mol^{-1}]
ボルツマン定数	k	$1.380\,649 \times 10^{-23}$ [J/K]

　括弧内の値は，その前の値の下から数えて2桁の誤差の値を示している．誤差がない値は，その値が定義値であることを表している [M. Tanabashi *et al.* (Particle Data Group), Phys. Rev. **D98**, 030001 (2018) and 2019 update より引用].

章末問題解答

2 章

2.1 $r = 5i + 3j - 2k$

2.2 $|a| = \sqrt{6^2 + (-2)^2 + 3^2} = 7$

2.3 $a \cdot b = 3 \times (-4) + 2 \times 3 + (-4) \times 2 = -14$,

$a \times b = \{2 \times 2 - (-4) \times 3\}i + \{(-4) \times (-4) - 3 \times 2\}j + \{3 \times 3 - 2 \times (-4)\}k = 16i + 10j + 17k$

2.4 (1) $\dfrac{dy}{dx} = 4x + 3$

(2) $\dfrac{dx}{dt} = 4t + 3$　　　**注意**: 物理では, いろいろな物理量に関する微分や積分を行う.

(3) 速度は $v = \dfrac{dx}{dt} = 4t + 3$ [m/s] となる. また, 加速度は $a = \dfrac{dv}{dt} = \dfrac{d(4t+3)}{dt} = 4$ [m/s^2] となる.

2.5 軌跡の方程式を求める. $x = 2t$, $y = 3t$ だから, t を x で表すと $t = \dfrac{x}{2}$ である. これを $y = 3t$ の t に代入して $y = \dfrac{3}{2}x$ を得る. 次に, 速度ベクトルを求める. $v = \dfrac{dr}{dt}$ だから, 各項を t で微分して $v = 2i + 3j$ を得る.

2.6 速度は $v = \dfrac{dx}{dt} = 10 - 4t$ [m/s] であり, 加速度は $a = \dfrac{dv}{dt} = -4$ [m/s^2] である. この質点に働く力の大きさは, $F = ma$ より, $2 \times 4 = 8$ [N] である.

3 章

3.1 (1) 両辺を x で微分すると $\dfrac{dy}{dx} = 2$ を得る.

(2) 両辺を x で積分すると, $\displaystyle\int \dfrac{dy}{dx} dx = y = \int 2\, dx = 2x + C$ となる.

(3) $y = 2x + 3$ の x に 0 を代入すると $y = 3$ となる. また, $y = 2x + 3$ の x に 1 を代入すると $y = 5$ となる. (2) の微分方程式の解が (1) となるための初期条件としては, $x = 0$ のとき $y = 3$ でもよいし, $x = 1$ のとき $y = 5$ でもよい. 積分定数 C の値が決まる条件なら何でもよい.

3.2 (1) $F = mg$ [N] である. いま, 大きさだけを考えているので, 向きは考えない.

(2) 1 次元の運動方程式は $m\dfrac{d^2x}{dt^2} = F$ で表される. いま, 力 F は重力であり, 上向きを x 軸の正の方向にとったので, 下向きに働く重力はマイナスをつけて $F = -mg$ となる. これを代入して, $m\dfrac{d^2x}{dt^2} = -mg$ がこの質点の運動方程式である.

(3) 題意より, 時刻 $t = 0$ [s] のとき, 地上 h [m] の地点に静止しているとあるので, 初期条件は時刻 $t = 0$ [s] のとき, $x = h$ [m], $v = 0$ [m/s] である.

(4) 運動方程式 $ma = -mg$ の両辺を m で割って $a = -g$ を得る.

加速度 a は速度の時間微分 $a = \dfrac{dv}{dt}$ であるから，これを代入して，$\dfrac{dv}{dt} = -g$ を得る．この式の両辺を t で積分すると

$$\int \frac{dv}{dt} dt = \int (-g)\, dt$$
$$v = -gt + C$$

ここで，C は積分定数である．初期条件，時刻 $t = 0$ のとき，$v = 0$ を用いると，$C = 0$ を得る．すなわち，$v = -gt$ となる．次に，速度は位置の時間微分 $v = \dfrac{dx}{dt}$ であるから，これを代入して，$\dfrac{dx}{dt} = -gt$ を得る．この式の両辺を t で積分すると

$$\int \frac{dx}{dt} dt = \int (-gt)\, dt$$
$$x = -\frac{1}{2}gt^2 + C$$

初期条件，時刻 $t = 0$ のとき，$x = h$ を用いると，$C = h$ を得る．よって，$x = -\dfrac{1}{2}gt^2 + h$ である．

3.3 (1) 地表に戻ってくるということは，位置としては地表，すなわち $x = 0$ の地点にいる．よって

$$0 = -\frac{1}{2}gt^2 + Vt = t\left(-\frac{1}{2}gt + V\right)$$

と t でくくれば，この t の 2 次方程式は簡単に解けて，解は $t = 0,\ \dfrac{2V}{g}$ である．$t = 0$ の解は最初投げ上げるときなので，戻ってくるのにかかる時間は $\dfrac{2V}{g}$ [s] である．

(2) 速度 v は位置の時間微分なので，$v = \dfrac{dx}{dt} = \dfrac{d}{dt}\left(-\dfrac{1}{2}gt^2 + Vt\right) = -gt + V$ である．速度が 0 になる時刻は $0 = -gt + V$ を解いて，$\dfrac{V}{g}$ [s] である．

(3) 最高到達点では速度は 0 となるので，$x = -\dfrac{1}{2}gt^2 + Vt$ の t に $\dfrac{V}{g}$ を代入して

$$x = -\frac{1}{2}g\left(\frac{V}{g}\right)^2 + V\frac{V}{g} = -\frac{1}{2}\frac{V^2}{g} + \frac{V^2}{g} = \frac{V^2}{2g}\ [\text{m}].$$

3.4 (1) この質点の質量を m，加速度を a [m/s^2]，この質点に働く力を F [N] とすると，1 次元の運動の運動方程式が $ma = F$ で表せるので，$m = 2$ および $F = 4$ を代入して，$2a = 4$ となる．

(2) (1) の運動方程式より $a = \dfrac{dv}{dt} = 2$ であるので，この式の両辺を t で積分して，$v = 2t + C$ を得る．初期条件 $t = 0$ で $v = 0$ より $C = 0$ となる．

$v = \dfrac{dx}{dt} = 2t$ の両辺を t で積分して，$x = t^2 + C$ を得る．初期条件 $t = 0$ で $x = 0$ より $C = 0$ となる．よって，$x = t^2$ である．

3.5 (1) $\log_{10} 100 = 2$　　(2) $10^{\log_{10} 100} = 100$　　(3) $10^{\log_{10} x} = x$

(4) $\displaystyle\int e^{-ax}\, dx = -\frac{1}{a} e^{-ax} + C$

(5) 左辺の微分 $\dfrac{d}{dx} e^{\log_e x} = e^{\log_e x} \dfrac{d \log_e x}{dx} = x \dfrac{d \log_e x}{dx}$，右辺の微分 $\dfrac{d}{dx} x = 1$ である．左辺の微分 = 右辺の微分より，$x \dfrac{d \log_e x}{dx} = 1$ が成り立つ．よって，両辺を x で割ると $\dfrac{d}{dx} \log_e x = \dfrac{1}{x}$ を得る．

3.6 (1) $e^0 = 1$ より $v(t = 0) = C e^0 = C$．

(2) $v(t = 0) = v_0 = C$ より $C = v_0$．

(3) $v(t = t_{1/2}) = \frac{1}{2} v_0 = v_0 e^{-\frac{k}{m} t_{1/2}}$ より $e^{-\frac{k}{m} t_{1/2}} = \frac{1}{2}$ なので，$e^{\frac{k}{m} t_{1/2}} = 2$ となる．両辺の log をとって，$\log_e e^{\frac{k}{m} t_{1/2}} = \frac{k}{m} t_{1/2} = \log_e 2$ より，$t_{1/2} = \frac{m}{k} \log_e 2$.

(4) $v(t = 2t_{1/2}) = v_0 e^{-\frac{k}{m} 2t_{1/2}} = v_0 \left(e^{-\frac{k}{m} t_{1/2}}\right)^2 = v_0 \left(\frac{1}{2}\right)^2 = \frac{1}{4} v_0$,

$v(t = 3t_{1/2}) = v_0 e^{-\frac{k}{m} 3t_{1/2}} = v_0 \left(e^{-\frac{k}{m} t_{1/2}}\right)^3 = v_0 \left(\frac{1}{2}\right)^3 = \frac{1}{8} v_0$

3.7 (1) $v = \frac{dx}{dt}$ より $\frac{dx}{dt} = v_0 e^{-\frac{k}{m} t}$ である．この式の両辺を t で積分して，$x = -\frac{mv_0}{k} e^{-\frac{k}{m} t} + C$.

(2) (1) で求めた式に $t = 0$, $x = 0$ を代入すると，$x = 0 = -\frac{mv_0}{k} e^0 + C = -\frac{mv_0}{k} + C$ となるので，$C = \frac{mv_0}{k}$.

(3) 速度は $v = v_0 e^{-\frac{k}{m} t}$ と指数関数的に減少するので，$t = \infty$ のとき静止する．このとき，位置は $x = \frac{mv_0}{k} \left(1 - e^{-\frac{k}{m} t}\right)$ と表されるので，この式に $t = \infty$ を代入し，$e^{-\infty} = 0$ を使うと，$x = \frac{mv_0}{k}$ を得る．

3.8 $[\boldsymbol{F}] = [\text{M L T}^{-2}]$，$[\boldsymbol{v}] = [\text{L T}^{-1}]$ より，$[k] = \left[\frac{\boldsymbol{F}}{\boldsymbol{v}}\right] = \frac{[\text{M L T}^{-2}]}{[\text{L T}^{-1}]} = [\text{M T}^{-1}]$.

3.9 $\frac{dC}{dt} = -kC$ の両辺を C で割ると，$\frac{1}{C} \frac{dC}{dt} = -k$ を得る ($C \neq 0$ とする)．

この式の両辺を t で積分して

$$\int \left(\frac{1}{C} \frac{dC}{dt}\right) dt = \int (-k) \, dt$$

$$\int \frac{1}{C} dC = -kt + A \quad (A \text{ は積分定数})$$

$$\log_e C = -kt + A$$

$$\therefore C = e^{-kt + A} = e^{-kt} e^A = Be^{-kt} \quad (B = e^A)$$

初期条件 $t = 0$ で $C = C_0$ より B を求めることができ，$B = C_0$ を得る．よって，この薬物の血中濃度 C の時間変化は $C = C_0 e^{-kt}$ となる．

3.10 (1) 振幅は sin の前の係数なので，0.4 [m] である．

(2) 初期位相は sin の引数の中で，t に依存しない定数のことなので，この場合は 0 である．

(3) $T = \frac{2\pi}{\omega} = \frac{2\pi}{50\pi} = \frac{1}{25}$ [s]   (4) $f = \frac{1}{T} = \frac{1}{1/25} = 25$ [Hz]

(5) $v = \frac{dx}{dt} = 0.4 \times 50\pi \cos 50\pi t = 20\pi \cos 50\pi t$ より，$t = 0$ のとき 20π [m/s] である．

3.11 (1) 位置 0 だから $x(t = 0) = A \sin \alpha = 0$ より，$\alpha = 0$. 一方，速度は $v = \frac{dx}{dt} = \omega A \cos(\omega t + \alpha)$ で表されるから，これに $\alpha = 0$ と初速度 v_0 を代入して，$v(t = 0) = v_0 = \omega A$ より，$A = \frac{v_0}{\omega}$.

(2) $v(t = 0) = 0 = \omega A \cos \alpha$ より，$\alpha = \pm \frac{\pi}{2}$. $x(t = 0) = a = A \sin \alpha$ より，振幅は一般的に正の値をとるので $A > 0$ である．よって，$\alpha = \frac{\pi}{2}$ より，$A = a$.

3.12 (1) 周期は $T = 2\pi \sqrt{\frac{m}{k}} = 2\pi \sqrt{\frac{0.2}{20}} = 2\pi \sqrt{\frac{1}{100}} = \frac{1}{5}\pi$ となるので，振動数は $f = \frac{1}{T} = \frac{5}{\pi}$ [Hz].

(2) $A = \sqrt{0.03^2 + 0.04^2} = 0.05$ [m]

(3) 振動の速さの最大値は，角振動数を ω，振幅を A とすると，ωA である．角振動数は $\omega = 2\pi f$ だから，$\omega = 2\pi f = 2\pi \frac{5}{\pi} = 10$. よって，振動の速さの最大値は $\omega A = 10 \times 0.05 = 0.5$ [m/s].

4 章

4.1 $W = Fs = 10 \times 20 = 200$ [J]　　**注意**: ここでは質量は計算には使わない.

4.2 $W = \boldsymbol{F} \cdot \boldsymbol{s} = mgx \sin 30° = \dfrac{1}{2}mgx$ [J]

4.3 $W = \displaystyle\int_a^b kx\,dx = \left[\dfrac{1}{2}kx^2\right]_a^b = \dfrac{1}{2}k(b^2 - a^2)$

4.4 (1) $a = \dfrac{F}{m} = \dfrac{10}{5} = 2$ [m/s^2] より, $v = \displaystyle\int_0^t 2\,dt = 2t$ [m/s], $x = \displaystyle\int_0^t 2t\,dt = t^2$ [m].

(2) $t = 10$ [s] のとき, $x = 10^2 = 100$ [m] より, $W = Fs = 10 \times 100 = 1000$ [J].

(3) $t = 10$ [s] のとき, $v = 2 \times 10 = 20$ [m/s] より, $K = \dfrac{1}{2}mv^2 = \dfrac{1}{2} \times 5 \times 20^2 = 1000$ [J].

(4) $t = 5$ [s] のとき, $v = 2 \times 5 = 10$ [m/s] より, $P = Fv = 10 \times 10 = 100$ [W].

$t = 10$ [s] のとき, $v = 2 \times 10 = 20$ [m/s] より, $P = Fv = 10 \times 20 = 200$ [W].

[**別解**] 仕事 W を時刻 t の関数として表すと $W = Fx = 10t^2$ となる. 仕事率 P は仕事 W の時間微分なので, $P = \dfrac{dW}{dt} = \dfrac{d}{dt}(10t^2) = 20t$ である. よって, この t に $t = 5$ と $t = 10$ を代入して, $P = 100$ [W] と $P = 200$ [W] を得る.

4.5 (1) $W = Fs = mgh$ [J]

(2) $v = \displaystyle\int_0^t g\,dt = gt$ [m/s], $x = \displaystyle\int_0^t gt\,dt = \dfrac{1}{2}gt^2$ [m] である. 地面に到着するときの時刻は $\dfrac{1}{2}gt^2 = h$ より, $t = \sqrt{\dfrac{2h}{g}}$ [s] である. このときの速さは $v = g\sqrt{\dfrac{2h}{g}} = \sqrt{2gh}$ [m/s] となるので, 仕事率は $P = Fv = mg\sqrt{2gh}$ [W].

4.6 (1) $r = (x^2 + y^2 + z^2)^{\frac{1}{2}}$

(2) $\dfrac{\partial}{\partial x}(-1)(x^2 + y^2 + z^2)^{-\frac{1}{2}} = (-1)\left(-\dfrac{1}{2}\right)(x^2 + y^2 + z^2)^{-\frac{3}{2}} 2x = \dfrac{x}{r^3}$

(3) $\nabla\left(\dfrac{-1}{r}\right) = \boldsymbol{i}\dfrac{\partial}{\partial x}\left(\dfrac{-1}{r}\right) + \boldsymbol{j}\dfrac{\partial}{\partial y}\left(\dfrac{-1}{r}\right) + \boldsymbol{k}\dfrac{\partial}{\partial z}\left(\dfrac{-1}{r}\right) = \boldsymbol{i}\dfrac{x}{r^3} + \boldsymbol{j}\dfrac{y}{r^3} + \boldsymbol{k}\dfrac{z}{r^3} = \dfrac{x\boldsymbol{i} + y\boldsymbol{j} + z\boldsymbol{k}}{r^3} = \dfrac{\boldsymbol{r}}{r^3}$

(4) $\nabla \times \boldsymbol{r} = \boldsymbol{i}\left(\dfrac{\partial z}{\partial y} - \dfrac{\partial y}{\partial z}\right) + \boldsymbol{j}\left(\dfrac{\partial x}{\partial z} - \dfrac{\partial z}{\partial x}\right) + \boldsymbol{k}\left(\dfrac{\partial y}{\partial x} - \dfrac{\partial x}{\partial y}\right) = \boldsymbol{0}$

4.7 (1) $v = gt$, $x = h - \dfrac{1}{2}gt^2$ となるから, $U = mgx = mg\left(h - \dfrac{1}{2}gt^2\right) = mgh - \dfrac{1}{2}mg^2t^2$ [J].

(2) $v = gt$ を代入して, $K = \dfrac{1}{2}mv^2 = \dfrac{1}{2}m(gt)^2 = \dfrac{1}{2}mg^2t^2$ [J].

(3) $W = U + K = mgh - \dfrac{1}{2}mg^2t^2 + \dfrac{1}{2}mg^2t^2 = mgh$ [J]

4.8 (1) 角振動数を $\omega = \sqrt{\dfrac{k}{m}}$ とすると, この初期条件のもとでの単振動の解は $x = d\cos\omega t$ と表すことができる. よって, ポテンシャルエネルギーは $U = \dfrac{1}{2}kx^2 = \dfrac{1}{2}kd^2\cos^2\omega t$ [J].

(2) (1) より, 速さは $v = \dfrac{dx}{dt} = -\omega d\sin\omega t$ となるので, 運動エネルギーは

$$K = \dfrac{1}{2}mv^2 = \dfrac{1}{2}m\omega^2 d^2\sin^2\omega t = \dfrac{1}{2}m\dfrac{k}{m}d^2\sin^2\omega t = \dfrac{1}{2}kd^2\sin^2\omega t \text{ [J]}.$$

(3) $W = U + K = \dfrac{1}{2}kd^2\cos^2\omega t + \dfrac{1}{2}kd^2\sin^2\omega t = \dfrac{1}{2}kd^2\left(\cos^2\omega t + \sin^2\omega t\right) = \dfrac{1}{2}kd^2$ [J]

4.9 $\nabla \times \bm{F} = -k(\nabla \times \bm{r}) = -k\left\{\bm{i}\left(\dfrac{\partial z}{\partial y} - \dfrac{\partial y}{\partial z}\right) + \bm{j}\left(\dfrac{\partial x}{\partial z} - \dfrac{\partial z}{\partial x}\right) + \bm{k}\left(\dfrac{\partial y}{\partial x} - \dfrac{\partial x}{\partial y}\right)\right\} = \bm{0}$ より,保存力である.

4.10 $\bm{F} = -\nabla U = -\left(\bm{i}\dfrac{\partial U}{\partial x} + \bm{j}\dfrac{\partial U}{\partial y} + \bm{k}\dfrac{\partial U}{\partial z}\right)$
$= -k\left\{\bm{i}\dfrac{\partial}{\partial x}(x^2+y^2+z^2) + \bm{j}\dfrac{\partial}{\partial y}(x^2+y^2+z^2) + \bm{k}\dfrac{\partial}{\partial z}(x^2+y^2+z^2)\right\}$
$= -2k(x\bm{i} + y\bm{j} + z\bm{k})$

5 章

5.1 (1) A は鉛直方向には自由落下している.落下する距離を y とし,重力加速度を g とすると,$y = \dfrac{1}{2}gt^2$ となるので,A が床に落ちるまでにかかった時間 t は,$h = \dfrac{1}{2}gt^2$ を解いて,$t = \sqrt{\dfrac{2h}{g}}$ を得る.この間に水平方向に x [m] 移動したので,速さ v は $v = \dfrac{x}{t} = x\sqrt{\dfrac{g}{2h}}$ [m/s] である.

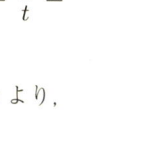

(2) A と B との衝突では運動量は保存するので,$Mv_0 = mv$ より,$v_0 = \dfrac{m}{M}v = \dfrac{mx}{M}\sqrt{\dfrac{g}{2h}}$ [m/s].

(3) 反発係数は $\dfrac{v}{v_0}$ なので,$e = \dfrac{M}{m}$.

5.2 (1) 力学的エネルギーは保存するので,$(m+M)gH = \dfrac{1}{2}(m+M)V^2$ より,$V = \sqrt{2gH}$ [m/s].

(2) A と B との衝突では運動量は保存するので,$mv = (m+M)V$ より
$$v = \dfrac{m+M}{m}V = \dfrac{m+M}{m}\sqrt{2gH} \text{ [m/s]}.$$

(3) 力学的エネルギーは保存するので,$\dfrac{1}{2}mv^2 = mgh$ より
$$h = \dfrac{v^2}{2g} = \dfrac{1}{2g}\left(\dfrac{m+M}{m}\right)^2 2gH = \left(\dfrac{m+M}{m}\right)^2 H \text{ [m]}.$$

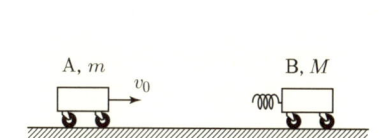

5.3 (1) 運動量保存則より $mv_0 = (m+M)V$ が成り立つので
$$V = \dfrac{mv_0}{m+M} = 1.2 \text{ [m/s]}.$$

(2) A と B が同じ速度になったとき,ばねは最も縮む.エネルギー保存則が成り立つので,衝突の前後の力学的エネルギーを考える.衝突前の力学的エネルギーは $\dfrac{1}{2}mv_0^2$,衝突後の力学的エネルギーは
$$\dfrac{1}{2}(m+M)V^2 + \dfrac{1}{2}ks^2 = \dfrac{1}{2}(m+M)\left(\dfrac{mv_0}{m+M}\right)^2 + \dfrac{1}{2}ks^2 = \dfrac{1}{2}\dfrac{m^2}{m+M}v_0^2 + \dfrac{1}{2}ks^2$$
である.これらが等しいので,$\dfrac{1}{2}ks^2 + \dfrac{1}{2}\dfrac{m^2}{m+M}v_0^2 = \dfrac{1}{2}mv_0^2$ が成り立つ.これを s について解いて
$$s = v_0\sqrt{\dfrac{mM}{k(m+M)}} = 0.6 \text{ [m]}.$$

5.4 (1) 力のモーメント N は位置ベクトルと力の外積なので

$$N = r \times F = r \times (F_1 + F_2) = r \times F_1 + r \times F_2 = r \times f(r)r + r \times (-cv)$$

となる．ここで，右辺第 1 項は $r \times r = 0$ より消え，第 2 項は運動量を p で表すと，速度と運動量の関係 $p = mv$ を使って，角運動量で表すことができる．したがって

$$\therefore \quad N = r \times (-cv) = r \times \left(-\frac{c}{m}p\right) = -\frac{c}{m}r \times p = -\frac{c}{m}L.$$

(2) 角運動量に対する運動方程式は $\dfrac{dL}{dt} = N = -\dfrac{c}{m}L$ である．この微分方程式の形は，粘性抵抗力が働く物体の速度に関する微分方程式と同じ形となっているので，粘性抵抗力が働いている物体の運動の場合と同様にして解くと，$L = L_0 e^{-\frac{c}{m}t}$ となる．

6 章

6.1 (a) $I = ma^2 + m(2a)^2 + m(3a)^2 = 14ma^2$ (b) $I = m(2a)^2 + 2m(\sqrt{5}a)^2 = 14ma^2$

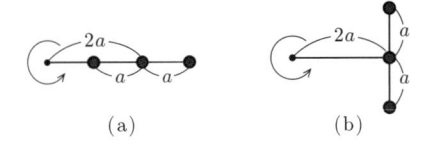

(a)

(b)

6.2 (a) 棒のすべての点で回転半径は d なので $I = md^2$．

(b) 線密度を η とすれば，$I = \displaystyle\int_{d-\frac{l}{2}}^{d+\frac{l}{2}} x^2 \eta \, dx = \eta l \left(d^2 + \dfrac{l^2}{12}\right) = m\left(d^2 + \dfrac{l^2}{12}\right)$.

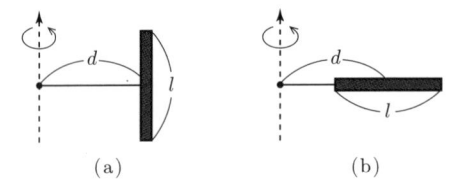

(a)

(b)

6.3 ロープの断面積 S は $S = 3.14 \times \left(\dfrac{4.00 \times 10^{-2} \text{ [m]}}{2}\right)^2 = 12.6 \times 10^{-4} \text{ [m}^2\text{]}$.

ロープにかかっている力 F は $F = 20.0 \times 10^3 \text{ [kg]} \times 9.80 \text{ [m/s}^2\text{]} \times \sin 30° = 9.80 \times 10^4 \text{ [N]}$.
長さ 100 [m] のロープの伸び Δl は

$$\Delta l = \frac{F}{S} \times \frac{l}{E} = \frac{9.80 \times 10^4 \text{ [N]} \times 100 \text{ [m]}}{12.6 \times 10^{-4} \text{ [m}^2\text{]} \times 20.1 \times 10^{10} \text{ [N/m}^2\text{]}} = 3.88 \times 10^{-2} \text{ [m]}.$$

弾性エネルギー W は

$$W = \frac{ES(\Delta l)^2}{2l} = \frac{20.1 \times 10^{10} \text{ [N/m}^2\text{]} \times 12.6 \times 10^{-4} \text{ [m}^2\text{]} \times \left(3.88 \times 10^{-2} \text{ [m]}\right)^2}{2 \times 100 \text{ [m]}} = 1.90 \times 10^3 \text{ [J]}.$$

6.4 体積弾性率 κ はヤング率 E とポアソン比 σ から求められ

$$k = \frac{E}{3(1-2\sigma)} = \frac{21.6 \times 10^{10} \text{ [N/m}^2\text{]}}{3 \times (1 - 2 \times 0.300)} = 18.0 \times 10^{10} \text{ [N/m}^2\text{]}.$$

10000 [m] の海底の海水による水圧 p は

$$p = \rho g h = 1.20 \times 10^3 \text{ [kg/m}^3\text{]} \times 9.80 \text{ [m/s}^2\text{]} \times 10000 \text{ [m]} = 11.8 \times 10^7 \text{ [N/m}^2\text{]}.$$

鉄球の体積 V_0 は $V_0 = \dfrac{4}{3}\pi r^3 = \dfrac{4 \times 3.14 \times (1.00 \text{ [m]})^3}{3} = 4.19 \text{ [m}^3\text{]}$.

この圧力変化による体積変化 ΔV は

$$\Delta V = \Delta p \dfrac{V_0}{\kappa} = \dfrac{11.8 \times 10^7 \text{ [N/m}^2\text{]} \times 4.19 \text{ [m}^3\text{]}}{18.0 \times 10^{10} \text{ [N/m}^2\text{]}} = 2.75 \times 10^{-3} \text{ [m}^3\text{]}.$$

このときの弾性エネルギー W は

$$W = \dfrac{1}{2}\dfrac{k}{V_0}(\Delta V)^2 = \dfrac{18.0 \times 10^{10} \text{ [N/m}^2\text{]} \times (2.75 \times 10^{-3} \text{ [m}^3\text{]})^2}{2 \times 4.19 \text{ [m}^3\text{]}} = 16.2 \times 10^4 \text{ [J]}.$$

6.5 フットペダル側に加える力 F_1 は体重によるものとすると，$F_1 = 50.0 \text{ [kg]} \times 9.80 \text{ [m/s}^2\text{]} = 490 \text{ [N]}$，荷台に加わる力 F_2 は $F_2 = 1.00 \times 10^3 \text{ [kg]} \times 9.80 \text{ [m/s}^2\text{]} = 9.80 \times 10^3 \text{ [N]}$．フットペダル側と荷台側のピストン断面積をそれぞれ S_1, S_2，半径を r_1, r_2 とすれば，$\dfrac{F_1}{S_1} = \dfrac{F_2}{S_2}$ より，$\dfrac{S_2}{S_1} = \dfrac{F_2}{F_1} = \dfrac{9.80 \times 10^3 \text{ [N]}}{490 \text{ [N]}} = 20.0$. また，$\dfrac{S_2}{S_1} = \dfrac{\pi r_2^2}{\pi r_1^2}$ より，ピストン半径の比は $\dfrac{r_2}{r_1} = \sqrt{\dfrac{S_2}{S_1}} = \sqrt{20.0} = 4.47$.

フットペダル側と荷台側のオイルの量は等しいので，$S_1 h_1 = S_2 h_2$ より，$h_1 = \dfrac{S_2}{S_1} h_2 = 20.0 \times 5.00 \text{ [cm]} = 100 \text{ [cm]}$. したがって，フットペダル側のピストンは 100 [cm] 動かなければならない．ゆえに，ピストンは 10.0 [cm] しかないので，10 回踏む必要がある．

6.6 マスの高さを h [m] とすると，マスの鉄部分の体積 V_F は

$$\begin{aligned}V_\text{F} &= (1.00 \text{ [m]})^2 \times 1.00 \times 10^{-2} \text{ [m]} \\ &\quad + \{(1.00 \text{ [m]})^2 - (0.980 \text{ [m]})^2\}(h \text{ [m]} - 0.010 \text{ [m]}) \\ &= \{1.00 \times 10^{-2} + 0.0396(h - 0.010)\} \text{ [m}^3\text{]}\end{aligned}$$

マスの重力は $7.80 \times 10^3 V_\text{F} g$ [N] であり，マスを h の高さまで沈めたときの浮力は $1.00 \times 10^3 \times (1.00)^2 h g$ [N] であるから，$7.80\{0.01 + 0.0396(h - 0.010)\} < h$. よって，満たす高さは $h > 0.108$ [m] である．

6.7 水とガラスの間で働く表面張力 γ が毛細管の内面で垂直方向に働いている力 F は

$$\begin{aligned}F &= 2\pi r \gamma \cos 8° \\ &= 2 \times 3.14 \times \dfrac{1.00 \times 10^{-3} \text{ [m]}}{2} \times 7.30 \times 10^{-2} \text{ [N/m]} \times 0.990 \\ &= 22.7 \times 10^{-5} \text{ [N]}\end{aligned}$$

内径 1.00 [mm] の毛細管に h の高さ引き上げられた水の重力 $Sh\rho g$ は

$$\begin{aligned}Sh\rho g &= 3.14 \times \left(\dfrac{1.00 \times 10^{-3} \text{ [m]}}{2}\right)^2 \times 1.00 \times 10^3 \text{ [kg/m}^3\text{]} \times 9.80 \text{ [m/s}^2\text{]} \times h \text{ [m]} \\ &= 7.69 \times 10^{-3} h \text{ [N]}\end{aligned}$$

これが表面張力による力 F とつり合っているので $22.7 \times 10^{-5} = 7.69 \times 10^{-3} h$ が成り立つ．したがって，$h = 2.95 \times 10^{-2}$ [m].

6.8 大気圧 p_0，球形の水滴内の圧力 p ならば，表面張力によって生じる圧力差は $p - p_0 = \dfrac{2\gamma}{r}$ である．したがって

$$p = p_0 + \dfrac{2\gamma}{r} = 1.00 \times 10^5 \text{ [Pa]} + \dfrac{2 \times 7.30 \times 10^{-2} \text{ [N/m]}}{0.500 \times 10^{-3} \text{ [m]}} = 1002.92 \text{ [hPa]}.$$

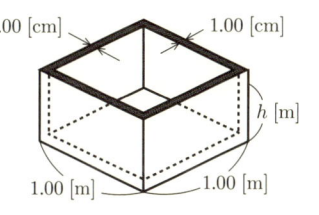

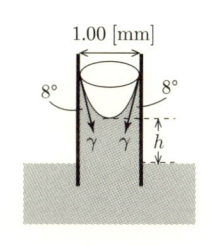

6.9 ホースの出口は大気圧，水底の水圧は水深 1.00 [m] で生じたものである．よって，圧力差 Δp は

$$\Delta p = \rho g h$$
$$= 1.00 \times 10^3 \ [\text{kg/m}^3] \times 9.80 \ [\text{m/s}^2] \times 1.00 \ [\text{m}]$$
$$= 9.80 \times 10^3 \ [\text{Pa}]$$

となる．したがって

$$Q = \frac{\pi a^4}{8 l \eta} \Delta p$$
$$= \frac{3.14 \times \left(\dfrac{2.00 \times 10^{-2} \ [\text{m}]}{2}\right)^4 \times 9.80 \times 10^3 \ [\text{N/m}^2]}{8 \times 10.0 \times 10^{-2} \ [\text{m}] \times 1.307 \times 10^{-3} \ [\text{N·s/m}^2]}$$
$$= 0.294 \ [\text{m}^3/\text{s}].$$

7 章

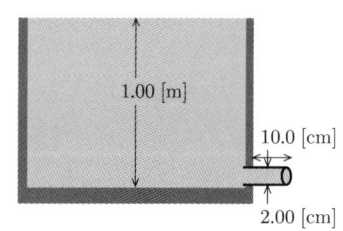

7.1 腹が1つなのでピアノ線の長さの2倍が波長になる．したがって，波長 $\lambda = 100.0$ [cm] である．振動数 $f = 440$ [s^{-1}] だから，ピアノ線を伝わる横波の速さ v は

$$v = \lambda f = 100.0 \ [\text{cm}] \times 440 \ [\text{s}^{-1}] = 440 \ [\text{m/s}].$$

線密度 η は

$$\eta = \pi \left(\frac{d}{2}\right)^2 \rho$$
$$= 3.14 \times \left(\frac{1.00 \times 10^{-3} \ [\text{m}]}{2}\right)^2 \times 7.87 \times 10^3 \ [\text{kg/m}^3]$$
$$= 6.18 \times 10^{-3} \ [\text{kg/m}].$$

したがって，張力 F は

$$F = \eta v^2 = 6.18 \times 10^{-3} \ [\text{kg/m}] \times (440 \ [\text{m/s}])^2 = 1.20 \times 10^3 \ [\text{N}].$$

7.2 線密度 η は $\eta = \pi \left(\dfrac{d}{2}\right)^2 \rho = 3.14 \times \left(\dfrac{2.00 \times 10^{-3} \ [\text{m}]}{2}\right)^2 \times 7.87 \times 10^3 \ [\text{kg/m}^3] = 24.7 \times 10^{-3} \ [\text{kg/m}]$.

したがって，横波の速さ v は $v = \sqrt{\dfrac{T}{\eta}} = \sqrt{\dfrac{10.0 \ [\text{kg}] \times 9.80 \ [\text{m/s}^2]}{24.7 \times 10^{-3} \ [\text{kg/m}]}} = 63.0 \ [\text{m/s}]$.

9つの節ならば，10個の腹があり，弦の長さ $L = 10.0$ [m] の中に5波長あるので，波長 λ は $\lambda = 10.0 \ [\text{m}]/5 = 2.00 \ [\text{m}]$ である．ゆえに，振動数 f は $f = v/\lambda = 63.0 \ [\text{m/s}]/2.00 \ [\text{m}] = 31.5 \ [\text{s}^{-1}]$.

縦波の速さ v は $v = \sqrt{\dfrac{E}{\rho}} = \sqrt{\dfrac{21.0 \times 10^{10} \ [\text{N/m}^2]}{7.87 \times 10^3 \ [\text{kg/m}^3]}} = 5.17 \times 10^3 \ [\text{m/s}]$.

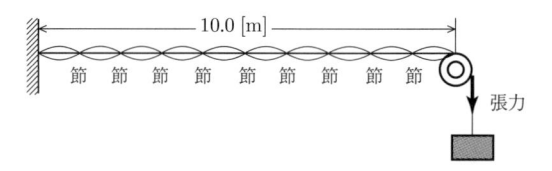

7.3 この音の波長 λ は $\lambda = 340 \ [\text{m/s}]/680 \ [\text{s}^{-1}] = 0.500 \ [\text{m}]$．スピーカーを結ぶ線分の中点から垂線を引き，後ろの壁との交点を O とする．点 O から壁に沿って座標 x をとる．x の点で2つのスピーカーからの経路の差 Δs は $\Delta s = \sqrt{20.0^2 + (x+2.50)^2} - \sqrt{20.0^2 + (x-2.50)^2}$．スピーカーの音が干渉して聞こえなくなる条件は，$\Delta s$ が半波長の奇数倍になるところである．したがって，$\Delta s = \dfrac{\lambda}{2}(2n+1)$ となる条件の x である．

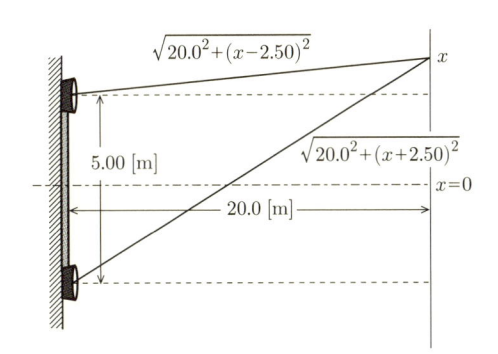

7.4 うなりの振動数の半分は 2 秒なので $T = 4$ [s] である．したがって，$\dfrac{|f - 880|}{2} = 0.25$ [s^{-1}] より，$f = 880 + 0.5 = 880.5$ [Hz] または $f = 880 - 0.5 = 879.5$ [Hz] である．

7.5 石英ガラスから真空に屈折する臨界角 θ_T は $\dfrac{\sin \theta_T}{\sin 90°} = \dfrac{1.0000}{1.4585}$．グリセリンから石英ガラスへの屈折がこの臨界角のとき，グリセリンでの入射角 θ_o は $\dfrac{\sin \theta_o}{\sin \theta_T} = \dfrac{n_c}{n_o} = \dfrac{1.4585}{1.4730}$ より

$$\sin \theta_o = \dfrac{n_c}{n_o} \sin \theta_T = \dfrac{1.4585}{1.4730} \times \dfrac{1.0000}{1.4585} = \dfrac{1.0000}{1.4730} = 0.6789.$$

したがって，$\theta_o = 42.8°$ である．

7.6 節と節との距離は $59.0 - 19.0 = 40.0$ [cm] であるから，波長は 40.0 [cm] $\times 2 = 80.0$ [cm] である．したがって，音速 u は $u = \lambda f = 80.0 \times 10^{-2}$ [m] $\times 525$ [s^{-1}] $= 420$ [m/s]．

7.7 音圧レベル L は $L = 20 \log_{10}\left(\dfrac{P}{P_0}\right) = 80$ [dB] より，$\log_{10}\left(\dfrac{P}{P_0}\right) = 4$．したがって，$\dfrac{P}{P_0} = 10^4$ である．

7.8 発振源の周波数 f，速度 v の物体からの反射音の振動数 f'，音速 u ならば，$f' = \dfrac{u \mp v}{u} f$ なので，$f' - f = \dfrac{\mp v f}{u}$ であるから，うなりの式に代入して，$|f' - 1.00 \times 10^5| = 100$ [s^{-1}] $= \dfrac{v \times 1.00 \times 10^5 \text{ [s}^{-1}]}{340 \text{ [m/s]}}$．したがって，対象物の速さは 3.40×10^{-1} [m/s] である．

7.9 格子間隔 d は $d = \dfrac{1.00 \times 10^{-3} \text{ [m·mm}^{-1}]}{500 \text{ [mm}^{-1}]} = 2.00 \times 10^{-6}$ [m]，1 次回折光 $d \sin \theta = \lambda$ であるから

$$\theta = \sin^{-1}\left(\dfrac{\lambda}{d}\right) = \sin^{-1}\left(\dfrac{589.0 \times 10^{-9}}{2.00 \times 10^{-6}}\right) = 0.2989 \text{ [rad]} = 17.13°.$$

1 次回折光で，波長 λ と散乱角 θ の変化率は $\dfrac{d\lambda}{d\theta} = d \cos \theta$ である．波長差 $\Delta \lambda = 0.6$ [nm]，$\Delta \lambda$ に対する散乱角 $\Delta \theta$，分解能 $\varepsilon = 1.00$ [mm] とする．この条件を満たすスクリーンの距離 s は

$$s = \dfrac{\varepsilon}{\Delta \theta} = \dfrac{\varepsilon d \cos \theta}{\Delta \lambda} = \dfrac{1.00 \times 10^{-3} \text{ [m]} \times 2.00 \times 10^{-6} \text{ [m]} \times \cos 17.13°}{0.6 \times 10^{-9} \text{ [m]}} = 3.2 \text{ [m]}.$$

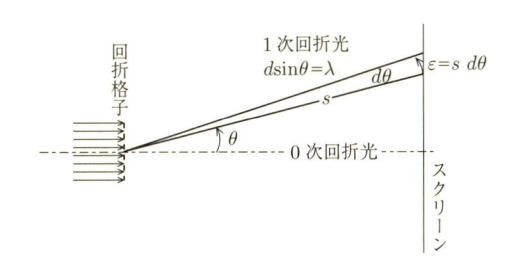

8 章

8.1 両小球の質量は等しいので，ひもを取り付けた天井の 1 点を通る垂直軸に対し左右対称に開く．力のかかり方も左右同じなので，右の小球に対してのみ考えれば十分である．

(1) 1 個の小球に働く力は，静電気力，重力，ひもの張力であり，静電気力の大きさは重力の大きさと等しいことがわかるので，小球に与えられた電気量がわからなくても，静電気力の大きさは重力の大きさとして，$0.20 \times 9.8 \fallingdotseq 2.0$ [N]．

(2) 各小球がもっている電気量を q とすると，小球間の距離は $\sqrt{2}$ [m] なので，各小球に働く静電気力の大きさ F はクーロンの法則 (8.2) より

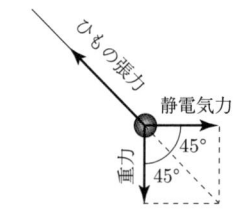

$$F = \frac{1}{4\pi\varepsilon_0} \frac{q^2}{(\sqrt{2})^2} = 4.5 \times 10^9 q^2$$

と表される．これは (1) で求めた値と等しくなるので，q についての方程式 $4.5 \times 10^9 q^2 = 0.20 \times 9.8$ が成り立ち，q について解くと，$q = \pm 0.21 \times 10^{-4}$ [C]．

8.2 図 8.2 より，$\boldsymbol{r}_2 - \boldsymbol{r}_1 = (1,0)$, $|\boldsymbol{r}_2 - \boldsymbol{r}_1| = 1$, $\boldsymbol{r}_2 - \boldsymbol{r}_3 = (1,-1)$, $|\boldsymbol{r}_2 - \boldsymbol{r}_3| = \sqrt{2}$ なので，式 (8.7) より，点電荷 q_2 が点電荷 q_1 から受ける静電気力 $\boldsymbol{F}_{21}$ と点電荷 q_2 が点電荷 q_3 から受ける静電気力 $\boldsymbol{F}_{23}$ は

$$\boldsymbol{F}_{21} = \frac{1}{4\pi\varepsilon_0} \frac{q_2 q_1}{|\boldsymbol{r}_2 - \boldsymbol{r}_1|^3}(\boldsymbol{r}_2 - \boldsymbol{r}_1) = \left(\frac{q_2 q_1}{4\pi\varepsilon_0},\ 0\right), \tag{i}$$

$$\boldsymbol{F}_{23} = \frac{1}{4\pi\varepsilon_0} \frac{q_2 q_3}{|\boldsymbol{r}_2 - \boldsymbol{r}_3|^3}(\boldsymbol{r}_2 - \boldsymbol{r}_3) = \left(\frac{q_2 q_3}{8\sqrt{2}\pi\varepsilon_0},\ -\frac{q_2 q_3}{8\sqrt{2}\pi\varepsilon_0}\right) \tag{ii}$$

となり，点電荷 q_2 が受ける静電気力の合力 $\boldsymbol{F}_2$ は

$$\boldsymbol{F}_2 = \boldsymbol{F}_{21} + \boldsymbol{F}_{23} = \left(\frac{q_2 q_1}{4\pi\varepsilon_0} + \frac{q_2 q_3}{8\sqrt{2}\pi\varepsilon_0},\ -\frac{q_2 q_3}{8\sqrt{2}\pi\varepsilon_0}\right) = \frac{q_2}{4\pi\varepsilon_0}\left(q_1 + \frac{\sqrt{2}}{4}q_3,\ -\frac{\sqrt{2}}{4}q_3\right).$$

また，式 (8.8) と式 (i), (ii) より，点電荷 q_3 が点電荷 q_1 から受ける静電気力 $\boldsymbol{F}_{31}$ と点電荷 q_3 が点電荷 q_2 から受ける静電気力 $\boldsymbol{F}_{32}$ は

$$\boldsymbol{F}_{31} = -\boldsymbol{F}_{13} = \left(0,\ \frac{q_3 q_1}{4\pi\varepsilon_0}\right), \qquad \boldsymbol{F}_{32} = -\boldsymbol{F}_{23} = \left(-\frac{q_3 q_2}{8\sqrt{2}\pi\varepsilon_0},\ \frac{q_3 q_2}{8\sqrt{2}\pi\varepsilon_0}\right)$$

となり，点電荷 q_3 が受ける静電気力の合力 $\boldsymbol{F}_3$ は

$$\boldsymbol{F}_3 = \boldsymbol{F}_{31} + \boldsymbol{F}_{32} = \left(-\frac{q_3 q_2}{8\sqrt{2}\pi\varepsilon_0},\ \frac{q_3 q_1}{4\pi\varepsilon_0} + \frac{q_3 q_2}{8\sqrt{2}\pi\varepsilon_0}\right) = \frac{q_3}{4\pi\varepsilon_0}\left(-\frac{\sqrt{2}}{4}q_2,\ q_1 + \frac{\sqrt{2}}{4}q_2\right).$$

8.3 (1) 式 (8.11) で $\boldsymbol{r} = (1,0,0)$, $r = |\boldsymbol{r}| = 1$ とすると，静電場の成分は

$$\boldsymbol{E}(1,0,0) \fallingdotseq 9.0 \times 10^9 \times \frac{(-2.0)}{1}(1,0,0) = -18 \times 10^9 (1,0,0) \text{ [N/C]},$$

大きさは $|\boldsymbol{E}(1,0,0)| \fallingdotseq 18 \times 10^9$ [N/C]．

(2) 式 (8.11) で $\boldsymbol{r} = (1,0,1)$, $r = |\boldsymbol{r}| = \sqrt{1^2 + 1^2} = \sqrt{2}$ とすると，静電場の成分は

$$\boldsymbol{E}(1,0,1) \fallingdotseq 9.0 \times 10^9 \times \frac{(-2.0)}{2\sqrt{2}}(1,0,1) \fallingdotseq -6.4 \times 10^9 (1,0,1) \text{ [N/C]},$$

大きさは $|\boldsymbol{E}(1,0,1)| \fallingdotseq \sqrt{\left(\frac{9.0}{\sqrt{2}} \times 10^9\right)^2 + \left(\frac{9.0}{\sqrt{2}} \times 10^9\right)^2} \fallingdotseq 9.0 \times 10^9$ [N/C]．

8.4 (1) 式 (8.24) より，極板間が真空である場合の電気容量 C_0 は

$$C_0 = \varepsilon_0 \frac{A}{d} = 8.85 \times 10^{-12} \times \frac{3.14 \times (5.0 \times 10^{-2})^2}{1.0 \times 10^{-3}} \fallingdotseq 7.0 \times 10^{-11} \text{ [F]} = 70 \text{ [pF]}.$$

(2) 式 (8.25), (8.26) より，極板間をパラフィンで満たした場合の電気容量 C は

$$C = \varepsilon_r \varepsilon_0 \frac{A}{d} = 2.5 \times 8.85 \times 10^{-12} \times \frac{3.14 \times (5.0 \times 10^{-2})^2}{1.0 \times 10^{-3}} \fallingdotseq 1.7 \times 10^{-10} \text{ [F]} = 1.7 \times 10^2 \text{ [pF]}.$$

8.5 (1) $C_1 = 3.0$ [μF], $C_2 = 5.0$ [μF] とおくと，式 (8.29) より，合成容量 C は

$$C = C_1 + C_2 = 3.0 + 5.0 = 8.0 \text{ [μF]}.$$

(2) 並列接続の場合，各コンデンサーにかかる電圧 V は等しく 1.5 [V] なので，それぞれのコンデンサーに蓄えられる電気量は

$$3.0 \text{ [μF] のコンデンサーに } VC_1 = 1.5 \times 3.0 \times 10^{-6} = 4.5 \times 10^{-6} \text{ [C]},$$
$$5.0 \text{ [μF] のコンデンサーに } VC_2 = 1.5 \times 5.0 \times 10^{-6} = 7.5 \times 10^{-6} \text{ [C]}.$$

8.6 (1) $C_1 = 20$ [μF], $C_2 = 30$ [μF] とおくと，式 (8.33) より，合成容量 C は

$$C = \frac{1}{\frac{1}{C_1} + \frac{1}{C_2}} = \frac{C_1 C_2}{C_1 + C_2} = \frac{20 \times 30}{20 + 30} = 12 \text{ [μF]}.$$

(2) (1) の結果より，各コンデンサーに蓄えられる電気量 Q は

$$Q = CV = 12 \times 10^{-6} \times 1.5 = 1.8 \times 10^{-5} \text{ [C]}.$$

これより，それぞれのコンデンサーにかかる電圧は

$$20 \text{ [μF] のコンデンサーに } \frac{Q}{C_1} = \frac{1.8 \times 10^{-5}}{20 \times 10^{-6}} = 0.90 \text{ [V]},$$
$$30 \text{ [μF] のコンデンサーに } \frac{Q}{C_2} = \frac{1.8 \times 10^{-5}}{30 \times 10^{-6}} = 0.60 \text{ [V]}.$$

8.7 (1) 式 (8.25), (8.26) より，極板間を紙で満たした場合の電気容量 C は

$$C = \varepsilon_r \varepsilon_0 \frac{A}{d} = 2.0 \times 8.85 \times 10^{-12} \times \frac{3.14 \times (5.0 \times 10^{-2})^2}{1.0 \times 10^{-3}} \fallingdotseq 1.4 \times 10^{-10} \text{ [F]} = 1.4 \times 10^2 \text{ [pF]}.$$

(2) 式 (8.35) と (1) より

$$U = \frac{1}{2}CV^2 = \frac{1}{2} \times 2.0 \times 8.85 \times 10^{-12} \times \frac{3.14 \times (5.0 \times 10^{-2})^2}{1.0 \times 10^{-3}} \times 1.5^2 \fallingdotseq 1.6 \times 10^{-10} \text{ [J]}.$$

8.8 (1) 端点 A, B 間の合成容量を C とすると，式 (8.29), (8.30) を組み合わせて

$$\frac{1}{C} = \frac{1}{C_1} + \frac{1}{C_2 + C_3}.$$

C について解くと

$$C = \frac{C_1(C_2 + C_3)}{C_1 + C_2 + C_3}.$$

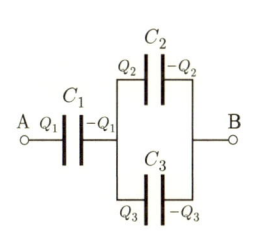

(2) 図のように，各コンデンサーに蓄えられる電気量をそれぞれ Q_1, Q_2, Q_3 とすると，各コンデンサーの極板間の電位差について

$$\frac{Q_1}{C_1}+\frac{Q_2}{C_2}=V, \qquad \frac{Q_1}{C_1}+\frac{Q_3}{C_3}=V \tag{i}$$

が成り立ち，また，中央の独立した導体はもともと帯電していなかったので

$$-Q_1+Q_2+Q_3=0 \tag{ii}$$

が成り立つ．式 (i), (ii) を連立して，Q_1, Q_2, Q_3 について解くと

$$Q_1=\frac{C_1(C_2+C_3)}{C_1+C_2+C_3}V, \qquad Q_2=\frac{C_1C_2}{C_1+C_2+C_3}V, \qquad Q_3=\frac{C_1C_3}{C_1+C_2+C_3}V.$$

(3) 各コンデンサーの極板間の電位差を V_1, V_2, V_3 とおくと，$V=\dfrac{Q}{C}$ なので，(2) より

$$V_1=\frac{Q_1}{C_1}=\frac{C_2+C_3}{C_1+C_2+C_3}V, \qquad V_2=\frac{Q_2}{C_2}=\frac{C_1}{C_1+C_2+C_3}V, \qquad V_3=\frac{Q_3}{C_3}=\frac{C_1}{C_1+C_2+C_3}V$$

となる．なお，$V_2=V_3$ となることは計算しなくても，並列接続の性質からわかる．

(4) 各コンデンサーに蓄えられる静電エネルギーを U_1, U_2, U_3 とおくと，式 (8.35) より $U=\dfrac{1}{2}QV$ なので，(2), (3) より

$$U_1=\frac{1}{2}Q_1V_1=\frac{C_1(C_2+C_3)^2}{2(C_1+C_2+C_3)^2}V^2, \qquad U_2=\frac{1}{2}Q_2V_2=\frac{C_1^2C_2}{2(C_1+C_2+C_3)^2}V^2,$$

$$U_3=\frac{1}{2}Q_3V_3=\frac{C_1^2C_3}{2(C_1+C_2+C_3)^2}V^2.$$

8.9 (1) $P=VI$ より，$P=100\,[\mathrm{V}]\times 8.00\,[\mathrm{A}]=800\,[\mathrm{W}]$.

(2) 0.50 [kg] の水を含んだ洗濯物を乾燥させるために必要な熱量は $0.50\,[\mathrm{kg}]\times 10^3\times 2600\,[\mathrm{J/g}]$ なので，この電気乾燥機で乾燥させるときに必要な時間 T [s] は

$$T=\frac{0.50\,[\mathrm{kg}]\times 10^3\times 2600\,[\mathrm{J/g}]}{800\,[\mathrm{W}]}=1.6\times 10^3\,[\mathrm{s}]$$

となる．したがって，必要な時間は約 27 分である．

8.10 (1) (a) 式 (8.49) より，合成抵抗 R は $R=20\,[\Omega]+30\,[\Omega]=50\,[\Omega]$.

(b) 式 (8.54) より，合成抵抗 R は

$$R=\frac{30\,[\Omega]\times 40\,[\Omega]}{30\,[\Omega]+40\,[\Omega]}\fallingdotseq 17\,[\Omega].$$

(c) 20 [Ω] の抵抗と (b) で求めた抵抗が直列につながっていると考えて，合成抵抗 R は

$$R\fallingdotseq 20\,[\Omega]+17\,[\Omega]=37\,[\Omega].$$

(2) (a) 直列接続なので各抵抗に流れる電流の大きさは等しく，それを I とおくと，各抵抗の電圧降下と電池の電圧上昇が等しいことから，$20I+30I=12$ が成り立つ．これを I について解くと，$I\fallingdotseq 0.2\,[\mathrm{A}]$.

(b) 30 [Ω] の抵抗に流れる電流の大きさを I_3, 40 [Ω] の抵抗に流れる電流の大きさを I_4 とおくと，各抵抗の電圧降下はそれぞれ等しく電池の電圧 12 [V] になるので，$30I_3=12$, $40I_4=12$ を I_3 と I_4 について解くと

$$I_3=0.40\,[\mathrm{A}], \qquad I_4=0.30\,[\mathrm{A}].$$

(c) 20 [Ω] の抵抗に流れる電流の大きさを I_2, 30 [Ω] の抵抗に流れる電流の大きさを I_3, 40 [Ω] の抵抗に流れる電流の大きさを I_4 とおくと，各抵抗の電圧降下と電池の電圧の間に $20I_2+30I_3=12$, $20I_2+40I_4=12$ が成り立ち，さらに電流の大きさの間に $I_2=I_3+I_4$ が成り立つので，これらを連立して I_2, I_3, I_4 について解くと

$$I_2\fallingdotseq 0.32\,[\mathrm{A}], \qquad I_3\fallingdotseq 0.18\,[\mathrm{A}], \qquad I_4\fallingdotseq 0.14\,[\mathrm{A}].$$

章末問題解答 225

8.11 抵抗値 R_1, R_2, R_3, R_4 に流れる電流をそれぞれ I_1, I_2, I_3, I_4 とおく．キルヒホッフの第 1 法則より $I_2 = I_1 + I_3$．キルヒホッフの第 2 法則より $R_1 I_1 + R_2 I_2 = V_1,\ -R_1 I_1 + R_3 I_3 = V_2,\ R_4 I_4 = V_1 + V_2$. これらを連立して，$I_1, I_2, I_3, I_4$ について解くと

$$I_1 = \frac{|R_3 V_1 - R_2 V_2|}{R_1 R_2 + R_2 R_3 + R_1 R_3}, \quad I_2 = \frac{R_3 V_1 + R_1 V_2 + R_1 V_1}{R_1 R_2 + R_2 R_3 + R_1 R_3},$$

$$I_3 = \frac{R_2 V_2 + R_1 V_2 + R_1 V_1}{R_1 R_2 + R_2 R_3 + R_1 R_3}, \quad I_4 = \frac{V_1 + V_2}{R_4}.$$

8.12 抵抗値 R_1, R_2, R_3, R_4 に流れる電流をそれぞれ I_1, I_2, I_3, I_4, 検流計に流れる電流を I とおく．キルヒホッフの第 1 法則より $I_1 = I + I_4,\ I_2 + I = I_3$．キルヒホッフの第 2 法則より $R_1 I_1 + R_4 I_4 = V,\ R_2 I_2 + R_3 I_3 = V,\ R_1 I_1 + IR - R_2 I_2 = 0$. これらを連立して，$I$ について解くと

$$I = \frac{(R_2 R_4 - R_1 R_3) V}{R_1 R_4 (R_2 + R_3) + R(R_1 + R_4)(R_2 + R_3) + R_2 R_3 (R_1 + R_4)}$$

となる．この式の右辺の分子をみると，$R_1 R_3 = R_2 R_4$ ならば $I = 0$ となることがわかる．

9 章

9.1 (1) 式 (9.5) より，6.4×10^2 [A/m].
(2) 式 (9.6) より，5.0×10^2 [A/m].
(3) 式 (9.7) より，1.0×10^5 [A/m].

9.2 AB が受ける力を $\boldsymbol{F}_1$，BC が受ける力を $\boldsymbol{F}_2$，CD が受ける力を $\boldsymbol{F}_3$，DA が受ける力を $\boldsymbol{F}_4$ とすると，フレミングの左手の法則より，各辺にかかる力の向きは図のようになる．

AB, CD が受ける各力の大きさ $F_1 = |\boldsymbol{F}_1|,\ F_3 = |\boldsymbol{F}_3|$ は，式 (9.8) より

$$F_1 = F_3 = \mu_0 I H a\ [\text{N}].$$

BC, DA が受ける各力の大きさ $F_2 = |\boldsymbol{F}_2|,\ F_4 = |\boldsymbol{F}_4|$ は，式 (9.9) より

$$F_2 = F_4 = \mu_0 I H a \sin\theta\ [\text{N}].$$

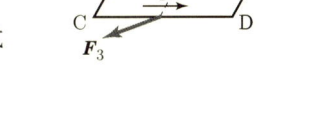

9.3 ソレノイドの単位長さあたりの巻き数は $\dfrac{N}{L}$ で，流れている定常電流の大きさは $\dfrac{V_1}{R_1}$ である．
(1) 9.3.3 項の $B_i = n\mu_0 I$ より，ソレノイド内部の磁束密度 $\boldsymbol{B}_i$ の大きさは

$$B_i = \frac{\mu_0 N V_1}{L R_1}\ [\text{T}]$$

である．$\boldsymbol{B}_i$ の向きは右ねじの法則より，問題の図の右向きになる．
(2) 回路 ABCD に流れる定常電流の大きさは $\dfrac{V_2}{R_2}$ である．式 (9.14) より，辺 CD が受ける力の大きさは

$$F = \frac{V_2}{R_2} l B_i = \frac{\mu_0 N l V_1 V_2}{L R_1 R_2}\ [\text{N}].$$

である．辺 CD が受ける力の向きはフレミングの左手の法則より，問題の図の上向きになる．

9.4 (1) 式 (9.19) より，荷電粒子は x 軸に垂直な平面内において大きさ $f = qvB\sin\theta$ の向心力を受けて運動するので，x 軸に垂直な平面内に射影した運動はサイクロトロン運動にみえる．一方，x 軸に沿った方向では正の向きに等速度運動をする．これらの運動を合成すると，荷電粒子の運動の軌跡は x 軸に接する螺旋になることがわかる．

(2) x 軸に垂直な平面内に射影した運動はサイクロトロン運動にみえるので，その運動の半径を r [m] とおくと，$\frac{m(v\sin\theta)^2}{r} = qvB\sin\theta$ より $r = \frac{mv\sin\theta}{qB}$．よって，$x$ 軸に垂直な平面内でのサイクロトロン運動の周期 T [s] は $T = \frac{2\pi r}{v\sin\theta} = \frac{2\pi m}{qB}$ となり，荷電粒子は点 O を出てからちょうど T [s] 後に x 軸上に戻ってくる．

(3) (2) で求めた T [s] 間に荷電粒子が点 O から x 軸方向に進む距離を求めればよい．荷電粒子は x 軸方向に速さ $v\cos\theta$ の等速度運動をするので，T [s] 間に x 軸方向に進む距離は $vT\cos\theta = \frac{2\pi mv\cos\theta}{qB}$．

9.5 右図は問題にある図を真横から見た図である．

(1) S を S_1 側につなぐと，電池と抵抗が直列につながるので，回路には大きさ $I = \frac{V}{R}$ の定常電流が流れる．式 (9.14) とフレミングの左手の法則より，導体棒 M が磁場 B から受ける力の大きさは $f = IlB = \frac{VlB}{R}$ で，その向きは右図の通り．その他，M に働く力は重力 mg と導線 K, L からの抗力 (大きさを N とおく) である．この 3 つの力が右図のようにつり合い，M は静止する．特に，導線 K, L 方向のつり合いから
$mg\sin\theta = f\cos\theta = \frac{VlB}{R}\cos\theta$ を V について解くと $V = \frac{Rmg}{Bl}\tan\theta$ を得る．

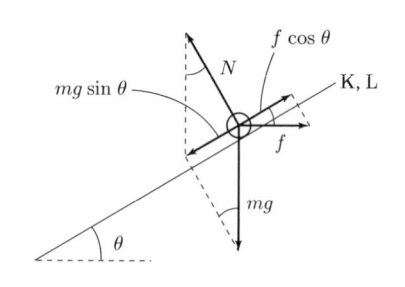

(2) S を S_2 側につなぎ変えて M が下方に向かって滑り始めると，回路に誘導起電力が生じ，誘導電流が流れ，その誘導電流が磁場から力を受ける．その後，M の下降する速さが一定になり，この誘導電流が定常電流になると，M に働く力は (1) と同じつり合いの状態になり，この誘導電流は (1) の定常電流と同じ値になる．つまり，このときの誘導電流は $I = \frac{V}{R} = \frac{mg}{Bl}\tan\theta$ である．

(3) このとき回路に生じている誘導起電力の大きさ V_L を計算する．導線 K, L に沿って M が滑り降りた距離を x とおくと，Δt [s] 間の回路を貫く磁束の変化は $\Delta\Phi = Bl\Delta x\cos\theta$ なので，$|V_L| = \frac{\Delta\Phi}{\Delta t} = Blv\cos\theta$．ここで，$\frac{\Delta x}{\Delta t} = v$ は M が滑り降りる速さである．(1) の定常電流と (2) の誘導電流が等しくなるということは，ここで求めた誘導起電力の大きさ $|V_L|$ が (1) で求めた電池の電圧 V と等しくなることから $Blv\cos\theta = \frac{Rmg}{Bl}\tan\theta$．これを v について解いて $v = \frac{Rmg\tan\theta}{B^2l^2\cos\theta}$ を得る．

9.6 (1) 図 9.42 (b) より，$0 < t < 2$ [s] では電流 $I(t)$ が増加しているので，相互誘導の法則から (9.6.2 項参照)，それを打ち消すような向きに磁場をつくるように L_2 に電流が流れるので，(ア) の向きに流れる．

(2) 式 (9.31) より $V_2(t) = -3.0 \times 10^{-2}\frac{\Delta I(t)}{\Delta t}$，図 9.42 (b) のグラフより $\frac{\Delta I(t)}{\Delta t}$ の値を読みとる．

- $0 < t < 2$ [s] では，$V_2(t) = -3.0 \times 10^{-2} \times 5.0 = -1.5 \times 10^{-1}$ [V]．
- $2 < t < 3$ [s] では，$V_2(t) = -3.0 \times 10^{-2} \times (-10) = 3.0 \times 10^{-1}$ [V]．
- $3 < t < 5$ [s] では，$V_2(t) = -3.0 \times 10^{-2} \times 5.0 = -1.5 \times 10^{-1}$ [V]．
- $5 < t < 7$ [s] では，$V_2(t) = -3.0 \times 10^{-2} \times 0 = 0$ [V]．
- $7 < t < 10$ [s] では，$V_2(t) = -3.0 \times 10^{-2} \times \left(-\frac{10}{3}\right) = 1.0 \times 10^{-1}$ [V]．

これをプロットして次のグラフが得られる．

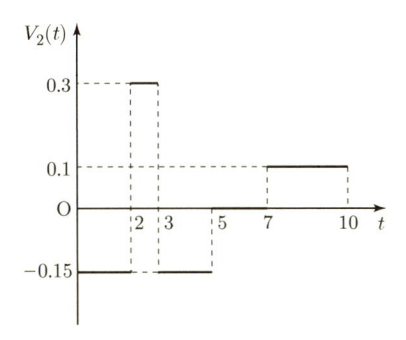

10 章

10.1 式 (10.8), (10.9) より，$\cos\theta = \dfrac{\frac{h}{\lambda} - \frac{h}{\lambda'}\cos\phi}{m_e v}$，$\sin\theta = \dfrac{h}{m_e v \lambda'}\sin\phi$. これらの式をそれぞれ 2 乗して，和をとれば

$$\cos^2\theta + \sin^2\theta = \frac{\left(\frac{h}{\lambda} - \frac{h}{\lambda'}\cos\phi\right)^2 + \left(\frac{h}{\lambda'}\sin\phi\right)^2}{(m_e v)^2} = \frac{\left(\frac{h}{\lambda}\right)^2 + \left(\frac{h}{\lambda'}\right)^2 - 2\frac{h}{\lambda}\frac{h}{\lambda'}\cos\phi}{(m_e v)^2} = 1$$

式 (10.7) より，$(m_e v)^2 = 2m_e\left(\dfrac{hc}{\lambda} - \dfrac{hc}{\lambda'}\right)$ を上式に代入すると

$$2m_e\left(\frac{hc}{\lambda} - \frac{hc}{\lambda'}\right) = \left(\frac{h}{\lambda}\right)^2 + \left(\frac{h}{\lambda'}\right)^2 - 2\frac{h}{\lambda}\frac{h}{\lambda'}\cos\phi = \left(\frac{h}{\lambda} - \frac{h}{\lambda'}\right)^2 + 2\frac{h}{\lambda}\frac{h}{\lambda'} - 2\frac{h}{\lambda}\frac{h}{\lambda'}\cos\phi$$

となる．ここで，$\lambda \fallingdotseq \lambda'$ であり

$$\left(\frac{1}{\lambda} - \frac{1}{\lambda'}\right)^2 = \left(\frac{\lambda' - \lambda}{\lambda\lambda'}\right)^2 = \frac{1}{\lambda^2\lambda'^2}(\lambda' - \lambda)^2$$

は $\dfrac{1}{\lambda\lambda'}$ に対して 2 次の微小量であるので，上式の右辺の第 1 項は無視できる．ゆえに，$\lambda' - \lambda = \dfrac{h}{m_e c}(1 - \cos\phi)$ が得られる．

10.2 (1) 速さ v で半径 r の円周上を等速円運動をしている電子にボーアの量子条件を適用すると

$$\text{運動量の大きさ} \times \text{軌道の周囲の長さ} = m_e v \times 2\pi r = nh$$

となる．ここで，n の正の整数である．したがって，電子の角運動量の大きさ l は

$$l_n = m_e r v = \frac{nh}{2\pi} \tag{i}$$

と書け，量子化される．

(2) 電子と原子核とのクーロン力の大きさは $\dfrac{e^2}{4\pi\varepsilon_0 r^2}$ であり，これが向心力となって円運動をするので

$$\frac{e^2}{4\pi\varepsilon_0 r^2} = m_e \frac{v^2}{r} \tag{ii}$$

である．式 (i) と式 (ii) から v を消去すると

$$r = \frac{\varepsilon_0 h^2 n^2}{\pi m_e e^2} \tag{iii}$$

が求まる．

(3) 式 (ii) より，電子の運動エネルギー K は $K = \dfrac{m_e v^2}{2} = \dfrac{e^2}{8\pi\varepsilon_0 r}$ と書ける．電子が原子核から無限に離れているときの位置エネルギーを 0 としているので，位置エネルギー V は $V = -\dfrac{e^2}{4\pi\varepsilon_0 r}$ である．したがって，全エネルギー E は $E = \dfrac{m_e v^2}{2} - \dfrac{e^2}{4\pi\varepsilon_0 r} = -\dfrac{e^2}{8\pi\varepsilon_0 r}$ となるので，右辺に式 (iii) を代入すると，全エネルギーは $E = -\dfrac{m_e e^4}{8\varepsilon_0^2 h^2 n^2}$ となる．

11 章

11.1 $f(x) = A\sin kx$ に運動量 $\widehat{p}_x$ と演算子 $\widehat{p}_x^2$ を作用させると

$$\widehat{p}_x f(x) = -i\hbar \frac{\partial}{\partial x} A\sin kx = -i\hbar(Ak\cos kx),$$

$$\widehat{p}_x^2 f(x) = \left(-i\hbar \frac{\partial}{\partial x}\right)^2 A\sin kx = (-i\hbar)^2 Ak^2 \sin kx = -\hbar^2 k^2 f(x)$$

となる．したがって，$f(x) = A\sin kx$ は運動量 $\widehat{p}_x$ の固有関数ではないが，演算子 $\widehat{p}_x^2$ の固有関数であり，その固有値は $-\hbar^2 k^2$ である．

11.2 $\widehat{\alpha} X_1 = a X_1$ かつ $\widehat{\alpha} X_2 = a X_2$ であるので

$$\widehat{\alpha}(c_1 X_1 + c_2 X_2) = (c_1 \widehat{\alpha} X_1 + c_2 \widehat{\alpha} X_2) = a(c_1 X_1 + c_2 X_2)$$

となる．したがって，関数 $X = c_1 X_1 + c_2 X_2$ は $\widehat{\alpha}$ の固有関数であり，その固有値は a である．

11.3 (1) $\langle \widehat{x} \rangle = \dfrac{2}{a}\displaystyle\int_0^a \sin\dfrac{n\pi x}{a} \times x \times \sin\dfrac{n\pi x}{a} dx = \dfrac{1}{a}\displaystyle\int_0^a x\left\{1 - \cos\dfrac{2n\pi x}{a}\right\} dx = \dfrac{a}{2},$

$\langle \widehat{x}^2 \rangle = \dfrac{2}{a}\displaystyle\int_0^a \sin\dfrac{n\pi x}{a} \times x^2 \times \sin\dfrac{n\pi x}{a} dx = \dfrac{1}{a}\displaystyle\int_0^a x^2 \times \left\{1 - \cos\dfrac{2n\pi x}{a}\right\} dx$

$= \dfrac{a^2}{3} - \dfrac{1}{a}\displaystyle\int_0^a x^2 \cos\dfrac{2n\pi x}{a}\, dx = \dfrac{a^2}{3} - \dfrac{a^2}{2n^2\pi^2}$

ここで

$$\int_0^a x^2 \cos\frac{2n\pi x}{a}dx = \left[\frac{a}{2n\pi}x^2 \sin\frac{2n\pi x}{a}\right]_0^a - \frac{a}{n\pi}\int_0^a x\sin\frac{2n\pi x}{a}dx$$

$$= \left[\frac{a^2}{2n^2\pi^2}x\cos\frac{2n\pi x}{a}\right]_0^a - \frac{a^2}{2n^2\pi^2}\int_0^a \cos\frac{2n\pi x}{a}dx = \frac{a^3}{2n^2\pi^2}$$

を用いた．

$$\langle \widehat{p}_x \rangle = \frac{2}{a}\int_0^a \sin\frac{n\pi x}{a} \times \left(-i\hbar \frac{d}{dx}\right) \times \sin\frac{n\pi x}{a}\, dx = -i\hbar\frac{2}{a}\frac{n\pi}{a}\int_0^a \sin\frac{n\pi x}{a}\cos\frac{n\pi x}{a}\, dx$$

$$= -i\hbar\frac{n\pi}{a^2}\int_0^a \sin\frac{2n\pi x}{a}dx = 0,$$

$$\langle \widehat{p}_x^2 \rangle = \frac{2}{a}\int_0^a \sin\frac{n\pi x}{a} \times \left(-i\hbar \frac{d}{dx}\right)^2 \times \sin\frac{n\pi x}{a}dx = \hbar^2 \frac{2}{a}\left(\frac{n\pi}{a}\right)^2 \int_0^a \sin^2\frac{n\pi x}{a}dx = \left(\frac{\hbar n\pi}{a}\right)^2$$

(2) (1) の結果を用いると

$$(\Delta x)^2 = \langle \widehat{x}^2 \rangle - \langle \widehat{x} \rangle^2 = \frac{a^2}{12} - \frac{a^2}{2n^2\pi^2},$$

$$(\Delta p_x)^2 = \langle \widehat{p}_x^2 \rangle - \langle \widehat{p}_x \rangle^2 = \left(\frac{\hbar n\pi}{a}\right)^2$$

が得られる．位置の不確かさ Δx は長さ a の 2 乗に比例し，運動量の不確かさ Δp_x は長さ a の 2 乗に反比例している．したがって，長さ a を大きくすると，Δx は増加し，Δp_x は減少する．逆に，長さ a を小さくすると，Δx は減少し，Δp_x は増加する．しかし，これらの積 $\Delta x \Delta p_x$ は

$$\Delta x \Delta p_x = \sqrt{\frac{a^2}{12} - \frac{a^2}{2n^2\pi^2}} \times \left(\frac{\hbar n \pi}{a}\right) = \hbar \sqrt{\frac{n^2 \pi^2 - 6}{12}}$$

である．上式の右辺の値は $n=1$ のとき，最小値をとり，π を 3 とすると

$$\Delta x \Delta p_x > \frac{\hbar}{2}$$

となり，積 $\Delta x \Delta p_x$ は $\frac{\hbar}{2}$ よりも常に大きい．

(3) 箱の中のポテンシャルエネルギーは 0 としたので，ハミルトニアンは運動エネルギー演算子 $\widehat{K} = \frac{1}{2m}\widehat{p}_x^2$ の $\widehat{K}$ と同じものである．したがって，(1) の $\langle\widehat{p}_x^2\rangle$ の結果を用いると

$$\langle \widehat{K} \rangle = \langle \widehat{H} \rangle = \left\langle \frac{1}{2m}\widehat{p}_x^2 \right\rangle = \frac{1}{2m}\left(\frac{\hbar n \pi}{a}\right)^2$$

11.4 $\displaystyle\int_0^\infty |R_{1,0}(r)|^2 r^2 dr = 4\left(\frac{Z}{a_0}\right)^3 \int_0^\infty r^2 e^{-\rho} dr = 4\left(\frac{Z}{a_0}\right)^3 \int_0^\infty r^2 e^{-\frac{2Zr}{a_0}} dr = 4\left(\frac{Z}{a_0}\right)^3 \frac{2}{\left(\frac{2Z}{a_0}\right)^3} = 1$

したがって，$R_{1,0}(r)$ が規格化されていることを示した．ここで，$\displaystyle\int_0^\infty r^2 e^{-ar} = \frac{2}{a^3}$ であることを用いた．

11.5 動径分布関数 D_{1s} を r で微分すると

$$\frac{dD_{1s}}{dr} = 4\left(\frac{Z}{a_0}\right)^3 \frac{d}{dr}(r^2 e^{-(2Z/a_0)r})$$
$$= 4\left(\frac{Z}{a_0}\right)^3 \left\{ 2r e^{-(2Z/a_0)r} + \left(-\frac{2Z}{a_0}\right) r^2 e^{-(2Z/a_0)r} \right\}$$
$$= 4\left(\frac{Z}{a_0}\right)^3 (2r e^{-(2Z/a_0)r}) \left\{ 1 - \left(\frac{Z}{a_0}\right) r \right\}$$

となる．したがって，$r = a_0/Z$ で $D_{1s}(r)$ は最大になる．水素原子の場合は，$D_{1s}(r)$ が最大になる距離はボーア半径 a_0 に等しい．

11.6 期待値を与える式は

$$\langle r \rangle_{1s} = \int_0^{2\pi} \int_0^\pi \int_0^\infty r |\Psi_{1s}(r,\theta,\phi)|^2 r^2 \sin\theta \, dr d\theta d\phi$$

である．表 11.1 と表 11.2 から，1s 原子軌道は

$$\Psi_{1s}(r,\theta,\phi) = R_{1,0}(r) Y_{0,0}$$
$$= 2\left(\frac{Z}{a_0}\right)^{3/2} e^{-\rho/2} \times \sqrt{\frac{1}{4\pi}} = \sqrt{\frac{1}{\pi}}\left(\frac{Z}{a_0}\right)^{3/2} e^{-\rho/2}$$

となる．これを用いると

$$\langle r \rangle_{1s} = \int_0^{2\pi} \int_0^\pi \int_0^\infty r \left|\sqrt{\frac{1}{\pi}}\left(\frac{Z}{a_0}\right)^{3/2} e^{-\rho/2}\right|^2 r^2 \sin\theta \, dr d\theta d\phi$$
$$= \int_0^\infty r \left|\sqrt{\frac{1}{\pi}}\left(\frac{Z}{a_0}\right)^{3/2} e^{-\rho/2}\right|^2 r^2 dr \int_0^\pi \sin\theta \, d\theta \int_0^{2\pi} d\phi$$

$$= \frac{1}{\pi}\left(\frac{Z}{a_0}\right)^3 \int_0^\infty r^3 e^{-\rho}\, dr \int_0^\pi \sin\theta\, d\theta \int_0^{2\pi} d\phi$$

となる．ここで，積分の公式 $\int_0^\infty x^3 e^{-ax}\, dx = \dfrac{6}{a^4}$ を使うと

$$\int_0^\infty r^3 e^{-\rho}\, dr = \int_0^\infty r^3 e^{-\frac{2Z}{a_0}r}\, dr = \frac{6}{\left(\dfrac{2Z}{a_0}\right)^4}$$

となり

$$\int_0^\pi \sin\theta\, d\theta = \bigl[-\cos\theta\bigr]_0^\pi = 2, \qquad \int_0^{2\pi} d\phi = 2\pi$$

をそれぞれ代入すると

$$\langle r \rangle_{1s} = \frac{1}{\pi}\left(\frac{Z}{a_0}\right)^3 \frac{6}{\left(\dfrac{2Z}{a_0}\right)^4} \cdot 4\pi = \frac{3a_0}{2Z}$$

となる．

11.7 水素類似原子の原子核から距離 r だけ離れた位置におけるポテンシャルは

$$V(r) = -\frac{Ze^2}{4\pi\varepsilon_0 r} \tag{i}$$

である．ポテンシャルの期待値 $\langle V \rangle_{1s}$ は

$$\langle V \rangle_{1s} = \int_0^{2\pi}\int_0^\pi \int_0^\infty \left(-\frac{Ze^2}{4\pi\varepsilon_0 r}\right) |\Psi_{1s}(r,\theta,\phi)|^2\, r^2 \sin\theta\, dr d\theta d\phi$$

である．これに，式 (i) を代入して，θ,ϕ について積分をして整理すると

$$\langle V \rangle_{1s} = 4\left(-\frac{Ze^2}{4\pi\varepsilon_0}\right)\left(\frac{Z}{a_0}\right)^3 \int_0^\infty e^{-\rho} r\, dr = 4\left(-\frac{Ze^2}{4\pi\varepsilon_0}\right)\left(\frac{Z}{a_0}\right)^3 \int_0^\infty r e^{-2Zr/a_0}\, dr$$

$$= 4\left(-\frac{Ze^2}{4\pi\varepsilon_0}\right)\left(\frac{Z}{a_0}\right)^3 \left(\frac{2Z}{a_0}\right)^{-2} = \left(-\frac{Ze^2}{4\pi\varepsilon_0}\right)\frac{Z}{a_0}$$

ただし，積分の公式 $\int_0^\infty x e^{-ax} dx = \dfrac{1}{a^2}$ を使い，角度波動関数は規格化されていることを用いた．

11.8 $\widehat{l}^2$ および $\widehat{l}_z$ に対する関数 $Y_{2,2}$ の固有値は，それぞれ $2(2+1)\hbar^2 = 6\hbar^2$，$2\hbar$ である．

11.9 $\widehat{l}_z Y(\theta,\phi) = \dfrac{\hbar}{i}\dfrac{\partial}{\partial \phi} N\sin\theta e^{i\phi} = \hbar N\sin\theta e^{i\phi} = \hbar Y(\theta,\phi)$ であるので，$Y(\theta,\phi) = N\sin\theta e^{i\phi}$ は演算子 $\widehat{l}_z$ の固有関数であり，固有値は $\hbar$ である．

11.10 演算子 $\widehat{A}$ はエルミート演算子とし，その固有値と固有関数をそれぞれ a と Ψ とする．つまり

$$\widehat{A}\Psi = a\Psi \tag{i}$$

とする．上式の複素共役をとると

$$\widehat{A}^*\Psi^* = a^*\Psi^* \tag{ii}$$

となる．式 (i) の両辺に左から Ψ^* を掛けて積分すると

$$\int_{-\infty}^\infty \int_{-\infty}^\infty \int_{-\infty}^\infty \Psi^* \widehat{A}\Psi\, dxdydz = \int_{-\infty}^\infty \int_{-\infty}^\infty \int_{-\infty}^\infty \Psi^* a\Psi\, dxdydz = a \tag{iii}$$

となり，式 (ii) の両辺に左から Ψ を掛けて積分すると

$$\int_{-\infty}^\infty \int_{-\infty}^\infty \int_{-\infty}^\infty \Psi \widehat{A}^*\Psi^*\, dxdydz = \int_{-\infty}^\infty \int_{-\infty}^\infty \int_{-\infty}^\infty \Psi a^*\Psi^*\, dxdydz = a^* \tag{iv}$$

となる．演算子 $\widehat{A}$ はエルミート演算子であるので，式 (iii) と式 (iv) の左辺は等しいので，$a = a^*$ が得られる．したがって，固有値 a は実数である．

索　引

英数字

1次元の箱　187
1電子近似　202
3次元の箱　190
α スピン　201
β スピン　201
divergence　208
gradient　44, 208
rotation　42, 208
SI接頭辞　2
SI単位系　1

あ行

アース　122
圧縮性流体　72
アボガドロ定数　2
アルキメデスの原理　75
アンペア [A]　2, 114
イオン化エネルギー　194
位相速度　87
位置エネルギー　39
位置ベクトル　8
一様電場　118
引力　115
ウィーンの輻射公式　173
ウィーンの変位則　173
ウェーバー [Wb]　144
うなり　94
運動エネルギー　39
運動の第1法則　13
運動の第2法則　13
運動の第3法則　14
運動量　49
運動量保存則　50
エネルギー　39

エネルギー準位　202
エネルギー保存則　44
エネルギー密度関数　173
エルミート演算子　185
演算子　184
円錐曲線　58
円柱座標　209
オイラーの公式　210
応力　68
オーム [Ω]　132
オームの法則　131
音圧レベル　100
音速　99
音波　98

か行

外積　205
回折　95, 107
回折格子　107
回転　42, 208
可換　187
角運動量　54
角運動量保存則　55
角振動数　30
角速度　62, 86
確率密度　183
過減衰　31
可視光　105
加速度　10
カロリー　133
換算質量　54, 63
干渉　93, 107
慣性　14
慣性系　13
慣性質量　14

慣性抵抗　26
慣性の法則　13
慣性モーメント　62
完全非弾性衝突　51
カンデラ [cd]　2
規格化　183
規格化定数　183
軌跡　9
期待値　185
気柱　103
軌道　9
軌道角運動量　199
基本周期　30
基本ベクトル表示　8
逆進性　105
キャパシター　126
球対称　122
境界条件　188
強磁性体　156
共振　103
共鳴　103
極形式　210
極座標　209
虚軸　210
虚部　209
キルヒホッフの法則　135
キログラム [kg]　2
偶然誤差　4
屈折角　98
屈折率　105
組立単位　2
グランド　122
クーロン [C]　114
クーロンの法則　114, 144
クーロン力　114

231

系統誤差　4	紫外線　105	初期条件　19
撃力　51	磁気双極子　144	初速度　21
ケプラーの法則　59	磁気単極子　143	磁力線　145
ケルビン [K]　2	磁極　143	振動数　86
限界振動数　174	磁気量　143	真の値　3
原子　114	磁気力　144	振幅　30, 86
——の惑星モデル　176	磁区　156	水素類似原子　192
原子核　114	次元　3	垂直抗力　25
原子軌道　201	試験電荷　117	スカラー場　208
原子軌道関数　195, 201	自己インダクタンス　162	スカラー量　9
減衰振動解　31	仕事　35	ストークスの定理　43
光学活性　166	仕事関数　173	ストークスの法則　26
交換可能　187	仕事率　38	スピン　201
向心力　24	自己誘導　162	スピン磁気量子数　201
合成抵抗　135	磁性体　156	スピン量子数　201
合成容量　127	自然対数　206	ずり応力　82
直列接続の——　129	磁束　157	静止摩擦係数　25
並列接続の——　127	磁束線　157	静止摩擦力　25
光速　105	磁束密度　152	静電エネルギー　130
剛体　62	実軸　210	正電気　113
光電効果　174	質点　7	静電気力　114
光電子　174	実部　209	静電遮蔽　125
勾配　44, 208	質量中心　53	静電場　118
合力　12	磁場　144	——の重ね合わせ　119
国際単位系　1	射線　97	静電誘導　124
黒体　172	周期　62, 86	成分　205
黒体放射　172	重心　53	斥力　115
誤差　4	——の運動方程式　53	節　95, 189
固定端　96, 103	重心ベクトル　53	絶縁体　123
固有関数　185	自由端　96, 103	接触角　78
固有振動数　104	終端速度　28	絶対屈折率　105
固有値　185	自由電子　123	絶対値　210
固有方程式　185	自由粒子　187	接地　122
コンデンサー　126	重力加速度　15	接頭語　2
コンプトン効果　175	重力質量　16	節面　189
	重力定数　15	全運動量　50
さ　行	シュテルン-ゲルラッハの実験　200	旋光　166
サイクロトロン運動　154	ジュール [J]　35	旋光性　166
サイクロトロン周波数　155	ジュール熱　133	線スペクトル　108
最大静止摩擦力　25	シュレーディンガー方程式　182	線積分　36
作用・反作用の法則　14	衝突　51	全反射　98
散逸力　46	常用対数　206	双曲線　58
磁化　156	初期位相　30	相互インダクタンス　164
磁荷　143		相互作用　14
磁界　144		相互誘導　164

索　引

相対屈折率　98, 105
層流　82
速度　10
速度勾配　82
素元波　95
素電荷　114
ソレノイド　148
ソレノイドコイル　148

た　行

対数　206
体積弾性率　68
帯電　113
耐電圧　127
帯電体　113
第2宇宙速度　41
楕円　58
縦波　86, 90
谷　86
単磁荷　143
単振動　29, 86
弾性衝突　51
弾性体　67, 70
　——のエネルギー　70
弾性定数　70
断熱過程　99
力　11
　——の合成　11
　——のつり合い　12
　——のモーメント　56
置換積分法　207
地磁気　146
中心力　56
中性子　114
超音波　99
調和振動子　29
直線偏光　166
直流回路　131
直列接続　129, 136
直交変換　9
抵抗　131, 132
抵抗率　132
抵抗力　25
定在波　95
定常状態　183

定常電流　131
定常波　95
定常流　80
デシベル [dB]　100
テスラ [T]　152
電圧　121
電圧降下　132
電位　121
電荷　113
電荷量　113
電気素量　114
電気抵抗　131, 132
電気抵抗率　132
電気容量　126
電気力線　119
電気量　113
電子　114
電磁波　165
電磁誘導　158
　——の法則　158
電束電流　164
　——の法則　165
点電荷　113
電場　117
電流　130
電力　133
電力量　134
等価原理　16
等価磁石の法則　148
統計誤差　4
動径分布関数　197
透磁率
　磁性体の——　157
　真空の——　144
等速円運動　24
導体　123
等電位線　123
等電位面　123
動摩擦係数　25
ドップラー効果　101
ド・ブロイ波長　178
トリチェリーの真空　75
トルク　56

な　行

内積　205
内部抵抗　139
ナブラ　42, 208
波　85
　——の重ね合わせの原理　92
　——の干渉　93
　——の式　88
ニュートンの運動方程式　13
ニュートンの抵抗法則　26
ニュートンの粘性法則　82
ニュートン流体　82
熱放射　172
熱力学第1法則　44
粘性　26, 82
粘性抵抗　26
粘性率　82
粘性流体　26

は　行

場　117
媒質　85
ハイゼンベルクの不確定性原理
　　179
パウリの原理　203
箔検電器　124
ハーゲン-ポアズイユの法則
　　83
パスカル [Pa]　75
パスカルの原理　73
波長　86
発散　208
波動関数　88
波動方程式　89
ハミルトニアン　182
ハミルトン関数　184
波面　95
腹　95
反射の法則　97
反射波　96, 97
反転分布　109
反発係数　51
万有引力の法則　15
非圧縮性流体　72

光
　　——の直進性　105
　　——の粒子性　174
比重　76
ひずみ　67
非弾性衝突　51
比透磁率　157
比熱比　110
微分　206
秒 [s]　1
表面張力　78
ファラッド [F]　126
複素平面　210
フックの法則　68
物質波　178
物体の運動　23
　　斜面上の——　23
　　抵抗力が作用する——　25
　　粘性抵抗力を受ける——　26
物体の自由落下　28
不定積分　207
負電気　113
不導体　123
部分積分法　207
プランク定数　173
プランクの輻射公式　173
浮力　75, 76
フレミングの左手の法則　149
分解　11
分散　106
フントの規則　203
平行板コンデンサー　126
並列接続　127, 137
ヘクトパスカル [hPa]　75
ベクトル場　42, 118, 208
ベクトル量　9
ヘルツ [Hz]　30, 87

ベルヌーイの法則　82
変位電流　164
偏角　210
偏光子　166
偏微分　110
ヘンリー [H]　162
ポアソン比　69
ボーアの量子化説　176
ボーア半径　177
ホイートストンブリッジ　139
ホイヘンスの原理　95
放射光　172
放物運動　19
放物線　58
保存力　41
ポテンシャル　42
ポテンシャルエネルギー　39, 42
ボルタの帯電列　114
ボルト [V]　121
ボルン-オッペンハイマー近似　192

ま 行

摩擦係数　25
摩擦電気　113
摩擦力　25
右ねじの法則　147
無次元　3
メートル [m]　1
毛管現象　78
毛細管現象　78
モル [mol]　2

や 行

ヤング率　68
有効数字　4

誘電体　123
誘電分極　123, 125
誘電率
　　真空の——　115
　　誘電体の——　127
誘導起電力　158
誘導単位　2
誘導電流　158
誘導放出　108
陽子　114
横波　86

ら 行

ラプラシアン　208
力学的エネルギー保存則　44
力積　50
離心率　58
離心率ベクトル　57
立体角　110
流管　80
流線　80
流体　26, 61, 72
量子化　176
量子仮説　173
臨界角　106
臨界減衰　31
零点エネルギー　189
レーザー　108
連続スペクトル　108
連続体　26
連続の式　80
レンツの法則　159
ローレンツ力　153

わ 行

ワット [W]　38

■編集委員長

入村達郎（いりむら　たつろう）
1971 年　東京大学薬学部薬学科卒業
1974 年　東京大学大学院薬学系研究科博士課程中退
現　在　東京大学名誉教授，薬学博士

■編　者

本間　浩（ほんま　ひろし）
1977 年　東京大学薬学部薬学科卒業
1982 年　東京大学大学院薬学系研究科生命薬学専攻博士課程修了
現　在　北里大学教授，薬学博士

■著　者

和田義親（わだ　よしちか）
1970 年　東京学芸大学教育学部特別教科教員養成課程理科卒業
1973 年　東京学芸大学教育学部大学院理科教育研究科修士課程修了
現　在　明治薬科大学名誉教授，理学博士

瀧澤　誠（たきざわ　まこと）
1985 年　上智大学理工学部物理学科卒業
1990 年　上智大学大学院理工学研究科物理学専攻博士後期課程修了
現　在　昭和薬科大学講師，理学博士

中川弘一（なかがわ　こういち）
1985 年　立教大学理学部物理学科卒業
1990 年　立教大学大学院理学研究科原子物理学専攻博士後期課程修了
現　在　星薬科大学教授，博士（理学）

長濱辰文（ながはま　たつみ）
1976 年　大阪大学理学部高分子学科卒業
1981 年　北海道大学大学院薬学研究科製薬化学専攻博士課程修了
現　在　帝京平成大学健康メディカル学部教授，薬学博士

溝口則幸（みぞぐち　のりゆき）
1974 年　埼玉大学理工学部物理学科卒業
1976 年　東京学芸大学教育学部大学院理科教育研究科修士課程修了
現　在　明治薬科大学薬学部薬学教育研究センター講師，理学博士

　　　　　© 和田・瀧澤・中川・長濱・溝口　　2011
2011年11月25日　初　版　発　行
2021年　9月　8日　初版第8刷発行

薬学生のための基礎シリーズ 3
基 礎 物 理 学

　　　　　　　和　田　義　親
　　　　　　　瀧　澤　　　誠
　　著　者　中　川　弘　一
　　　　　　　長　濱　辰　文
　　　　　　　溝　口　則　幸
　　発行者　山　本　　　格

発行所　株式会社　培　風　館
東京都千代田区九段南 4-3-12・郵便番号 102-8260
電　話 (03) 3262-5256 (代表)・振替 00140-7-44725

D.T.P. アベリー・平文社印刷・牧 製本
PRINTED IN JAPAN

ISBN 978-4-563-08553-7　C3342